ET SI L'HOMME ÉTAIT SEUL DANS L'UNIVERS ?

DU MÊME AUTEUR

ÉNERGIE : LE DÉFI NUCLÉAIRE, Éd. Leson-Masson, 1976.

21e SIÈCLE : LES NOUVELLES DIMENSIONS DU FUTUR, Éd. Entente, 1981.

LA GUERRE DANS L'ESPACE, ARMES ET TECHNOLOGIES NOUVELLES, Éd. Berger-Levrault, Boréal-Express, 1984.

LE SONGE DE MINERVE : LE CERVEAU ET LES SCIENCES DE L'ARTIFICIEL, Éd. Lieu Commun, 1987.

LE MODÈLE GÉOMÉTRIQUE DE LA PHYSIQUE : L'ESPACE ET LE PROBLÈME DE L'INTERPRÉTATION EN RELATIVITÉ ET EN PHYSIQUE QUANTIQUE, Éd. Masson, 1992.

MARCEAU FELDEN

ET SI L'HOMME ÉTAIT SEUL DANS L'UNIVERS ?

BERNARD GRASSET

PARIS

Le maharadjah de Travancore :
   « *Quel est le but de la création ?* »

Ramasa Maharshi :
   « *C'est de provoquer cette question !* »

Introduction

A la question : «quel est le plus grand mystère de l'univers?», il est probable qu'une large majorité répondrait «l'homme». Mais comment un élément d'un ensemble pourrait-il prévaloir sur le tout? La réponse satisfaisante à la question initiale devrait donc être «l'univers lui-même». Ou, plus précisément, la connaissance que l'homme peut en avoir. Comme celle-ci dépend aussi bien de ses croyances et conceptions philosophiques que de ses observations et savoirs, scientifiques ou non, les représentations qu'il a pu s'en faire ont varié selon les époques. On sait qu'elles furent et restent diverses puisque, dès les temps les plus reculés, l'esprit humain n'a pas manqué de se doter de moyens, le plus souvent des artefacts, pour étayer ses spéculations. Son imaginaire y a ainsi trouvé un champ d'expansion à sa démesure! Mais, opportunément, la raison est là pour en limiter les effets... et les excès. Par exemple puisqu'il en fait partie, l'homme ne peut observer l'univers que de l'intérieur. C'est une remarque qui peut paraître banale mais qui induit une conséquence fâcheuse : toute connaissance *rationnelle* de l'univers possède une limitation intrinsèque due à l'autoréférentialité[1]. Cela signifie

---

1. Autoréférentialité signifie : «discours qui se réfère à lui-même». Ici, une partie de l'univers, l'homme, étudie l'univers. Autre exemple de question autoréférentielle : le cerveau peut-il comprendre *rationnellement* le cerveau? *L'autoréférentialité est une caractéristique fondamentale et générale de tous processus et raisonnements rationnels puisque ceux-ci ne peuvent, en définitive, que se rapporter à la connaissance rationnelle dont ils sont à l'origine, donc à eux-mêmes.* On montre que si le discours est formalisable, c'est-à-dire s'il peut utiliser les mathématiques, alors il en résulte certaines ambiguïtés impliquant l'*indécidabilité* des réponses à certaines questions. Il en va d'ailleurs de même avec le langage, par exemple dans la phrase suivante : «Je suis fausse», forme condensée du paradoxe d'Épiménide. Des extensions sont envisageables, avec d'extrêmes précautions, dans le champ du non-rationnel (voir note suivante) mais pas dans l'irrationnel puisque tout y est conce-

que celle-ci rend incertain tout choix logique dans l'éventail de ses représentations scientifiques. Malgré cela, l'étude de l'univers est indiscutablement le plus grand problème qui se pose à l'humanité puisque tous les autres finissent par s'y rapporter. De plus, il est certain que son avenir en dépend !

Parmi tous ces problèmes, les grandes interrogations existentielles que se pose Homo sapiens sapiens sont probablement les plus difficiles. En particulier les questions concernant ses origines, donc celles du cosmos et de la vie, qui l'interpellent probablement depuis qu'il pense. Mais qu'est-ce que la vie et comment la définir ? Qu'est-ce que l'intelligence ? L'une aboutit-elle obligatoirement à l'autre ? L'homme est-il seul dans l'univers ? Sinon, outre la vie, d'autres formes d'intelligences peuvent-elles exister ? Comment le savoir et quelles pourraient en être les conséquences ? Voici, parmi d'autres, des questions qui étaient encore du domaine du rêve et de la fiction il y a tout juste quelques décennies. Ce n'est plus le cas aujourd'hui avec les immenses progrès réalisés récemment, aussi bien dans les technologies d'exploration de l'espace et dans la connaissance de l'univers ou le renouvellement des théories le concernant, qu'en biologie, en neurophysiologie ou en physique des particules subnucléaires. Il en va d'ailleurs de même pour la paléontologie, la géologie et, plus généralement, les sciences du vivant.

Ce qui suit concerne principalement la question de la vie extraterrestre et surtout de l'intelligence qui pourrait lui être associée. Question qui implique l'examen de quelques-unes des difficultés précédemment soulevées. C'est, en effet, un problème important et délicat aussi bien par l'ampleur de ses possibles conséquences que par les nombreux fantasmes, spéculations et controverses dont il est l'objet ! Mais, puisque cette question est devenue scientifiquement pertinente, son analyse critique ne peut que s'avérer utile. En effet, toute contribution à la connaissance, même la plus modeste, est souhaitable car celle-ci est très certainement le *moyen ultime de survie de l'homme,* comme nous le verrons dans la suite.

---

vable sans aucune nécessité de justification ou de cohérence. Nous reviendrons sur ce très important sujet dans le chapitre 6. Nous avons d'ailleurs déjà abordé ces problèmes dans *Le songe de Minerve : le cerveau et les sciences de l'artificiel,* Éditions Lieu Commun (1987).

*
* *

Avant d'entamer toute discussion, il est absolument indispensable de préciser une donnée primordiale, trop souvent oubliée ou méconnue, qui est la suivante : on sait aujourd'hui que, conceptuellement, dans ce type de problèmes il n'existe que deux classes distinctes de réponses, et deux classes seulement. Elles correspondent à deux modes intrinsèquement différents, et asymétriques, de fonctionnement de la pensée humaine car l'un est compatible avec l'autre, mais la réciproque n'est pas vraie.

En effet, la première classe est constituée de l'ensemble des descriptions et commentaires fondés sur des hypothèses primitives purement spéculatives, imaginées a priori et sans aucune justification rationnelle tirée de l'observation ou de l'expérience. Étant le plus souvent ad hoc, celles-ci font intervenir des mécanismes intellectuels entièrement (ou partiellement, ce qui ne change rien) extraits du domaine de la pensée *non rationnelle*[2]. En d'autres termes, ni le déterminisme scientifique ni le logico-déductif, c'est-à-dire le formalisme axiomatique stricto sensu, n'y ont cours puisque, par définition, la *raison* (au sens méthodologique des sciences dites «exactes») n'en fait pas partie. Ce qui

---

2. Il est nécessaire de diviser l'aire de fonctionnement de la pensée en trois modes distincts (et non en deux) : le *rationnel* («pensée fondée sur la raison et la logique»), le *non-rationnel* (pensée cohérente et dotée de sens mais pour laquelle le *déterminisme scientifique ne s'applique pas* car elle n'est pas formalisable par les méthodes axiomatiques logico-déductives habituelles : par exemple les concepts de surface ou de volume aussi bien d'un nuage que d'un atome, ou la longueur de la côte corse, ne sont pas représentables par une relation fournissant un nombre ayant un *sens physique* précis, malgré l'utilisation de certaines méthodes telles que, parmi d'autres, les fractales. Ce qui n'empêche pas la déduction, logique ou non, mais non formalisable à partir de «causes initiales» car celles-ci ne sont pas *rationnellement* définissables. C'est pourquoi elle ne peut conduire qu'à des descriptions qualitatives plus ou moins justifiées mais jamais quantitatives. Et les cas de ce genre sont très nombreux, en particulier dans la vie courante, exemple : «quel temps fera-t-il demain?»). *L'induction fait partie du non-rationnel.* Enfin l'*irrationnel* («pensée non douée de raison»). Stricto sensu, le mode opératoire de la première classe de réponses au problème considéré ici fait partie du champ de l'irrationnel mais, par souci de généralité, il est préférable de l'étendre au non-rationnel, sachant sans ambiguïté quelles en sont les limites.

La personnalité humaine résulte, bien sûr, d'un mélange complexe et plus ou moins harmonieux du poids respectif de ces trois éléments et de la manière d'en utiliser les mécanismes spécifiques.

ne signifie pas que des déductions y soient exclues mais que les chaînes inférentielles n'y sont pas rationnellement justifiées, ne serait-ce que par les hypothèses de départ et, bien souvent, par leur non-linéarité. Ainsi n'est-il pas possible, par principe, d'y construire une quelconque explication *rationnelle* établie sur quelque preuve que ce soit, donc, plus généralement, d'en extraire une théorie qualifiable de scientifique au sens méthodologique du terme. Le champ de cette classe de réponses n'est limité que par les capacités d'invention de l'imaginaire humain et les possibilités de descriptions qui s'y rapportent, sans souci de plausibilité, de discussion de la validité du raisonnement et, a fortiori, d'arbitrage expérimental. Le seul critère pris en compte est l'intime conviction! C'est-à-dire la *croyance*. Car la fonction opératoire primordiale de cette catégorie de messages est de convaincre les groupements auxquels elle est destinée, et non de prouver ce qui ne peut procéder que d'un acte de foi.

A l'opposé, les méthodes de la seconde classe [3], et les modélisations qui lui sont associées, sont entièrement et exclusivement contenues dans le seul champ du *rationnel*. La base en est le raisonnement fondé sur la logique et sur la cohérence du discours. C'est le principe de la démonstration au sens scientifique, laquelle requiert la validation expérimentale, directe ou non, et la *reproductibilité*. Les possibilités sont donc extrêmement réduites par rapport aux précédentes car contraintes par les exigences strictes de la méthodologie scientifique, dont la preuve (l'épreuve numérique) et la plausibilité font partie. Les processus logico-déductifs, utilisant les inférences et le calcul des prédicats, impliquent également la nécessité d'hypothèses de départ, dites *prémisses fondatrices*. Mais étant nécessairement rationnelles, elles sont de nature fondamentalement différente des présupposés de la première classe.

---

3. La seconde classe peut être définie de la manière suivante : *elle est constituée de l'ensemble des méthodes permettant l'utilisation rationnelle de la raison.* Car la difficulté fondamentale de la pensée raisonnante est précisément là : il est facile (en apparence car c'est un processus qui paraît naturel) d'utiliser communément la raison mais il est difficile, parfois même extrêmement difficile, de l'utiliser *rationnellement*. C'est précisément ce qui constitue l'apparente complexité des mathématiques. L'usage non rationnel de la raison est des plus courants, aussi bien dans la vie quotidienne que dans les élucubrations ésotériques... ou dans quelques autres ! Mais aussi dans des raisonnements apparemment scientifiques, comme l'indique par exemple la note suivante.

Par essence autant que par définition, et compte tenu des différences irréductibles caractérisant les processus intellectuels et fonctionnels mis en œuvre dans chacun de ces deux modes distincts de pensée, toute intrusion du premier dans le second au cours d'un même discours est, sans aucun doute possible, potentiellement source d'incohérences et de contradictions logiques ou de paradoxes. Ce qui signifie que ces deux classes sont *rationnellement* inconciliables, c'est-à-dire incompatibles. Toute tentative de ce genre conduit inexorablement à quitter la seconde voie, celle de la raison, pour rejoindre la première. Cette conséquence est apodictique. Mais la réciproque n'est évidemment pas vraie : l'intrusion partielle du rationnel dans le non-rationnel est possible et même extrêmement fréquente dans les pseudo «sciences», toutefois le discours reste dans le non-rationnel. En d'autres termes, l'utilisation épisodique du raisonnement dans la voie non rationnelle *ne démontre rien* car, par principe, ce processus ne peut rien démontrer. En effet, dans une chaîne logique un seul maillon qui ne l'est pas rend l'ensemble caduc. Ce qui n'empêche naturellement pas ces deux voies d'être non *rationnellement* parfaitement compatibles. Ainsi ce qui précède montre sans ambiguïté l'asymétrie de ces deux modes de fonctionnement de la pensée. C'est une conséquence de la richesse des activités cérébrales puisque, dans chaque cas, ce ne sont pas les mêmes aires fonctionnelles (limbique et néocortex) qui sont à l'œuvre. C'est une propriété capitale qu'il faut conserver... à l'esprit! En l'état actuel de nos connaissances, il n'existe pas de critère pour trancher ce nœud gordien et, très probablement, il n'en existera jamais, comme nous en discuterons.

Pour ce qui concerne la question des origines, la première classe, née avec Homo sapiens sapiens, a généralement recours à une métaphore initiale non-rationnelle, exposée sous forme de récit ou de légende racontant la manière dont ont été créés le monde, l'homme et le reste. En quelque sorte, mais de manière floue et parfois évasive, sont plus ou moins fixés les présupposés de départ. Bien qu'elle ne soit pas explicitement sollicitée, en principe l'adhésion exige un acte intellectuel volontaire et délibéré : la *croyance* en la préexistence d'une sorte de structure primordiale créatrice, ou d'une force supérieure de nature mystérieuse, déclarée d'essence divine car rationnellement inexplicable. Les possibilités sont multiples et les données parfois très complexes. C'est ce que les historiens appellent les «mythes fondateurs» (au sens généralisé). Selon ce que l'on en sait, ceux-ci furent nombreux et variés car l'imaginaire ancestral fut grand. La descendance l'a d'ailleurs conservé! Il faut noter que de tels mythes sont des réponses absolues et indiscutables à des interrogations existentielles et phénoménologiques. En général, toutes ces spéculations ne sont pas dénuées d'un caractère magique certain, caractère perdurable de l'esprit humain! Ce sont ces facteurs, et d'autres principalement liés à l'environnement et aux activités humaines, qui induisirent une très lente évolution des cultes primitifs et une diversification dans leur pratique, du moins selon ce que nous en connaissons.

Dans sa forme moderne, cette première classe de justification des causes et finalités de l'univers et de l'homme a donné naissance aux religions actuelles. En effet, au cours des quatre derniers millénaires, celles-ci furent érigées à partir de conjectures et présupposés théologiques exprimés sous forme de codes constituant des Dogmes déclarés révélés, absolus et intransgressibles car d'origine et d'essence divines. Ils ont remplacé les mythes fondateurs dans l'affirmation formelle des principes de base. En Occident, c'est le *canon de la Bible hébraïque* qui sert de référence en tant que l'une des principales sources. Dans celle-ci, le premier des cinq livres sacrés de la *Torah*, intitulé *Be-reshît* (Au commencement), traite effectivement de la Création du monde, création qui est de nature transcendantale, comme celle de l'homme. Le principe créateur est formellement de nature divine. Dans les philosophies religieuses orientales, les données sont moins claires, notamment à cause du rôle prépondérant des phénomènes cycliques qui rendent floues certaines données. Cependant un être anthropomorphe, tel P'an-ku en Chine, peut en demeurer à l'origine. On trouve également d'autres différences. Par exemple le taoïsme met en œuvre un Principe d'ordre, le Tao, transcendant et immanent. Selon le bouddhisme, voie d'accès à la sagesse, tout corps est dépourvu d'être en soi car impermanent. Le vivant transmigre indéfiniment d'une morphologie à une autre, dieu compris. Il n'y existe pas de dieu éternel, omnipotent et créateur, donc pas de culte.

La seconde classe, celle des réponses *rationnelles*, n'a que quelques siècles d'existence. Ce qui ne veut naturellement pas dire que l'homme, avant l'apparition de cette nouvelle classe, n'était pas doué de raison mais *qu'il n'avait pas appris comment s'en servir rationnellement*. C'est elle qui a donné naissance à la science actuelle. Comme on l'a dit, et nous préciserons ultérieurement pourquoi, elle exige également des hypothèses primitives ou, plus exactement, des préalables et des conditions initiales pour construire ses modèles. Nous les avons appelés prémisses fondatrices. Ses démonstrations, fondées sur ces hypothèses, n'ont donc qu'une valeur *relative* puisqu'elles en dépendent directement, problème qui retiendra également notre attention. Mais celles-ci sont issues de l'expérience, ou extrapolées à partir d'observations très élaborées, de théories souvent fort complexes mais vérifiables, de simulations remarquablement puissantes, et elles doivent être validées par l'expérience (quand c'est possible, sinon il faut trouver des voies indirectes) sous peine de rejet. De plus, ces solutions doivent impérativement satisfaire aux conditions extrêmement strictes et précises, donc très contraignantes, de la méthodologie scientifique.

Dans son expression la plus évoluée, cette seconde voie a conduit, pour l'origine de l'univers, à l'hypothèse du big bang, modèle qui n'est d'ailleurs pas unanimement accepté par tous les spécialistes de la question car il n'est pas entièrement satisfaisant dans certaines de ses hypothèses. Quoi qu'il en soit, il faut remarquer que cette démarche a tout de même réussi l'exploit peu banal d'élaborer une théorie cohérente de l'univers, autrement dit du référentiel, en n'utilisant que la seule méthodologie scientifique. Mais, qu'elle soit acceptée ou non, c'est une théorie du contenant. Ce qui implique qu'il reste à résoudre, si c'est possible, la question du contenu, dont le très complexe et fort difficile problème de l'apparition de la vie et de sa diversification ayant abouti à l'homme et à l'intelligence! Différentes théories scientifiques tentent de s'y atteler, avec plus ou moins de succès, toutefois d'énormes difficultés subsistent, ainsi que nous en discuterons.

Pour conclure, nombre de travaux concernant ces questions (et d'autres, par exemple la métaphysique quantique...) incluant l'éventualité d'existence de formes de vie extraterrestre, intelligentes ou non, ne tiennent pas compte de cette distinction pourtant fondamentale. Ce qui permet, intentionnellement ou non, de faire un mélange des genres, c'est-à-dire de passer d'une classe à l'autre. Parfois pour profiter des facilités de l'une et du prestige de l'autre ! Les cas les plus usuels sont les suivants : introduction d'hypothèses ad hoc lesquelles, par principe, ne peuvent qu'appartenir à la première classe ; raisonnements dérivant d'une classe à l'autre ou utilisation d'arguments plus ou moins captieux ; flou ou ignorance des prémisses ; inductions hasardeuses ; ambiguïté des hypothèses... Les conclusions qui en résultent font donc obligatoirement partie de la *première classe*, et *d'elle seule*. Aussi est-il alors illégitime de prétendre en tirer des démonstrations ou explications et résultats ayant un caractère scientifique [4].

Dans toute la suite, nous allons délibérément nous placer dans la seconde voie : celle du rationnel. Cependant il convient de faire deux remarques. La première concerne l'existence d'une ambiguïté intrinsèque et rationnellement irréductible qui est nécessairement attachée à la question des origines ou, plus exactement, à celle des hypothèses primitives : par exemple à propos des causes du big bang ou de celles de la vie. En effet, une théorie rationnelle complète des origines est inconcevable par suite de l'inconnaissabilité de certains facteurs initiateurs et d'une certaine forme d'indécidabilité laquelle est une conséquence inéluctable de l'autoréférentialité inhérente à ce type de problème. Nous en discuterons au chapitre 6. Mais, dans cette voie, les possibilités concernant ces hypothèses primitives sont limitées par les justifications nécessaires ainsi que par les conditions de plausibilité et de cohérence. Les choix sont alors déterminés par des règles de sélection extraites des champs mieux assurés du savoir et qui sont supposées rester valides. De plus, l'utilisation

---

4. Un exemple tout à fait caractéristique d'utilisation non rationnelle de la pensée rationnelle concerne les travaux philosophiques du Père P. Teilhard de Chardin qui fut par ailleurs un scientifique de qualité. Ceux-ci sont principalement exposés dans *le Phénomène humain* et dans *le Cœur de la matière*. Par exemple ses extrapolations philosophico-religieuses sur la «personnalisation» de la matière et sur ses «potentialités spirituelles» ne sont pas autre chose qu'une manipulation non rationnelle de concepts rationnels. En effet, outre leur caractère ad hoc certain, il n'existe absolument aucune donnée aussi bien rationnellement déductive qu'expérimentale autorisant le moindre début de commencement de justification. Ce qu'il ne prétend d'ailleurs pas explicitement, toutefois son discours laisse à penser qu'il est convaincu du caractère scientifique de sa démarche alors que ses prémisses ne le sont pas. Il en va de même, autre exemple, de son concept «d'expérience religieuse» vue sous l'angle «scientifique» et «transcendant la logique». Ce qui ne fait également que confirmer et illustrer le fait que toute tentative de synthèse entre les deux voies est nécessairement non rationnelle sinon irrationnelle !

des grands principes de la science, et de critères rationnels d'évaluation, évite les dérives. Enfin l'épreuve numérique et la prévision sont décisives. Mais il n'en demeure pas moins une incertitude éliminant l'unicité formelle de la solution.

Seconde remarque : c'est précisément l'existence d'une telle incertitude de principe qui, en permettant à l'homme de choisir certaines de ses options sans possibilité de contrainte par la preuve rationnelle, constitue précisément le fondement de sa liberté, comme nous aurons l'occasion de le constater à plusieurs reprises. C'est ainsi que, comme chacun de nous, tout scientifique peut choisir *librement, et indépendamment l'une de l'autre*, d'une part ses convictions philosophiques et religieuses et, d'autre part, ses activités rationnelles, sans être contraint en rien par celles-ci. La cohérence étant la seule restriction, il ne peut cependant pas faire de mélange, par exemple en utilisant la seconde pour prouver des éléments de la première ! De toute manière, à question *irrationnelle* ou *non rationnelle* réponse *rationnelle* impossible car s'il en allait autrement alors la question serait rationnelle. Exemple caractéristique : «Dieu existe-t-il ?» Rationnellement, et rationnellement seulement, la question est formellement *indécidable !* Quand on demandait à Einstein s'il croyait en Dieu, il répondait avec malice : «Définissez-moi d'abord ce que vous entendez par l'expression "Dieu" et je vous répondrai ensuite !»

Il en résulte finalement que l'asymétrie relative de ces deux voies de raisonnement présente l'énorme avantage de distinguer *croyance* et *science*. A l'évidence, si elles sont *rationnellement* incompatibles, en revanche elles sont *irrationnellement* tout à fait compatibles, différence capitale qui est une source intarissable de confusions... !

*

* *

Terminons en remarquant que si notre objectif principal concerne l'étude des possibilités d'existence d'intelligences extraterrestres, nous ferons une distinction essentielle entre celles-ci et les opportunités d'apparitions de vies extraterrestres. Car, comme nous le verrons, la difficulté ne tient pas tant à l'éclosion de ces dernières qu'à l'émergence de l'intelligence, question autrement critique et complexe. En effet, elle se caractérise d'abord, mais non uniquement, par le fait fondamental qu'elle est capable de prendre conscience d'elle-même, donc des autres et du milieu, ainsi que de l'existence du temps impliquant la perception du futur. C'est, entre autres spécificités, ce qui la distingue irréductiblement du psychisme animal, même de l'espèce la plus proche de nous : le chimpanzé. Ses prodigieuses capacités, mais aussi ses incommensurables potentialités changent totalement la nature et les dimensions du problème. Pour en rendre compte, nous proposerons une hypothèse originale, celle de l'ecpédèse liée à l'information. Son analyse nous conduira à quelques conclusions assez inattendues, en particulier en ce qui concerne ses possibilités de développements et les perspectives d'avenir qui pourraient en résulter. Au passage, nous verrons quelques raisons pertinentes pour lesquelles il existe un inquiétant et fâcheux quiproquo à propos de ce qu'il est convenu d'appeler, certainement fort mal à propos, l'«intelligence artificielle». Enfin, nous proposerons un élément original, le concept anthropocosmique fondé sur les propriétés génératives du hasard physique. Il fournit une idée directrice à l'ensemble de l'évolution, depuis le big bang jusqu'à l'apparition de l'intelligence. Concept qui, à l'inverse du principe anthropique, est exempt de finalité au départ mais qui pourrait être capable d'en générer une a posteriori.

Nota : **Les** termes techniques sont expliqués dans un *Glossaire* (p. 297-308).

CHAPITRE 1

L'homme et le cosmos

Dans toute étude concernant l'univers il existe un préalable : *le concept de cosmos n'est pas une donnée innée mais acquise.* L'homme doit donc le construire à partir de ce qu'il peut en observer et de ce que lui enseignent sa culture et ses traditions, c'est-à-dire ses connaissances. L'observation dépend, bien entendu, de la vie courante tout autant que des sources d'informations disponibles. Celles-ci sont déterminées par l'état des techniques mais également par les croyances et les questions philosophico-religieuses, ou scientifiques, caractérisant l'époque considérée. L'évolution non linéaire de la représentation qu'Homo sapiens sapiens se fait du monde dans lequel il vit est précisément due à leurs métamorphoses et mutations. Monde qui ne peut être observé que de l'*intérieur*, ce qui en limite obligatoirement la connaissance à cause de l'autoréférentialité.

Nous allons voir comment le problème posé aux Anciens par la représentation du ciel, et l'interprétation des mouvements planétaires, fut à l'origine d'une mutation intellectuelle de l'humanité puisqu'elle eut pour objet l'apparition de la deuxième voie, celle de la pensée rationnelle puis de la science qui lui fut associée. En effet, cette question constitua un puissant moteur du progrès de la connaissance, tant par ses enjeux religieux, philosophiques et culturels que par les connaissances et méthodes qu'elle induisit.

Historiquement, la source extérieure d'informations fut l'observation du milieu, dont le ciel et ses métamorphoses. Toutefois, plusieurs dizaines de millénaires n'auraient certainement pas suffi pour donner naissance à l'astronomie car, outre l'aboutissement d'un incessant processus d'accumulation de nombreux faits, celle-ci exigeait une interprétation rationnelle pour devenir une science, ce qui ne se fit pas en une seule étape ni sans de considérables difficultés, il s'en faut! Cependant, dès les débuts, quelques tentatives métaphoriques furent imaginées, opérations spéculatives puisque les outils théoriques n'existaient pas. L'esprit humain dut donc les construire pas à pas, ce qui prit beaucoup de temps. Outre son intérêt scientifique, ce lent et laborieux cheminement de la pensée à la recherche de ses origines représente une histoire exemplaire démontrant la puissance des capacités cérébrales d'Homo sapiens sapiens. Nous allons rapidement en examiner quelques étapes essentielles pour en tirer quelques conclusions, ce qui nécessite quelques brefs préalables préhistoriques. D'autant que, puisque l'existence du monde précède celle de tout ce qu'il peut contenir, la question de ses origines est la plus fascinante pour l'esprit humain!

Légendes des origines

Les moyens très limités de l'homme primitif ne l'autorisaient guère à explorer que très localement la surface terrestre et, puisqu'il ne pouvait pas la quitter, il ne percevait effectivement du ciel que deux dimensions. Les mouvements de la Lune et des astres en nécessitaient bien une troisième dont la seule observation à l'œil nu permettait mal d'apprécier la profondeur. De plus, il faut des temps d'accumulation suffisamment longs pour discerner l'existence et la subtilité des cycles stellaires, et surtout vérifier leur apparente régularité. L'alternance du jour et de la nuit, mais aussi celle des saisons, furent probablement associées rapidement aux mouvements solaires. Il fallait alors une «explication», si possible globale pour être susceptible de s'appliquer également aux multiples préoccupations quotidiennes de nos lointains ancêtres. Une telle démarche ne pouvait pas être conçue sans recourir à un «système» que la nature ne fournissait pas plus hier qu'aujourd'hui! Cela pose inéluctablement le problème du point de départ, ou plus exactement des origines. C'est pourquoi, à toutes les époques et dans toutes les peuplades, il existe toujours une histoire primordiale qui est celle du

Commencement. C'est la raison d'être des légendes et mythes cosmogoniques fondant tous les autres. Car l'homme est viscéralement persuadé qu'il *peut savoir*, donc qu'il *doit savoir*.

Par les vestiges et les traditions orales ou récits qui nous sont parvenus des temps les plus reculés, les différentes réponses apportées aux angoissantes interrogations métaphysiques de l'homme, en particulier sur sa création, sur celle du monde qu'il peut observer et sur la place qu'il y occupe, ont largement varié en fonction du lieu, des circonstances et des époques. Toutefois elles furent déterminantes pour les peuplades qui les conçurent. En effet ces réponses, qui façonnèrent leurs états mentaux, ont été à l'origine de leurs rites et croyances, donc des organisations sociales et modes de vie qui les caractérisèrent. Elles en constituaient d'ailleurs tout autant les fondements que les justifications. Ce sont également ces représentations du monde qui conditionnèrent les idées de nos lointains ancêtres sur leur devenir, comme le reflètent de manière significative leurs pratiques rituelles mortuaires. Cette hypothèse est légitimée par certaines études paléontologiques et paléographiques qui montrent que, dès qu'il a pris conscience de sa propre existence, c'est-à-dire de sa mort, l'homme s'est efforcé de se construire un «au-delà» plus ou moins mal défini! Différentes traces qui nous sont parvenues du passé telles que, par exemple, certaines peintures rupestres et formes d'art archaïques, ou des tombeaux fossiles, tendent à le confirmer. De plus, dans pratiquement toutes les cultures primitives qui ont subsisté, nombre de faits attestent encore de nos jours la permanence de ces problèmes lesquels semblent donc faire partie des spécificités, mais aussi du patrimoine génétique de l'espèce.

Toutes ces interrogations n'auraient guère eu de sens sans des tentatives concomitantes d'«explication» de l'environnement et de ce que l'homme peut y identifier et y reconnaître. Par exemple les animaux et les plantes nourricières indispensables pour sa survie, ou l'étrange vol des oiseaux. Étant confrontées à de multiples phénomènes naturels, souvent catastrophiques, pour elles inexplicables mais terrifiantes, les peuplades primitives étaient soumises à des conditions de survie des plus précaires. La contemplation du ciel nocturne devait ainsi leur être familière. L'immensité de la voûte céleste, sa mystérieuse magnificence et son inaccessibilité, l'alternance solaire, les mouvements lunaires et astraux, le sillage magique des météorites ou l'effrayante menace des éclairs et de la foudre, et bien d'autres prodiges, inspirèrent autant la terreur qu'elles stimulèrent l'imaginaire ancestral primitif. Ce qui contribua, tant par le nombre et la difficulté des angoissantes questions posées que par la variété des spéculations possibles, à amplifier plus encore l'effroi de l'énigme du monde et des puissances occultes qui semblaient l'animer, énigme que l'intelligence humaine naissante se devait absolument de tenter de résoudre, par quelque moyen que ce soit ! D'où l'invention de réponses aux questions posées par la nature (en fait par l'homme lui-même !) au moyen des légendes et des mythes.

L'intellect humain conçut différentes formes d'assertions métaphoriques dans lesquelles le fantasmagorique occupait, de la manière la plus naturelle, une place prépondérante sinon la seule place. Puis, au fil du temps et en fonction des circonstances liées, en particulier, au milieu, aux conditions locales et aux difficultés de survie, des fresques plus vastes et plus largement diversifiées finirent par s'élaborer au sein des différentes hordes et tribus primitives. Ces rites et allégories subirent ensuite, chacune dans son aire géographique, le polissage du temps mais aussi les inflexions et déformations des multiples successions de générations qui en furent les gardiennes puisque la transmission était orale. Ainsi naquirent les traditions, légendes et récits qui, par accumulation, constituèrent finalement le fond des mythologies les plus lointaines. Elles s'adaptèrent puis, pendant probablement une à deux dizaines de millénaires, elles n'évoluèrent que très lentement après s'être dispersées.

Les trois dogmes fondamentaux : la création, l'unité, l'anthropocentrisme

D'après ce que l'on sait de l'histoire de l'humanité primitive, dans la majorité des mythes fondateurs trois éléments fondamentaux attirent l'attention par leur permanence : ce sont la «création», l'unité et l'anthropocentrisme.

Le premier est celui de l'archétype de la «création», événement qui concerne aussi bien le monde que l'homme. Il perdure d'ailleurs dans différentes religions actuelles, en particulier en Occident. Cette représentation implique un acte isolé et quasi instantané, donc discontinu et probablement inspiré de l'enfantement. Acte sur lequel il faudra bien discourir! C'est précisément l'objet de ce dogme. Il a, en effet, pour corollaire fondamental la nécessité d'intervention d'une puissance créatrice à laquelle il faut donner une subsomption. Celle-ci est le plus souvent supposée d'essence supérieure et immanente, c'est-à-dire sans cause puisque sans commencement ni fin. Étant intrinsèquement inexplicable par la raison, elle appartient nécessairement à la première voie, celle de l'irrationnel. Plus récemment, c'est ce dogme qui fut à l'origine du concept général de divin et, plus spécifiquement, de «Créateur». Il possède l'avantage pratique énorme de pouvoir être étendu à tout ce qui paraît inexplicable ou incompréhensible! Résultat inespéré que celui de sa remarquable universalité. Notons que si l'origine de cette puissance est nécessairement ambiguë, ce n'est pas autre chose qu'une manifestation du paradoxe autoréférentiel inhérent au problème posé : la cause initiale est-elle intrinsèque ou extrinsèque, c'est-à-dire interne ou externe? Réponse rationnelle impossible! Réponses non rationnelles variables selon les époques, les peuples, les civilisations et les circonstances.

Il en résulte une conséquence non triviale : la manière d'envisager cette création conduit au *fixisme*. En effet, dans la plupart des cas le principe créateur génère d'abord le monde, ensuite il prend du matériau terrestre, souvent du limon, et façonne la forme corporelle de l'homme, enfin il lui insuffle la vie. Par essence, puisque dans tous les cas les origines sont quasi ponctuellement déterminées une fois pour toutes, il n'y a ici nul besoin du concept d'évolution. Ainsi ne le retrouvera-t-on pas plus dans les récits, légendes et mythes fondateurs que dans les dogmes et écrits religieux concernant ce problème. Ceux-ci sont tous temporellement invariants c'est-à-dire fixistes. Cette importante donnée doit correspondre à la recherche de la simplicité mais aussi de la sécurité dans la stabilité et la permanence. Fait curieux puisque toutes les observations de la vie courante démontrent exactement l'inverse! En conséquence, il faudra un temps considérable pour s'en affranchir et faire accepter le concept fondamental et révolutionnaire d'évolution. Lequel n'est d'ailleurs pas encore admis par tout le monde aujourd'hui!

Le deuxième invariant concerne l'unité. Il est tout à fait intéressant de remarquer que dans pratiquement tous les mythes et traditions cosmogoniques, on retrouve généralement l'hypothèse, explicite ou non, d'un monde *unique* dans son existence, c'est-à-dire dans sa «réalité», ainsi que dans celle de ses prolongements non visibles malgré leur possible multiplicité. Ce qui n'empêchait naturellement pas l'environnement proche ou lointain, observable (océans mais aussi Lune, ciel) ou imaginé («au-delà» aux multiples facettes), d'être peuplé, bien au contraire. Si des êtres mythiques avaient à intervenir, et ils furent nombreux, ils étaient généralement construits à partir d'éléments terrestres disparates car leurs concepteurs n'hésitaient pas à mélanger l'homme et l'animal, et à les doter de structures mentales analogues aux leurs, exacerbant ou atténuant (voire ajoutant ou supprimant) quelques caractères selon les besoins. Tout étant possible, d'éventuels extraterrestres auraient certainement été un luxe inutile!

Il en va de même pour l'homme dans son essence, sinon dans ses fonctions. Rien n'a été supposé créé par étapes ou par parties, ni en de multiples lieux plus ou moins différenciés. Malgré l'essor considérable de la pensée au fil du temps et la diversification des croyances, aussi bien philosophiques que théologiques, il semble que jamais cette unicité du monde, pas plus que celle de l'homme *en tant que tel*, n'ait été remise en question. Cette donnée est conforme à la perspective du premier dogme puisque la *création* n'eut lieu qu'une fois, et une fois seulement en un seul endroit. Cette opinion est également valable pour l'ensemble du vivant ainsi que pour l'organisation, ou plutôt l'agencement de ce qui est perçu. Ainsi l'avantage de cet invariant tenait-il au fait que tout était finalement très simple car imaginé dans une apparente logique du milieu naturel. Mais logique apparente seulement! L'inconvénient est qu'il ignore la compétition et la sélection ainsi que la diversité qui en est la conséquence, contrairement à ce qui est observé dans la nature.

Le troisième dogme est probablement le plus fondamental de l'espèce. Il s'agit de la place centrale que s'attribue, fort immodestement, Homo sapiens sapiens dans le Grand Système Universel. Dogme qui se serait imposé dès les origines et qui perdure avec une puissance de conviction profonde. Il imprègne, en effet, l'ensemble des bases philosophiques, spirituelles, religieuses et culturelles, ancestrales ou non, constituant le creuset dans lequel ont été élaborées toutes les grandes civilisations, aussi bien celles du passé que les nôtres. Ainsi cette conception anthropocentriste a-t-elle marqué de son sceau indélébile les caractéristiques psychologiques de notre évolution.

Pour quelles mystérieuses raisons l'homme s'octroie-t-il, de manière fort présomptueuse, cette place tout à fait privilégiée? Tout simplement parce que, jusqu'à présent, personne ne la lui a contestée! Ce qui résulte, sans aucun doute possible, de l'écrasante supériorité que lui confèrent ses exceptionnelles facultés cérébrales. Elles lui permettent, en particulier, de prendre conscience de lui-même, mais aussi des autres et de son milieu, donc de les dominer. Facultés déterminant son intelligence créatrice et adaptative laquelle est, à l'évidence, sans comparaison possible avec les performances du reste du vivant *connu*. C'est ce qu'a très rapidement observé Homo sapiens sapiens! Ses extraordinaires mais étranges capacités impliquent que son cerveau est intrinsèquement doté, en tant qu'élément moteur, de curiosité intellectuelle induisant une irrépressible pulsion de quête du savoir et de la connaissance. Cette donnée génétique, qui lui est tout à fait spécifique, caractérise fondamentalement l'espèce. En effet, bien des éléments montrent que l'accroissement du psychisme humain semble être l'un des objectifs primordiaux de l'évolution.

Comme il n'est pas concevable d'élaborer un savoir, quel qu'il soit, à partir de rien, il faut que l'homme commence par s'en donner les moyens. C'est pourquoi le cerveau, pour devenir efficace et performant, doit d'abord forger un certain nombre d'éléments de base, d'outils intellectuels et d'instruments ou procédés divers qui sont indispensables aussi bien pour satisfaire et développer ce besoin irréfragable d'accroissement de ses connaissances que pour assurer sa survie. Pour que l'adaptation au milieu soit effective, il est indispensable d'y collecter des informations et données multiples, mais il faut également les rendre significatives et exploitables, donc y introduire l'ordre et la cohérence. Cela exige l'élaboration de schémas mentaux fondés sur des méthodes nécessitant des points de repère ainsi que des étalons comparatifs et des références. Et les premiers qui se présentent à son esprit, car les plus naturels, sont à coup sûr l'homme lui-même et différentes particularités de son milieu.

D'où la très probable origine de ce principe anthropocentrique dont l'utilité primitive fut incontestable. Pour nombre de nos semblables elle reste indiscutable. Remarquons que l'on y retrouve l'autoréférentialité puisque l'homme va juger par rapport à lui mais également pour lui !

Le renouvellement du concept des origines dans la première voie : celle du non-rationnel

Quittons, à présent, la préhistoire et ses incertitudes consécutives à notre ignorance, qui reste grande. L'analyse des époques plus récentes est largement facilitée par l'accumulation d'une très abondante littérature produite depuis près d'une dizaine de millénaires, c'est-à-dire depuis la découverte de l'écriture. Ces documents montrent sans ambiguïté que l'humanité n'a pas connu une évolution linéaire et homogène, aussi bien dans ses croyances et schémas mentaux, ou idées et cultures, que dans ses comportements psychologiques et sociologiques, il s'en faut! En effet, d'abord au sein des différentes populations il y eut une remarquable diversification qui semble être dans la logique de celle du vivant, mais à une autre échelle. Ensuite, différentes inflexions plus ou moins brutales provenant soit de techniques nouvelles, soit d'événements historiques tels que les invasions et guerres ou les grandes famines et épidémies, soit d'autres facteurs par exemple culturels ou religieux, ont parfois radicalement remis en cause les conditions de vie matérielle et intellectuelle de certains peuples. Quelquefois, ce furent de profondes révolutions qui se sont plus ou moins propagées dans l'espace et dans le temps, selon les circonstances.

L'une des plus importantes, sinon la plus importante que nous livre l'histoire de l'aube des derniers millénaires, fut l'apparition du monothéisme (début du deuxième millénaire avant J.C.) car ses conséquences ont indiscutablement conduit à un changement fondamental de la pensée d'une grande partie de la planète. Ce concept prit naissance au Moyen-Orient avant de se répandre dans l'Occident tout entier, puis bien au-delà. Ce fut une véritable mutation intellectuelle aussi bien par le renouvellement des croyances et des idées philosophiques qu'elle induisit que par ses immenses conséquences socioculturelles, économiques et politiques. Mais également par sa formidable puissance de conviction puisque cette spiritualité domine largement le monde actuel.

Comme l'indiquent sans ambiguïté leurs dogmes écrits (Écritures), les trois grandes religions qui en sont issues sont fondées sur le concept primordial de *révélation*. Il s'agit donc d'admettre, c'est-à-dire de *croire a priori et sans aucune justification rationnelle* en un ensemble de données qu'une puissance supérieure d'essence divine a diffusé aux hommes par différents intermédiaires, dont les prophètes. Leurs déclarations sur les origines, donc sur la création du monde et de l'homme, dérivent des anciennes mythologies cosmogoniques mais, fait réellement nouveau, leurs dogmes sont maintenant fondés sur un Principe unitaire allant au-delà de la quintessence des multiples divinités primitives et de leurs fonctions. D'abord est postulé le primat du «Verbe» sur la matière, ce qui rompt l'indécidabilité du germe primordial. Ainsi le discours peut-il débuter à partir de cette hypothèse qui fixe le Commencement. Ensuite, par la synthèse fructueuse qu'il symbolise, ce Principe possède l'avantage incomparable de permettre d'introduire plus de réflexion, d'harmonie et de cohérence dans le concept de «Monde» ainsi que dans ses mécanismes structurels et fonctionnels. On peut, d'une certaine manière, le considérer comme une sorte d'archétype, au sens moderne du terme. C'est donc un principe d'ordre mais qui donne également une place et un rôle prépondérants à l'esprit ou, plus exactement, à la pensée dans son ensemble. Ce qui, au fil du temps, va bouleverser les attitudes mentales. L'idée tout à fait originale de ce principe peut s'exprimer sous la forme très générale suivante : tenter de déduire le plus du moins [1]. Enfin, autre fait nouveau, ce principe postulé universel est décrété porteur d'une Morale, hypothèse qui va entraîner des consé-

---

1. Elle sera d'ailleurs reprise, bien sûr dans un esprit totalement différent, par la seconde voie, celle de la science rationnelle. Celle-ci l'exprimera sous la forme suivante : comment déduire *rationnellement* le maximum de lois à partir d'un seul principe scientifique ? Le problème consiste à le trouver, ainsi que son interprétation et la manière de s'en servir. Certains pensent, à tort, qu'il pourrait exister un tel principe universel dont tout le reste découlerait. A tort car l'autoréférentialité dans laquelle est prisonnier l'esprit *rationnel* humain ne le *permet* certainement pas ! C'est, en effet, une autre forme de tentative de synthèse des deux voies, donc une forme nouvelle de retour au concept du divin. Ce qui implique qu'elle est nécessairement non rationnelle !

quences considérables dans les attitudes humaines individuelles et collectives.

Ce sont, parmi d'autres, les raisons pour lesquelles l'abrahamisme constitue, à l'évidence, une étape décisive dans le développement et la structuration de la pensée humaine. Toutefois on doit remarquer que, à quelques modestes variantes près, cette première voie, celle de l'irrationnel, n'a plus produit de grands schémas philosophico-religieux authentiquement nouveaux depuis l'apparition du monothéisme, c'est-à-dire depuis près de quatre millénaires. Mais le peut-elle? Probablement pas car elle est prisonnière d'un système rigide de présupposés dogmatiques fixistes et de nombreuses contraintes qui annihilent toute liberté ou initiative et empêchent l'adaptation. En effet, comme le montrent les trois grandes religions monothéistes actuelles, ce processus intellectuel ne peut guère que se reproduire à l'identique quant aux principes, d'autant qu'ils proviennent des mêmes sources historiques. Ce ne sont donc que les concepts moraux et les applications qui en sont faites qui peuvent marquer leurs différences respectives. C'est probablement l'une de ses plus redoutables faiblesses puisque cette attitude psychologique ne permet pas, ou mal, l'adaptation *rationnelle* de l'homme à l'irréversibilité de l'évolution. Aussi bien d'ailleurs à celle du développement de ses idées qu'à celle de ses organisations sociales imposées par l'incessant progrès des connaissances scientifiques et technologiques qui en démontrent la nécessité. Mais aussi à celle du monde car la nature crée également, et quasi en permanence, du nouveau, en particulier dans la biosphère. C'est un paradoxe logiquement inacceptable mais irrationnellement tout à fait recevable quoique sans aucune valeur démonstrative. Cependant, quelle source potentielle de conflits...!

Astrologies et mesure du temps

De longues et minutieuses observations célestes furent effectuées pendant plusieurs millénaires en Chaldée, en Égypte, en Chine et dans quelques autres régions. Elles fournirent une impressionnante moisson de résultats, dont certains très précis. Cependant, jusqu'aux environs du VIe siècle avant J.C., toutes furent fondamentalement empreintes d'un caractère mystique profond. Ces opérations étaient justifiées par la croyance en l'existence d'une puissance divine confinée dans le ciel et conférée sélectivement aux astres dont il fallait décrypter les messages. Dans de nombreuses traditions, l'essence de l'autorité des chefs lui fut attribuée (elle l'est encore dans différents pays, dont le Japon) afin d'affirmer son pouvoir sur les hommes. Le devin astrologue comme le Grand Prêtre égyptien, qui en étaient les messagers et les interprètes, devaient ainsi effectuer de nombreux examens du contenu du ciel dont ils codèrent les données de différentes manières. Ce fut, par exemple, le cas pour la symbolique zodiacale. Leurs activités n'étaient d'ailleurs pas limitatives.

C'est ainsi que naquirent des rites, croyances et pratiques qui constituèrent l'astrologie dont l'objet premier était de rendre grâce à ces divinités astrales afin d'en obtenir les faveurs, ou d'en éviter les courroux, selon la nature bénéfique ou maléfique qui leur était attribuée! Ces cultes, qui correspondaient aux diverses interprétations des mouvements célestes, mirent en évidence des processus cycliques d'où émergea l'idée de repérage du temps. Idée fondamentale puisque, selon ces mythologies, pour faire surgir d'un gigantesque chaos primordial le monde de l'homme, le démiurge créateur dut inventer le temps afin d'y introduire l'ordre, opération supposée nécessaire pour rendre ce monde intelligible! C'est ainsi que naquit le concept de calendrier, par exemple zodiacal, montrant que la mythologie pouvait aussi avoir des préoccupations plus concrètes. Mais le calendrier, nécessaire pour organiser la société, fut un problème difficile à résoudre par suite de la variété des cycles planétaires.

Aurait-il pu en être autrement? Certainement pas puisque les connaissances nécessaires, même les plus modestes, pour tenter d'introduire l'ordre rationnel dans toute cette accumulation de données n'existaient pas. Toute tentative d'interprétation ne pouvait donc être que de nature mythologique, quelle qu'en soit sa formulation qui varia notablement selon les peuples et les époques. Les différentes astrologies n'eurent d'ailleurs pas pour objectif de chercher à expliquer le monde, il s'en faut. Par exemple celle des Chinois resta une métaphore philosophique imagée alors que celle des Égyptiens ne se préoccupa pas de description spatiale : pour elle, seul le temps avait un sens physique.

Curieusement, on peut d'ailleurs observer que, pour l'homme, le désir d'exister dans le temps est plus fort que celui d'exister dans l'espace. C'est, parmi d'autres, une caractéristique qui le distingue de l'animal, probablement pour une question de survie.

Quoi qu'il en soit, et c'est essentiel, dans l'ensemble des visions du monde qui résultèrent des principaux mythes fondateurs et de leurs extensions, *la cause du mouvement des astres était toujours d'origine surnaturelle, c'est-à-dire de caractère divin.* Cette hypothèse s'imposera, sans réelle discussion faute d'alternative, jusqu'au XVIe siècle puisque c'est la troisième loi de Kepler qui l'infirmera. Malgré tout, cette croyance primitive persiste cependant encore largement dans nos sociétés modernes génératrices d'angoisse métaphysique...!

L'hypothèse, qui veut traduire la perfection divine, se heurte cependant à une contradiction de taille : il y a incommensurabilité de mesures temporelles entre les grands cycles astraux. Par exemple les rapports entre les durées des cycles lunaire, solaire et terrestre ne sont pas exprimables par des *nombres entiers,* l'année terrestre n'étant pas constituée d'un nombre entier de jours, pas plus que les lunaisons. Ce qui crée des difficultés de principe dans la dogmatique astrologique puisque la perfection divine est mise en défaut, mais également dans les applications calendaires. Après bien des tentatives pour concilier ces incommensurables, dans la période pré-moderne le calendrier julien (46 avant J.C.) proposa un cycle[2] de 7 980 années avec une origine correspondant à l'an 4713 avant J.C., date qui fut lourde de considérations mythologiques!

---

2. Ce nombre est le résultat du produit de la période du cycle solaire exprimé en années, soit 28, par le nombre d'or, soit 19, et par l'indiction romaine (élément du comput donnant le rang qu'occupe une année dans une période de 15 ans), soit 15. En effet : $28 \times 19 \times 15 = 7\ 980$. Comme ces trois nombres sont premiers entre eux, leur produit représente la période pour qu'une année donnée corresponde à chacun d'eux fixé a priori. En l'année – 4713 de notre ère, tous les trois étaient unitaires (Scaliger), d'où l'interprétation qui en a été parfois faite comme fixant la date de la Création. Selon l'évêque Usher, qui fit de savants calculs à partir des textes sacrés (1658), le monde aurait été créé le 23 octobre 4004 avant J.C.!

L'émergence de la seconde voie : pensée rationnelle et nouvelle méthodologie

C'est à un nombre restreint de philosophes grecs de génie que revient l'immense mérite d'avoir préparé les conditions d'émergence de la voie rationnelle. Ce fut une révolution fondamentale de la pensée humaine qui se déroula en plusieurs étapes dont les deux premières furent décisives. Car ce furent elles qui parvinrent à extraire l'interprétation des observations célestes de son confinement astro-mythologique. La première eut lieu en Grèce entre le Ve siècle avant J.C. et le IIe siècle de notre ère. La seconde survint au XVIe siècle, en Europe, et eut des conséquences immenses puisque, par exemple, une grande partie de la méthodologie scientifique actuelle lui est due, et ce n'est pas tout. Ainsi est-il tout à fait remarquable que cette prodigieuse mutation se confonde pratiquement avec l'histoire de l'astronomie ou, plus exactement, avec celle de la recherche d'une représentation rationnelle du ciel symbolisant l'ordre du monde. Elle correspond précisément à la transition de l'astrologie vers l'astronomie, c'est-à-dire au passage du non-rationnel au rationnel. C'est pourquoi ce fut certainement la première démarche scientifique authentique de l'humanité parce que c'était psychologiquement la plus importante pour Homo sapiens sapiens.

C'est, semble-t-il, avec Thalès de Milet (VIe siècle avant J.C. Il fut le plus ancien et le plus illustre des Sept Sages et le premier philosophe ionien) et Anaximène (Ve siècle avant J.C.), puis avec l'École ionienne que débuta une réflexion sur l'astronomie et sur ses nombreux résultats ainsi que sur la géométrie. En effet, les Grecs connaissaient bien l'astronomie égyptienne qu'ils pratiquaient couramment mais, comme on l'a dit, celle-ci ne s'occupait que du temps. Restait donc le problème de l'espace. A l'origine ce fut probablement plus un travail philosophique que scientifique avec, cependant, pour conséquence un changement d'état d'esprit consécutif à l'apparition d'une autre forme de pensée : celle de la voie rationnelle.

En quelques siècles, certains philosophes grecs forgèrent des méthodes et des outils intellectuels totalement neufs car fondés sur une nouvelle forme de raisonnement : la logique inférentielle qui permet d'opérer des chaînages déductifs, selon des règles parfaitement précises, à partir de principes, d'axiomes, de postulats et de définitions. C'est l'invention, certes sous une forme encore primitive, des concepts de démonstration et de théorème lesquels vont engendrer une discipline qui va révolutionner le monde : la mathématique. Cette prodigieuse histoire débuta également vers le VIᵉ siècle avant J.C., en particulier avec Pythagore et l'École de Samos à qui l'on doit nombre de propositions mathématiques et de théorèmes qui, certes, n'étaient pas toujours énoncés ni démontrés de manière satisfaisante, mais qu'importe car l'idée était là. Malgré son profond caractère mystique, le pythagorisme introduisit l'idée du rôle fondamental du nombre dans la nature, ce qui contribua puissamment à l'émergence du rationalisme mathématique.

Le véritable départ eut réellement lieu avec la naissance de la géométrie axiomatique, exposée par Euclide dans ses *Éléments* (IIIᵉ siècle avant J.C.). En effet, ce fut une étape décisive par suite de la méthode employée. C'est à Alexandrie qu'Euclide fonda la première véritable École de mathématique qui, parmi d'autres travaux, mit en forme les résultats de ses prédécesseurs, dont ceux de Pythagore et de ses disciples. Euclide et ses élèves entreprirent également différentes études sur l'arithmétique. Cette école, qui devint le haut lieu des études astrales grecques et égyptiennes, disposait donc d'atouts considérables. C'est pourquoi, lorsqu'il fut question d'essayer d'introduire quelque cohérence dans tout le fatras astrologique égyptien, les Grecs purent inventer l'idée géniale de *système* de monde (ancêtre lointain du concept moderne de modèle) — idée qui fut très naturellement basée sur le nouvel outil géométrique qu'ils commençaient à maîtriser.

Cette refondation fut également facilitée par une convergence exceptionnelle de facteurs favorables puisque quelques données importantes étaient déjà acquises. Par exemple Parménide (Vᵉ siècle avant J.C.) avait émis l'hypothèse que la terre est sphérique, hypothèse à laquelle Ératosthène (IIIᵉ siècle avant J.C.) avait donné un sens en effectuant la première évaluation de sa circonférence. Par exemple quelques idées simples mais efficaces, fondées sur des systèmes de sphères, figures géométriques des plus harmonieuses, furent émises à propos des mouvements planétaires. En particulier avec la théorie des sphères homocentriques (Eudoxe de Cnide, IVe siècle avant J.C.) qui conduisit au concept platonicien de monde géocentrique. Ces résultats furent essentiels pour les philosophes d'Alexandrie puis pour leurs successeurs.

Premières conceptions cosmologiques : le géocentrisme et Claude Ptolémée

Le but initial des premières spéculations sur la structure céleste était de rendre cohérentes les observations, de préciser certaines données du calendrier et de tenter la prévision de certains événements, tels que les éclipses, pour rendre hommage aux dieux. Le recours aux figures géométriques parfaites et, autant que possible, simples était nécessité par des questions mystiques, dont celle de la perfection. D'où le rôle privilégié que jouèrent les sphères. Car, fait fondamental et à une exception près (Démocrite), *ces visions du monde furent religieuses, et le restèrent.* Elles étaient, en effet, empreintes de spiritualisme, y compris la matière, ce qui expliquera le soutien ultérieur des Églises. Aussi convient-il de ne jamais perdre de vue cette donnée capitale dans toute discussion concernant l'émergence de la seconde voie, celle du rationnel.

Les notions cosmologiques de départ sont dues à Platon (IVe siècle avant J.C.), homme d'idées abstraites plutôt que de visions concrètes, qui les exposa dans le *Timée*, l'un de ses vingt-huit *Dialogues*. Sa conception du monde, qui reste assez floue, est fondée sur une structure d'ordre géométrique sphérique et géocentrique. En effet, le point central fixe du monde est identifié à la Terre alors que les planètes sont suspendues à la surface d'une gigantesque sphère céleste qui les entraîne dans sa rotation régulière et *uniforme* autour d'un axe fixe passant par ce centre. Comme les Grecs ne connaissaient que cinq planètes, la théorie des sphères homocentriques d'Eudoxe de Cnide était à peu près conforme aux observations, mais à peu près seulement en raison des rétrogradations et stations qui furent déclarées « mouvements impurs ». Il fallut cinq siècles pour résoudre cette difficulté.

Outre celui de la matière, le spiritualisme du modèle platonicien se traduisit essentiellement par le dogme de la perfection du *mouvement circulaire et uniforme* des planètes et corps célestes, et par le fait que, *semblant sans cause physique apparente*, ce type de mouvement fut déclaré d'essence divine. Comme on ne connaissait pas encore le concept de force, cette hypothèse devait probablement aller de soi en tant qu'«explication» des processus célestes. Platon et ses successeurs admirent donc le mythe antérieur des astres-dieux qui leur paraissait justifié par le *principe* de la perfection divine du monde et de l'harmonie universelle, principe postulé a priori. Pour eux, le mouvement circulaire et uniforme constituait la preuve de l'action divine dans l'ordre géométrique céleste, donc de l'existence des dieux. Ce point est essentiel si l'on veut comprendre l'immense rupture causée, au XVIIe siècle, par Kepler lorsqu'il éliminera rationnellement cet argument. Rupture qui atteindra de plein fouet l'Église totalement acquise à ce modèle rendu conforme au Dogme de la Création par les théologiens, dont Thomas d'Aquin qui l'avait adapté aux doctrines exposées dans les textes sacrés. C'est pourquoi, à quelques variantes près, elle se battra fermement pour le défendre. Elle y parviendra jusqu'à la fin du Moyen Age, ce qui ne manquera pas de soulever de sérieux problèmes.

Cette vaste fresque fut rendue plus physique par Aristote (IVe siècle avant J.C.) qui a été le premier observateur concret de la nature. Bien que manquant de données expérimentales, il s'efforça de penser les faits en termes matériels et pratiques, en fonction des très modestes moyens dont il disposait. Il tenta essentiellement de donner une substance aux *idées* de Platon. Par exemple, il émit l'hypothèse d'une division binaire du volume céleste au niveau de la Lune, chaque partie étant dotée de lois spécifiques, pour expliquer la différence entre le mouvement circulaire et uniforme des planètes dans le premier cas et le seul déplacement vertical, descendant ou ascendant, dans le second. Ainsi, l'espace supra-lunaire, fini mais éternel et invariable, était la seule partie remplie d'un éther, par opposition au monde infra-lunaire susceptible de transformations et composé de quatre éléments fondamentaux qui sont la terre, l'eau, l'air et le feu. D'où, pour Aristote, l'explication de la différence de nature des mouvements selon qu'ils sont situés dans l'un ou dans l'autre monde. Dans les *Analytiques* il discuta également de la «connaissance» et s'intéressa à la logique, au raisonnement et au jugement. L'intime conviction d'Aristote qui eut le plus de conséquences, car elle dura longtemps, fut la suivante : *le critère spécifique de vérité d'une donnée physique (loi ou propriété) est l'évidence.* C'est-à-dire que le juge suprême est le bon sens associé à l'intuition. La physique aristotélicienne devint ainsi la «science de l'évidence». Puisque, par exemple, c'est l'immobilité qui est ressentie sur la Terre, c'est que celle-ci doit l'être. Pour la même raison, ce ne doit «manifestement» pas être le cas du Soleil! Quant au caractère divin des mouvements célestes, il ne précisa pas où s'en trouvait l'évidence! Et les conceptions d'Aristote régnèrent jusqu'au Moyen Age, soit pendant près de deux millénaires durant lesquels il fut considéré comme le plus grand penseur grec, donc le maître à penser. Ce qui n'alla pas sans quelques fâcheuses conséquences pour le développement de la voie rationnelle car le Stagirite avait fait un oubli de taille : l'expérience!

Après une tentative semi-héliocentrique due à Héraclite [3] (V^e-IVe siècle avant J.C.), un modèle véritablement héliocentrique fut proposé par Aristarque de Samos (IIIe siècle avant J.C.). Cependant, la métaphysique de l'époque ne pouvait accepter cette thèse sous le prétexte que «la théorie héliocentrique trouble le repos des dieux» (Cléanthe). Elle fut d'autant plus rapidement oubliée que l'ouvrage qui en traitait a été détruit lors de l'incendie de la Grande Bibliothèque d'Alexandrie.

Ce qui fit véritablement perdurer l'erreur du géocentrisme fut le remarquable travail de Claude Ptolémée (IIe siècle après J.C.). En effet, l'un des problèmes les plus critiques soulevés par ce modèle concernait les irrégularités observées dans les déplacements de certaines planètes (rétrogradations et stations dues à leurs différences de période apparente par rapport à celle de la Terre). Elles n'étaient pas explicables par le modèle géocentrique simple et, dès le IIe siècle avant J.C., les divergences entre les prédictions et les observations n'étaient plus acceptables. Il en fut cependant ainsi pendant près de quatre siècles. Jusqu'à ce que le Grec Claude Ptolémée ait une idée de génie qu'il exposa dans l'*Almageste*. Il introduisit le concept d'*épicycle* [4], ce qui réha-

---

3. Ici le Soleil et la Lune tournent autour de la Terre mais les planètes se déplacent autour du Soleil, ce qui augmente le degré de liberté des mouvements et explique à peu près les variations d'éclat des planètes intérieures (Vénus et Mercure). Mais le prestige de Platon l'emporte!

4. L'*épicycle* est un cercle sur lequel se déplace l'étoile. Le centre de l'épicycle

bilita le géocentrisme en permettant à chaque étoile d'avoir un mouvement beaucoup plus complexe que dans le modèle initial. C'est ainsi que le sacro-saint dogme du mouvement circulaire uniforme fut sauvé pour quatorze siècles, ce qui n'alla d'ailleurs pas sans quelques nécessaires accommodations avec la «pureté» géométrique des sphères!

Il existait cependant un problème de taille concernant la Lune : comme il est manifeste qu'elle tourne autour de la Terre, et que rien apparemment ne la distingue des autres planètes, on n'aurait pas compris qu'elle ait un mouvement différent de celles-ci, ce qui paraissait justifier le géocentrisme. Copernic en comprit le mécanisme, mais il fallut attendre Galilée et sa découverte des satellites de Jupiter pour l'admettre.

Une exception : Démocrite et le matérialisme

Revenons à Démocrite (V^e-IVe siècle avant J.C.) qui représente une exception dans toute cette histoire de l'évolution des idées et, semble-t-il, la seule. Bien que l'on ne possède aucun document pouvant lui être attribué, ses conceptions ont cependant été exposées par Aristote dans certains de ses écrits. Elles furent reprises plus tard par le poète latin Lucrèce dans son œuvre célèbre, *De natura rerum*, où est exposée la physique d'Épicure, elle-même inspirée par la philosophie de Démocrite.

Bien que probablement influencé par certaines idées de Leucippe (VIe-Ve siècle avant J.C.), Démocrite semble cependant avoir été le premier matérialiste reconnu par l'histoire. C'est pourquoi ses idées l'opposèrent fermement aux thèses de Platon, et il fut rapidement oublié. Selon ce que l'on en sait, trois concepts originaux dominèrent sa philosophie : le vide, l'atome (en fait l'«insécable»), le mouvement rectiligne libre. Pour lui, l'univers est infini et, en majeure partie, vide. La matière n'est porteuse d'aucune propriété autre que physique et elle est constituée d'atomes très petits. Ceux-ci sont en chute libre, état

---

décrit lui-même un second cercle centré sur la Terre qui est appelé *déférent*. Le mouvement reste uniforme par rapport à l'*équant*, point calculé par rapport au centre de la Terre.

qui devient le mouvement privilégié mais, différence capitale, il a lieu *sans l'aide des dieux*. Le déplacement naturel n'est donc plus circulaire et uniforme mais rectiligne et uniforme. C'est le *clinamen* (ainsi nommé par Lucrèce) qui aura, deux millénaires plus tard, des conséquences immenses, d'abord avec Galilée puis avec Newton, et dans les développements de toute la mécanique qui en résulteront. Il en ira de même avec le concept d'atome. Certes, les formulations sont bien différentes en physique moderne mais l'idée fondamentale qui demeure est celle de *discontinuité*, d'abord de la matière ensuite de l'énergie.

On peut donc dire, et c'est un fait historique tout à fait remarquable, que l'influence de Démocrite aura été considérable malgré une éclipse de plus de deux millénaires. En effet, aux XVIe et XVIIe siècles, l'Église condamnera vigoureusement l'«atomisme de Démocrite» car la «liberté de la matière par rapport à Dieu est hérétique». C'est, en effet, le problème de la transsubstantiation qui est ici en cause (présence *réelle* du Christ dans le dogme de l'Eucharistie promulguée par le décret *De sanctissima eucharistia* du concile de Trente — 1545-1563 — qui redéfinit le Dogme pour préparer la Contre-Réforme). De telles idées, associées à quelques considérations allant à l'encontre du géocentrisme et des Écritures, coûteront la vie à Giordano Bruno (en l'an 1600) et à d'autres. Il s'en faudra d'ailleurs de très peu que ce soit également le sort de Galilée. Car le véritable motif de son procès était celui-là.

Nicolas Copernic : la renaissance de l'astronomie

Après l'âge d'or grec, on a dit que l'un des faits marquants de la période romaine fut, en 46 avant J.C., la promulgation par Jules César d'un nouveau calendrier qui, pour cette raison, a été appelé julien. Il établit l'année bissextile et est très proche du nôtre. Après C. Ptolémée, par suite d'un faisceau fâcheusement convergent de circonstances philosophico-religieuses et historiques, la pensée rationnelle européenne va sombrer dans un profond engourdissement dont l'obscurantisme médiéval marquera l'apogée. En effet, à de très rares exceptions près, l'intérêt pour le savoir rationnel semblera avoir disparu. Et cela va durer jusqu'au XVI siècle !

Ce furent les lettrés musulmans les principaux héritiers naturels du savoir grec puisque, dès le VII siècle, l'Empire arabe s'étendait de l'Espagne à la Perse. Cependant, à quelques exceptions près, leurs observations et interprétations célestes avaient plus pour objet l'astrologie que la théorie et l'interprétation. Quoi qu'il en soit, parmi quelques travaux remarquables le traité d'astronomie d'Al-Farghani (IX siècle après J.C.), *De la science des étoiles et des mouvements célestes*, eut une grande influence. Après avoir été traduit en latin, il contribua, avec d'autres écrits de l'époque, à la propagation des connaissances grecques jusqu'à la Renaissance européenne.

La précision des tables de données astronomiques s'était notablement améliorée avec le temps puisque les observations avaient été poursuivies, en particulier pour les besoins de la navigation. En Europe, dès le XIV siècle le système de Ptolémée fut l'objet de discussions assez détaillées, en particulier de spéculations sur le possible mouvement propre de la Terre (Aristarque avait supposé qu'elle tournait sur elle-même). Il commença d'ailleurs à être suspecté, par exemple par l'évêque Nicole d'Oresme, astronome et mathématicien, qui déclara que « le géocentrisme ne satisfait pas la raison ». Mais les données restaient insuffisantes pour tirer des conclusions permettant une véritable remise en cause. De toute façon, durant cette longue période régnaient de manière quasi absolue les conceptions d'Aristote sur le monde physique. En effet, associées à l'idéalisme de Platon, elles constituaient une doctrine conforme au Dogme donc fermement soutenue par l'Église qui détenait pratiquement tous les enseignements.

Sans doute bien involontairement, car il était très religieux, ce fut le chanoine et astronome Nicolas Copernic (1473-1543) qui eut le grand mérite de relancer le débat sur le modèle géocentrique de Ptolémée. Il commença par entreprendre de longues et minutieuses études sur ce modèle pour tenter de l'améliorer parce que, selon lui, la question de l'équant (voir note 4, p. 35) n'était pas conforme au principe de la perfection divine qui aurait exigé la parfaite symétrie sphérique. Puis, après la rectification de certaines observations pour compenser le décalage du calendrier julien, Copernic s'aperçut que les données astronomiques en sa possession conduisaient nécessairement a une *incompatibilité entre le géocentrisme et le mouvement circulaire uniforme*. Un choix difficile était alors indispensable, ce qu'il fit en revenant à l'idée de base du modèle héliocentrique d'Aristarque que les connaissances de son siècle semblaient privilégier. De plus, les inclinations néoplatoniciennes de l'époque en faveur d'une sorte de culte solaire incitaient à faire de cet astre rayonnant le pôle universel central. Les sphères de Ptolémée furent remplacées par des orbes solides alors que la sphère des étoiles restait fixe et contenait l'univers. L'alternance du jour et de la nuit fut également expliquée par la rotation de la Terre selon un cycle de 24 heures. Le dogme du mouvement planétaire circulaire et uniforme était à peu près sauvegardé, d'autant plus facilement qu'aucune donnée expérimentale ne permettait encore véritablement d'en douter.

Le modèle définitif copernicien (sans les épicycles) est plus simple que celui de Ptolémée tout en présentant l'avantage de permettre l'estimation de différents éléments, dont le principe d'une mesure relative des distances stellaires (qui ne pourra cependant être exploitée que deux siècles plus tard). Quelques considérations sur la luminosité, telles que la constance de celle du zodiaque, conduisirent à évaluer une limite inférieure du rayon de la sphère céleste : au moins 1,5 million de fois le rayon terrestre. La prise de conscience de l'immensité de son volume a véritablement été une donnée nouvelle bien que les dimensions globales de l'ensemble du système restaient indéterminées. Malgré tout, ce modèle n'était pas réellement satisfaisant. Il se heurtait à des difficultés sensiblement analogues à celui qu'il prétendait remplacer et la précision de ses prévisions n'était pas convaincante.

Les travaux de Copernic sont exposés dans son ouvrage, *De revolutionibus orbium caelestium* qui, publié l'année de sa mort, fut condamné en 1616 pour hérétisme par le pape Paul V. Il fallut, en effet, un certain temps pour comprendre le caractère hérétique de ce travail : «parler scientifiquement de choses scientifiques revient à mettre au pas de la vérité de l'homme ce qui est la vérité des dieux». Cette mise à l'index, qui dura deux siècles, n'empêcha pas ce travail d'avoir une influence à très longue portée. Car, malgré sa foi que l'on ne peut suspecter, Copernic eut l'immense mérite, mais aussi le courage et l'audace, de remettre en question la place centrale de la Terre, c'est-à-dire celle de l'homme, dans le système du monde platonicien. Historiquement, ce fut la première contestation d'un élément de base du puissant *dogme des absolus*, contestation qui, par ses immenses conséquences, conduira plus tard à l'un des acquis majeurs de l'humanité. Il s'agit, en effet, d'un précurseur du concept entièrement nouveau de *relativité*, lequel va d'abord se développer en mécanique, avec Galilée, puis peu à peu s'étendre à toute la connaissance. Si le terme de «révolution copernicienne» est peut-être excessif, il n'en demeure pas moins que cette remise en question du géocentrisme a marqué le début d'un tournant capital dans le développement de la seconde voie, celle de la pensée rationnelle.

La deuxième révolution : Kepler et Galilée

C'est Tycho Brahé (1546-1601) qui, bien qu'ayant encore pour objectif l'astrologie, va renouveler l'observation astronomique en fondant le premier véritable observatoire doté des instruments les plus performants que son temps permettait de construire. Comme il fut, et de loin, le meilleur observateur de son époque, il accumula une quantité considérable de résultats nouveaux et beaucoup plus précis que ceux de ses prédécesseurs. En particulier, il observa et décrivit la supernova de l'année 1572, phénomène qui perturbait l'hypothèse des sphères fixes. Peu de temps avant sa disparition, Tycho Brahé accueillit l'exilé protestant Johannes Kepler (1571-1630) lequel eut ainsi la formidable chance de disposer de ce véritable trésor. De plus, il eut également la bonne fortune d'étudier Mars, planète dont l'orbite est la plus elliptique et qui avait fait l'objet de minutieuses observations de Tycho Brahé.

Partant de considérations philosophiques pour le moins hasardeuses, mais acquis au principe du système copernicien, l'excellent mathématicien que fut Kepler (c'était sa fonction officielle, d'ailleurs liée à des préoccupations astrologiques) finit par aboutir à la conclusion difficilement contestable que l'orbite de Mars est elliptique. Ainsi, après dix années d'un travail acharné il publia ses deux premières lois[5] dans *Astronomica nova* (1609). La troisième loi, qui se trouve dans son *Épitomé* (1618), paracheva le système mathématique régissant le mouvement des planètes. Ces trois lois fondamentales, qui permettent de déterminer le mouvement réel à partir du mouvement apparent, marquent irrémédiablement l'irrecevabilité des idées de Platon concernant le système du monde. C'est la fin du mythe de la perfection divine du mouvement circulaire et uniforme car la deuxième loi, dite « loi des aires », ne le permet pas. De plus, découverte majeure, la troisième loi, qui est quantitative et commune à toutes les planètes, implique inexorablement que *la cause de leur mouvement est le Soleil, et lui seul.* C'est donc la ruine du dogme platonicien concernant le mouvement divin des planètes. Il va en résulter une réaction violente de l'Église, d'autant que vont réapparaître les idées matérialistes de Démocrite. Il faudra cependant encore attendre soixante ans pour comprendre que la cause naturelle des mouvements planétaires est l'interaction gravitationnelle.

Après l'acquis de Copernic, les trois lois de Kepler marquent véritablement une rupture conceptuelle et intellectuelle de première grandeur puisque l'astronomie peut enfin se séparer, et de manière irréversible, de sa gangue astrologique et ésotérique pour devenir la première science véritablement rationnelle de toute l'histoire. C'est alors, mais alors seulement, qu'il devient possible de parler de cosmologie. Le mérite en revient à Kepler qui était pourtant bien empreint de mysticisme et d'astrologie, mais qui savait que des prémisses erronées n'induisent que par un hasard tout à fait exceptionnel des conclusions exactes. C'est pourquoi il a eu l'immense talent de comprendre, puis de démontrer qu'il existe une physique céleste, donc que la division aristotélicienne en mondes infra et supra-lunaires n'a aucun sens opératoire. De plus, il en résulte que le ciel obéit aux mêmes lois que la Terre et que le mouvement en est la base. Cette idée d'*universalité* et d'*unitarité* des lois cosmologiques, qui va totalement à l'encontre du fixisme, est elle aussi un acquis majeur de la connaissance humaine. De plus, pour démontrer ses lois, Ke-

---

5. *Première loi* : les planètes ont une orbite elliptique dont le Soleil est un foyer.

Deuxième loi : dans son déplacement, le rayon vecteur joignant la planète au Soleil exige des intervalles de temps égaux pour balayer des aires égales.

Troisième loi : toutes les planètes présentent une constante dans leur mouvement (le rapport du cube du grand axe de l'ellipse au carré de la période de révolution).

pler est le premier à utiliser des arguments quantitatifs en introduisant la démonstration mathématique. C'est également un tournant dans la méthodologie.

Si Galilée (1564-1642) représente le symbole de la résistance de la raison confrontée à l'intransigeance de l'irrationnel dogmatique religieux, il est d'abord le fondateur de la véritable méthode expérimentale. Car, outre ses expériences sur la chute des corps ou sur le pendule, il est le premier utilisateur de la lunette optique pour l'observation céleste (1610). Bien que le grossissement soit modeste (environ 30 fois), les résultats sont inespérés : en quelques mois ils vont lui permettre de publier le *Sidereus Nuncius*, ouvrage qui contient de quoi renouveler profondément l'astronomie. En effet, outre le relief lunaire et l'étrange ressemblance de cet astre avec la Terre, Galilée découvre les innombrables étoiles de la Voie lactée et les nébuleuses ainsi que l'immensité de l'espace céleste. De plus, étant au courant des travaux de Copernic et de Kepler, et acquis à l'héliocentrisme[6], il identifie quatre satellites de Jupiter, découverte qui élimine l'argument le plus fort contre ce système puisque le mouvement de la Lune devient ainsi banalisé. Il va également en résulter le concept de mouvement relatif, ici celui de l'ensemble Soleil-Terre-satellite, que Galilée généralisera à la mécanique.

C'est probablement ce qui amena Galilée à comprendre que le mouvement doit être une manifestation locale de l'existence de lois cosmologiques générales. S'il en est bien ainsi, l'étude de celui-ci doit conduire à leur découverte. Il étudia donc le mouvement libre et la chute des corps. Après avoir introduit l'inertie[7],

---

6. Ce fut la cause déclarée des démêlés de Galilée avec l'Église. En effet, si celle-ci admettait toute spéculation théorique destinée à rendre compte des faits, par contre elle refusait absolument qu'une telle démarche puisse être considérée comme ayant une quelconque valeur de vérité. Or, pour Galilée, c'était une *preuve* de l'héliocentrisme. Mais on a dit que la véritable raison du procès n'était pas exactement celle-là !

7. Propriété de réaction d'un corps à l'action d'une force. Si le corps est au repos, c'est sa résistance au mouvement. S'il est en mouvement, c'est sa résistance au changement de celui-ci. Galilée identifie la cause de cette propriété à la masse inerte. Les mouvements inertiels, ou galiléens, sont les mouvements rectilignes et uniformes incluant l'état de repos puisqu'il est relatif.

Le *principe d'inertie* (ou de relativité galiléenne) peut s'énoncer ainsi : tous les systèmes physiques libres sont soit en mouvement relatif rectiligne et uniforme, soit en état de repos relatif. Sa forme moderne, dite *principe de relativité restreinte*, exprime le fait que les lois de la physique sont invariantes (covariantes) par changement de référentiels galiléens.

Galilée montra que le mouvement libre n'est pas celui de Platon (circulaire et uniforme) mais le *clinamen* de Démocrite (rectiligne et uniforme). Et, fait nouveau, il découvrit que rien ne distingue physiquement ce mouvement libre de l'état de repos : c'est le célèbre principe d'inertie de Galilée. Il a pour corollaire de rendre caduc le concept de référentiel absolu, mais il faudra attendre Einstein pour en tirer les véritables conséquences.

Galilée, dans ses nombreux travaux, eut le grand mérite d'introduire la méthode expérimentale et fit œuvre d'ingénieur au sens moderne du terme. Mais c'est également lui qui inaugura la physique mathématique en tant que processus logique d'accès à la connaissance rationnelle. En effet, selon lui la science doit être descriptive des faits obéissant à des lois mathématiques simples et *nécessairement* vérifiables par l'expérience, plutôt que spéculative sur des causes inaccessibles. C'est donc avec Galilée qu'apparaissent les prémices concrètes de la seconde voie : celle de la pensée scientifique. Il s'agit de l'amorce d'une nouvelle méthodologie fondée sur la seule déduction logique à partir de causes initiales bien définies (déterminisme scientifique) et sur la raison. Méthodologie qui va engendrer la science rationnelle européenne laquelle va se construire sur un ensemble parfaitement codifié de procédures et de règles rigoureuses. Elle représente sans conteste une discontinuité fondamentale dans le développement de la connaissance humaine.

Newton et la loi de gravitation

Si, selon Galilée (dans *Il Saggiatore*), le grand livre de la nature est écrit en langage mathématique, c'est au génie de Newton (1642-1727) que l'on doit la lecture des premières pages. Son œuvre est immense, en particulier en tant que fondateur de la mécanique rationnelle et créateur des outils mathématiques nécessaires pour l'exploiter.

Mais peut-être son plus grand mérite fut-il de comprendre que le mouvement des planètes et la chute des corps correspondent à un seul et même phénomène physique, puis de trouver l'expression mathématique simple de la loi qui le régit. Les travaux de Galilée conduisaient, en effet, à la question suivante : pourquoi les planètes, et plus particulièrement la Lune, décrivent-elles des ellipses et non des droites (ou pourquoi ne sont-elles pas au repos ?), comme le prévoit le mouvement inertiel ? Pour répondre, Newton émit l'idée nouvelle que ces mouvements ne sont pas libres mais soumis à une force agissante qu'il nomma gravitation universelle[8]. Puis à partir des lois de Kepler, il en établit l'expression mathématique. Enfin, il identifia celle-ci à la pesanteur, formulant ainsi la première version d'un principe d'équivalence sur lequel reviendra Einstein trois siècles plus tard. Cette hypothèse demandant à être vérifiée, Newton dut entreprendre un long et difficile travail pour y parvenir, mais le résultat fut probant.

La loi de gravitation universelle ne peut conduire qu'à des trajectoires coniques (ellipses, paraboles, branches d'hyperboles). Halley (1656-1742) appliqua ce résultat au délicat problème des comètes et supposa que les trois dernières apparitions (en 1531, 1607 et 1682) pourraient bien être le fait d'un seul et même « astre errant » puisque l'écart est chaque fois d'environ 76 ans. Sa trajectoire serait alors une ellipse très allongée. Partant de cette hypothèse, il en prédit le retour en 1758, ce qui fut vérifié. C'est pourquoi il laissa son nom à cette comète. Rappelons que ce phénomène était chargé d'une symbolique mythologique lourde et le plus souvent de mauvais augure. Au niveau des concepts, le phénomène cométaire est incompatible avec le modèle des sphères célestes platoniciennes.

Ainsi, dans le droit-fil de la méthode galiléenne, cette loi de la gravitation universelle élimina-t-elle de manière irréversible l'action des dieux dans les mouvements célestes, aussi bien que dans la structure et l'organisation de l'univers. Mis à part l'éther, il ne restait plus rien du système de monde de Platon et peu de la physique d'Aristote. Pour ces raisons, ce fut l'un des acquis les plus importants de la connaissance rationnelle.

Newton a réuni ses principaux résultats, qui sont nombreux et importants, dans son ouvrage fondamental, *Philosophiae naturalis*

---

8. Pour exploiter cette idée il faut qu'un équilibre s'établisse entre cette force gravitationnelle et une autre qui la compense (forces centrales), ce qui est réalisé par la découverte de la force centrifuge (force virtuelle) due à Huygens (1629-1695). Celui-ci contestera à Newton la découverte de l'expression de la loi gravitationnelle, dite loi de l'inverse du carré, car la force est proportionnelle au produit des masses que divise le carré de la distance des centres de gravité.

principia mathematica (1687), lequel peut être considéré comme le premier véritable traité de physique mathématique. Son rayonnement et son autorité furent et restent considérables puisque ce texte contient les lois de base de la mécanique rationnelle, toujours en vigueur dans la physique classique, et de la mécanique céleste. Son auteur inventa le «calcul des fluxions», ancêtre du calcul différentiel et intégral [9] (Leibniz — 1646-1716 — inventa le calcul différentiel à la même époque). Outre ce travail, Newton fit également des découvertes très importantes en optique.

L'application de ces lois va permettre de calculer avec une grande précision et d'expliquer de nombreux phénomènes tels que les mouvements planétaires et leurs perturbations, la précession des équinoxes, les marées... Il deviendra également possible de prédire la plupart des événements célestes usuels, ce qui les banalisera. Les travaux astronomiques des XVIIIe et XIXe siècles auront le plus souvent pour objet l'étude des applications et conséquences de la mécanique céleste de Newton. Les lois de Kepler, comme celles de la mécanique, seront vérifiées au moyen des progrès techniques des instruments et des méthodes de calcul. Mais le véritable triomphe sera le fait de Le Verrier (1811-1877) qui, par la seule utilisation du calcul newtonien, permettra, en 1846, la découverte de la planète Neptune. A quelle plus belle confirmation aurait-on pu rêver?

Tout n'est cependant pas parfait mais, le plus souvent, les divergences n'excèdent guère quelques détails qui ne prendront de l'importance que beaucoup plus tard. Avec toutefois une exception particulièrement préoccupante puisqu'il s'agit de la stabilité dynamique à long terme du système solaire, donc de sa durée de vie. Par suite de l'accumulation d'effets collectifs perturbatifs dus à l'ensemble des interactions planétaires, l'équilibre global du modèle héliocentrique newtonien n'est pas stable, aussi devrait-il finir par se disperser. Car il y a incompatibilité irréductible entre le caractère *attractif* de la loi de gravitation et un univers implicitement postulé *statique* et fini. Cependant il est remarquable d'observer que cette hypothèse du fixisme de l'univers ne fut même pas discutée car l'esprit de l'époque aurait

---

9. Dans l'édition latine de son *Optique*, Newton ajoute une annexe qui est le premier traité de calcul intégral.

été totalement incapable d'imaginer qu'il pût en être autrement. Il faudra plus de deux siècles pour en prendre conscience, et ce n'est que sous la contrainte des faits qu'Einstein se résoudra à admettre que l'univers, comme le système solaire, évolue au cours du temps. En attendant, cette incohérence dans les hypothèses sur lesquelles se fondait le modèle newtonien était de mauvais augure pour sa pérennité. Toutes les tentatives pour y remédier échouèrent, même celle de Poincaré (1854-1912) à la fin du XIXe siècle. La question très délicate de l'existence d'un terme compensateur, appelé constante cosmologique (que nous retrouverons dans la théorie d'Einstein), s'est donc posée dès cette époque, et ce problème n'est toujours pas résolu ! De toute manière, cette difficulté de principe traduit finalement l'échec de la cosmologie de Newton et, plus généralement, les insuffisances de la mécanique classique.

Pour conclure : le bilan

Outre l'importance de ses travaux scientifiques, Newton eut le très grand mérite de commencer la codification de la méthode rationnelle, celle de la seconde voie. Ce problème ne cessa d'ailleurs pas de le préoccuper. En effet, dans ses *Principia*, le livre III traite des *Règles de philosophie*, lesquelles sont une réflexion sur la formulation des impératifs de la méthode des sciences physiques, texte qui fut remanié et amélioré dans les rééditions. L'idée principale consiste à définir les conditions des protocoles opératoires associant étroitement la théorie et l'expérience, le critère de validité étant l'accord entre la prévision et la mesure. L'un des moyens pour y parvenir est de favoriser conjointement leurs progrès par fertilisations réciproques. En fait, il s'agit de l'apparition d'une première forme de *réalisme physique* en tant que philosophie scientifique. L'extraordinaire développement de la mécanique au XVIIIe siècle marque donc un tournant décisif en Europe, aussi bien dans le renouvellement du regard que le philosophe devenant scientifique porte sur le monde que dans ses façons de l'étudier. Ce nouvel état d'esprit va engendrer la révolution scientifique moderne qui, malgré quelques excès tel le scientisme, va changer la face de la planète.

Mais ce ne sera pas la seule rupture puisqu'il en résultera également une nouvelle conception occidentale de la société dont l'histoire montre que l'émergence puis les développements seront parfois bien difficiles!

Ainsi constate-t-on que l'apparition de la pensée scientifique rationnelle est le résultat de deux grandes révolutions. La Grèce fut le foyer de la première qui, il y a quelque vingt-cinq siècles, dura un peu plus de trois siècles. La seconde se produisit en Europe à partir du XVIe siècle et s'étendit sur un siècle et demi. Deux millénaires les séparent donc, et cette séquence appelle quelques observations. D'abord le progrès fut lent, très lent même puisqu'il aura fallu plus de quatre cents siècles, époque approximative d'apparition d'Homo sapiens sapiens, pour que la pensée humaine prenne conscience de l'existence de la seconde voie, celle de la connaissance rationnelle. Cela ne signifie naturellement pas que la raison n'existait pas auparavant, mais que les moyens et méthodes pour *l'utiliser rationnellement* restaient inconnus! Car le véritable problème de la connaissance scientifique est précisément là : *comment utiliser rationnellement la raison?* Problème extrêmement difficile à résoudre rationnellement alors qu'il est si facile de lui apporter des réponses qui ne le sont pas! Ensuite l'évolution ne fut pas linéaire : dans chaque cas il y a eu discontinuité, donc rupture et parfois rupture brutale, en particulier sur le plan psychologique. Et celle-ci fut irréversible. Enfin, bien que le nombre d'événements soit trop faible pour conclure (mais d'autres faits le confirment), il semble que l'accélération ainsi observée soit de type proliférant, tendance qui pourrait ne pas être neutre pour ce qui concerne l'avenir.

Terminons par quelques remarques d'ordre plus général sur les rapports entre l'homme et le cosmos, rapports qui ne sont ni simples ni faciles. Aux origines de l'humanité, les difficultés des conditions de vie et les multiples menaces provenant du milieu incitèrent nos lointains ancêtres à rechercher des moyens de défense et de protection en utilisant la seule ressource dont ils disposaient : la fertilité de leur imagination jointe à l'efficacité et à la précision de leurs mains. Puis au fil du temps, et à la suite d'une série variable de très lentes progressions qui se firent par paliers, et souvent dans la douleur, ils parvinrent à différents stades plus ou moins stables et avancés se traduisant par la diversité de leurs sociétés et de leur histoire. Mais cette diversification, que l'on peut qualifier de physique, ne fut généralement pas en phase avec l'évolution psychique de l'espèce, que celle-ci ait été empreinte aussi bien de traditions, de mythes ou de métaphysique que de dogmes, de croyances et de cultes, autrement dit de religions. Dans tous les cas, nous avons vu que le ciel y joue toujours un rôle central et que, fait aussi général que capital, il est toujours peuplé d'êtres mythologiques et/ou de dieux dont l'activité essentielle a pour objet l'homme.

Or, rupture conceptuelle et philosophique décisive, la deuxième révolution rend ces dieux inutiles dans l'*interprétation rationnelle* du fonctionnement et de l'ordonnancement céleste. En quelque sorte, elle détruit la conception ancestrale et quasi invariante du monde qui a probablement été celle d'Homo sapiens sapiens depuis ses origines. Donc cette révolution va tuer ses dieux! Fait tout autant inadmissible qu'impardonnable pour la plupart des hommes qui refusent de comprendre, mais plus encore d'accepter que si mort il y a, c'est de mort pour cause de rationalité dont il s'agit! Incompréhension qui explique, mais ne justifie pas, la réaction brutale de l'Église condamnant à mort Giordano Bruno et détournant le procès de Galilée. Car l'enjeu a bien été celui-là, et leur tort majeur fut d'abord d'avoir eu raison trop tôt! C'est cette profonde angoisse qu'exprime «le silence éternel de ces espaces infinis» qui effraie tant le galiléen Pascal. Cette fracture irréversible contraint la philosophie à une remise en cause déchirante et dramatique après la perte de ses certitudes. Ainsi la voie rationnelle, qui ne peut naître que dans le drame, crée un véritable traumatisme qui ne lui sera pas facilement pardonné, pour autant d'ailleurs que ce soit toujours le cas! Mais aurait-il pu en être autrement? Certainement pas car la caractéristique primordiale et intransgressible d'une révolution tient précisément au fait qu'elle doit représenter une discontinuité dans l'évolution, discontinuité engendrant généralement un choc pouvant aller jusqu'à inspirer la terreur[10]. De nos jours, nombre d'écoles philosophiques éprouvent encore parfois d'énormes difficultés, non pour admettre la division de la

---

10. Un exemple actuel particulièrement significatif est celui de l'énergie nucléaire. Ce qui montre que c'est une authentique révolution!

pensée en deux champs distincts [11], ce qui est aujourd'hui banal, mais pour *comprendre que ces deux champs sont, **mais ne sont que** rationnellement inconciliables*. Il en résulte que, par essence, toute tentative de synthèse ne peut être que non rationnelle ou, plus généralement, irrationnelle!

Dans tous les cas, face à une telle situation deux attitudes sont possibles. Soit s'en accommoder et même s'en satisfaire puisque, nous l'avons dit, cette dichotomie psychique distinguant la pensée rationnelle de celle qui ne l'est pas est le véritable fondement de la liberté intellectuelle de l'homme par suite de l'indépendance de la première. Ce qui signifie qu'il est libre dans le choix de ses convictions philosophiques, bien sûr sous réserve d'une certaine cohérence. Soit le déplorer et rechercher par tous les moyens de «restituer le monde à l'homme et l'homme au monde», restitution qui ne peut être que le fait d'un argumentaire *non rationnel*, ou plus précisément *irrationnel*, pour les raisons données dans l'introduction. *Et cette assertion est apodictique.*

En définitive, l'affirmation courante déclarant que «cette science rationnelle est celle d'un monde sans l'homme» apparaît pour le moins simpliste. En effet, outre les arguments qui précèdent, il est au moins incontestable que cette science rationnelle a permis l'essor de la technologie laquelle, malgré des excès dus le plus souvent à l'incompétence, a tout de même changé le sort de l'homme, même si ce n'est pas encore le cas pour tous les hommes. Remarquons enfin que si, selon Hegel, la Terre a cessé d'être le centre de l'univers, elle reste cependant celui de l'intelligence et de la métaphysique. Ce qui pourrait ne pas être rien!

---

11. En fait, nous avons vu qu'il y en a trois, ce qui n'intervient pas dans la discussion présente.

CHAPITRE 2

La représentation actuelle de l'univers

Depuis les premières utilisations du satellite artificiel pour l'exploration de l'espace, peu après les années soixante, la quantité d'informations acquises sur l'univers est autrement considérable que toutes celles qui avaient été accumulées antérieurement. D'autant que de nombreuses innovations et d'importants progrès techniques ont simultanément été réalisés dans les moyens d'observation et d'analyse utilisant massivement l'informatique la plus évoluée et l'imagerie électronique, ce qui permet d'obtenir des données de plus en plus complexes et précises. L'exploitation de la diversité et de la richesse de tous ces éléments nouveaux, associée à des innovations théoriques majeures et des convergences interdisciplinaires fructueuses, a entièrement renouvelé notre représentation et notre compréhension du cosmos.

Cependant, malgré ces considérables et récents progrès, notre connaissance de l'univers reste tout autant incertaine que partielle et fragmentaire. Pourrait-il d'ailleurs en être autrement? Probablement pas, et cela pour au moins trois raisons que nous allons préciser, bien qu'il en existe d'autres plus techniques mais sans intérêt ici.

D'abord, on sait de manière certaine que tous les constituants du cosmos ne sont pas connus, il s'en faut. Par exemple, des arguments forts plaident de plus en plus en faveur de l'existence de «matière cosmique invisible» dont la nature et les propriétés restent... obscures! De même pour ce qui concerne les ondes gravitationnelles ou d'hypothétiques familles de particules et de champs (nombre d'espèces différentes et masses des neutrinos, monopôles magnétiques, tachyons, bosons et champs de Higgs...). De plus, il est très vraisemblable que l'univers contient bien d'autres «choses» insoupçonnées! Enfin qui pourrait un jour, si lointain soit-il, certifier que l'inventaire est terminé? Il paraît évident qu'un critère pour en décider n'est pas rationnellement concevable puisque, à tout moment, une seule expérience peut remettre tout notre savoir en question.

Ensuite l'univers, qui est d'abord une prodigieuse «machine» énergétique, évolue en se transformant et en créant «du nouveau», très vraisemblablement de manière quasi continue. Aussi ne peut-on pas espérer concevoir un savoir permanent et immuable le concernant, même s'il est probable (mais non certain) que ces créations sont généralement locales car, sur des intervalles de temps cosmiques, d'énormes facteurs critiques peuvent être atteints. D'autant que les transformations énergétiques sont évolutives et pas nécessairement prévisibles. C'est d'ailleurs ainsi que l'on explique actuellement sa genèse, sa structure et son évolution. Ce qui n'exclut naturellement pas l'hypothèse d'existence de grands principes généraux et de lois universelles à partir desquels sont construits les possibles modèles, et qui déterminent leur dynamique. Il existe donc des invariants sur lesquels peut se fonder la cosmologie.

Enfin, point capital, nous verrons que toute connaissance scientifique fondée sur la logique et la mathématique possède nécessairement une part de relativité. Ce qui signifie que si la méthodologie logico-déductive, c'est-à-dire le formalisme mathématique utilisé, permet de déterminer la validité logique et la cohérence d'un modèle quelconque d'univers (ou de tout autre sujet) ainsi que la pertinence de ses prévisions, en revanche elle ne peut rien affirmer sur la «valeur de vérité» des prémisses fondatrices, donc sur les hypothèses sur lesquelles celui-ci est nécessairement fondé et corrélativement sur les conclusions et interprétations qui en sont dérivées. Ces hypothèses, comme ces interprétations, ne peuvent être *que validées a posteriori, mais non démontrées,* par la confrontation des résultats observationnels et expérimentaux avec les prévisions extraites du modèle. Malheureusement, en cas d'accord, il n'est jamais acquis qu'un test nouveau ne viendra pas tout remettre en question. C'est l'inflexible loi de la recherche scientifique puisqu'il est toujours possible de démontrer qu'une théorie est fausse mais jamais qu'elle est vraie [1]. De plus, on ne sait qu'observer et scruter l'univers, l'expérimentation, toujours très indirecte, étant restreinte aux quelques vecteurs informationnels qu'il veut bien nous transmettre. Aller au-delà, démarche aussi hypothétique qu'aléatoire, n'est probablement pas pour demain ! Nous reviendrons sur ces questions aussi fondamentales que délicates.

Il n'est pas possible d'envisager la discussion de notre représentation actuelle de l'univers sans avoir, au préalable, précisé les difficiles et multiples conditions qui ont dû être remplies pour y parvenir. En effet, il faut se donner les moyens d'en fixer le cadre puis d'en définir le contenu de sorte qu'il soit possible d'en estimer la validité, la cohérence et la représentativité, autrement dit la plausibilité. L'énorme difficulté provient du fait qu'il faut trouver une méthodologie pour introduire l'ordre rationnel dans le chaos informationnel brut que délivre l'observation naturelle. Ce qui n'est pas une mince affaire puisque, jusqu'à présent, on n'en connaît qu'une : celle de la logique scientifique dont les développements ont été lents et laborieux. Car il aura fallu attendre le XXe siècle pour être en mesure d'élaborer les premiers modèles *rationnellement* cohérents, puis pour déterminer des critères de choix ou, plus exactement, des règles de sélection. Compte tenu de son importance, en particulier à cause des interprétations auxquelles elle donne lieu, c'est cette question de la constitution du cadre de représentation de l'univers qui va commencer par retenir notre attention. Nous allons nous placer dans le cadre du modèle standard, c'est-à-dire celui du big bang, que nous discuterons plus en détail au chapitre 5 car certaines de ses données peuvent prêter à la contestation.

De Newton à Einstein : l'accumulation des données

Les travaux et résultats obtenus à partir du XVIIe siècle montrent que l'univers peut être considéré comme un objet physique global soumis à des principes et gouverné par des lois. C'est-à-dire qu'il est banalisé et devient analysable par la méthode ra-

---

1. C'est la *réfutabilité* et la *falsifiabilité* de K. Popper.

tionnelle. Cette idée tout à fait originale, qui résulte en majeure partie de la mécanique de Newton, va être à l'origine d'une science nouvelle : la mécanique céleste. Ce sera également le point de départ de la science moderne. En effet, l'observation et l'expérience acquièrent un statut privilégié puisqu'elles deviennent les éléments de référence de la théorie et, plus généralement, de la méthode scientifique. De plus, il apparaît rapidement que ce sont les véritables sources d'informations dont peut disposer l'homme, à condition de pouvoir les mettre en œuvre puis de savoir les interpréter. Questions qui vont entraîner le développement des techniques et des travaux théoriques impliquant l'essor des mathématiques.

S'ouvre alors une ère nouvelle, celle de la mécanique rationnelle et de la géométrie, dont le développement commence relativement lentement car les difficultés sont immenses, en particulier à cause des nécessaires adaptations intellectuelles qui ne sont jamais faciles, compte tenu des fortes pressions religieuses de l'époque. C'est ainsi que, dès le XVIIIe siècle, débutent les observations célestes systématiques faites avec des instruments plus perfectionnés et que, dans le même temps, apparaissent les premières applications quelque peu compliquées de la mécanique céleste et de l'analyse. Herschel, l'un des astronomes les plus éminents de ce siècle, étudie la Voie lactée après avoir tenté d'en dénombrer les constituants et de mettre au point une méthode d'estimation des magnitudes. Dès 1785, il émet quelques conjectures sur sa structure qu'il suppose héliocentrique. C'est à lui que revient également le grand mérite d'avoir commencé les premiers travaux sur les étoiles doubles, études qui deviendront rapidement du plus grand intérêt. Laplace, dans son *Exposition du système du monde* (1796), émet l'hypothèse que le système solaire aurait été formé à partir d'un tourbillon gazeux en rotation autour d'un noyau central dense et très chaud, idée issue de l'observation des premières nébuleuses spirales et qui va faire son chemin.

Finalement, au XVIIIe siècle l'analyse rationnelle de l'univers fut essentiellement centrée autour des trois questions fondamentales suivantes : la galaxie est-elle sa seule composante? Que contient-elle et quelles sont ses dimensions? Le Soleil en est-il le centre? Dès leur découverte (1845), ce fut le problème de la localisation des nébuleuses spirales qui induisit la première question : celles-ci sont-elles, ou non, dans la galaxie ? De la réponse, hors de portée des moyens d'observation de l'époque, dépendent naturellement ses dimensions, sa structure et son contenu. Concernant la deuxième question, un bon siècle fut nécessaire pour obtenir les premières estimations (diamètre : 23 000 années-lumière [2]; épaisseur : 6 000 années-lumière). Quant à la troisième, la position centrale du Soleil ne semblait guère faire de doute bien que la mise en évidence, par Herschel, du déplacement de l'ensemble du système solaire vers l'apex (point situé dans la constellation d'Hercule) eût dû conduire à la réflexion !

Le XIXe siècle prolongea ces travaux, en particulier la cartographie céleste, avec des objectifs équivalents mais en utilisant des méthodes et moyens nouveaux et plus puissants. Ceux-ci, souvent basés sur les découvertes physiques de l'époque, conduisirent à la naissance de l'astrophysique. L'étude des propriétés de la lumière, dont la vitesse de propagation avait été estimée par Römer en 1676, en fut fréquemment à l'origine en raison de son importance puisqu'elle est notre principale source d'information. Ainsi, au moyen d'un prisme ou d'un réseau, Fraunhöfer étudia la décomposition spectrale des émissions solaires, puis stellaires dont il tira une première classification. En 1851 Foucault, avec son célèbre pendule, démontra la rotation de la Terre. L'effet Doppler [3] acoustique (1842) ayant été étendu à la lumière par Fizeau (1848), il devint alors possible de mesurer les composantes de vitesse des étoiles et des galaxies. C'est ainsi que, dès 1868, furent effectuées les premières mesures de vitesses radiales et, trois ans plus tard, celle de la vitesse de rotation du Soleil.

Peu après, un progrès essentiel fut réalisé par Kirchhoff et Bunsen qui mirent au point le premier spectrographe. Ils analysèrent les raies d'absorption des gaz à haute température, études

---

2. C'est la distance parcourue par la lumière en une année, soit 9 461 milliards de kilomètres. Les valeurs actuelles retenues pour les dimensions de notre galaxie sont les suivantes : diamètre ~ 100 000 années-lumière; épaisseur centrale ~ 15 000 années-lumière. Rappelons que la vitesse de la lumière a pour valeur ~ 300 000 kilomètres à la seconde.

3. Un observateur voit la fréquence d'émission d'une source lumineuse décalée vers le rouge (diminution) si celle-ci s'éloigne alors que si elle se rapproche, le décalage a lieu vers le violet (augmentation). La relation de Doppler permet, à partir de la mesure de ce décalage de fréquence, de calculer la composante correspondante de cette vitesse relative, d'où son intérêt fondamental en astronomie.

dont l'intérêt est décisif pour l'examen des propriétés de la lumière stellaire puisqu'il devient alors possible d'obtenir des informations chimiques sur les milieux traversés et sur la composition de certaines sources. C'est ainsi que se développèrent les premières études de chimie stellaire qui conduisirent à une conclusion de toute première importance : la composition chimique de la galaxie semble homogène et identique à celle de la Terre. C'est un résultat essentiel qui va dans le sens du *principe cosmologique* lequel postule l'identité spatiale et temporelle des lois physiques de l'univers, celui-ci étant supposé homogène et isotrope, et ne possédant aucun point privilégié (nous y reviendrons au chapitre 5). Jusqu'à présent, aucun fait ni aucune donnée n'ont remis ce principe en cause. C'est l'un des piliers de base de la cosmologie actuelle.

Grâce à une accumulation exceptionnelle de résultats expérimentaux dus à de nouvelles techniques, mais aussi à un début de maturation théorique consécutive aux développements des mathématiques, une période particulièrement féconde va commencer dans la seconde moitié du XIXe siècle. Les progrès réalisés auront des conséquences incalculables sur l'ensemble des sciences, en particulier sur celles de l'univers. Une part importante est, là encore, due à l'étude de la lumière dont la théorie électromagnétique est établie par Maxwell (1865). C'est un résultat qui va bouleverser nos conceptions sur l'idée de champ en faisant apparaître son universalité et sa fécondité. Peu après, avec la mise en évidence de l'atome et des séries d'émissions lumineuses, la rupture atteindra la structure de la matière dont résulteront, au siècle suivant, la mécanique quantique et la théorie atomique puis celle du noyau. En effet les lois du rayonnement, démontrées par la thermodynamique, conduiront Planck à sa célèbre hypothèse sur la discontinuité des échanges énergétiques entre les champs lumineux et la matière, discontinuité qui sera ensuite généralisée. Enfin, au carrefour du siècle, une cascade de découvertes : rayonnements X, radioactivité, électron et spectrométrie, relativité restreinte et constance de la vitesse de la lumière, rayonnements cosmiques... vont remettre en cause la majeure partie de nos connaissances scientifiques.

Parmi les nombreux développements des mathématiques, deux domaines sont particulièrement importants pour les sciences de l'univers. Le premier concerne la mécanique que Lagrange, dans sa *Mécanique analytique* (1788), a profondément transformée en substituant les puissants moyens de l'analyse à ceux, plus modestes, de la géométrie. Cette méthode permet de traiter des problèmes beaucoup plus compliqués, mais également de concevoir autrement certains mécanismes et de formuler de nouvelles interprétations tout à fait originales. C'est ce que feront, au XIXe siècle, Hamilton puis Jacobi qui s'intéressera de près à la mécanique céleste. Le second développement concerne la géométrie ou, plus exactement, l'apparition des géométries non euclidiennes [4] avec Riemann et, parallèlement, Lobatchevski et Bolyai. Les bases du calcul différentiel absolu sont également définies par Riemann puis, vers 1885, le calcul tensoriel est développé par Ricci-Curbastro et, un peu plus tard, par Levi-Civita. Einstein va ainsi disposer des outils théoriques de base nécessaires pour les développements de ses travaux qui aboutiront à nos conceptions cosmologiques contemporaines.

Un premier résultat :
Einstein et la gravitation

Comme on l'a dit, créer un modèle d'univers exige d'abord de posséder un cadre théorique de représentation, c'est-à-dire de maîtriser les outils mathématiques nécessaires, ensuite de disposer d'informations physiques significatives suffisantes et pertinentes, donc d'acquérir les techniques adaptées, enfin de savoir quoi y mettre et comment l'organiser, ce qui revient à définir les lois qui le régissent. Or il n'y a certainement pas de solution unique à cet ensemble de problèmes par suite des incertitudes relatives à nos connaissances et de l'inévitable autoréférentialité. Incertitudes qui demeureront, quel que soit l'état d'avancement

---

4. Les géométries non euclidiennes diffèrent de celle-ci par le cinquième postulat d'Euclide, dit postulat des parallèles, déclarant : «Par un point pris hors d'une droite, il passe une parallèle et une seule.» Dans la géométrie de Riemann, ou géométrie elliptique, il n'en passe aucune alors que dans celle de Gauss, Bolyai et Lobatchevski, ou géométrie hyperbolique, il en passe au moins deux.

Point capital : il n'existe aucun critère rationnel pour décider si l'une de ces trois géométries est «vraie» ou «fausse», ce qui montre bien la *relativité du concept de «vérité»* sur lequel nous reviendrons. En effet, le seul critère imposé à chacune d'elles est la non-contradiction interne, et rien de plus.

de la science, car le monde n'est pas statique et rien ne permettra jamais de savoir si l'inventaire en est terminé. Le critère de validité, lui-même évolutif, ne peut être que le meilleur accord possible entre, d'une part, l'observation et l'expérience et, d'autre part, les prévisions théoriques, compte tenu de la représentativité et de la plausibilité du modèle. Les résultats dépendent, bien sûr, de l'état de l'art!

C'est au début du XXe siècle qu'ont été à peu près remplies la plupart des conditions requises pour entreprendre les premières études générales concernant le vaste et difficile problème de la représentation de l'univers. Et c'est à Einstein (1879-1955) qu'en revient l'immense mérite, avec tout le succès que l'on sait. Ses travaux se sont déroulés en plusieurs étapes. Dans une première phase, il se proposa de généraliser le principe de relativité de Galilée qui se limitait à la seule mécanique. Il rencontra de sérieuses difficultés pour faire rentrer dans le même cadre la mécanique de Newton et l'électromagnétisme de Maxwell. La résolution de ce problème fait l'objet de sa célèbre théorie de la *relativité restreinte* (1905) laquelle conduit à l'équivalence de tous les *référentiels galiléens* (et d'eux seuls) pour exprimer toutes les lois de la physique. Mais ce résultat, et l'invariance de la vitesse de la lumière[5] imposée par l'expérience de Michelson (1887), ne sont acquis qu'au prix des étranges transformations de Poincaré-Lorentz nécessaires pour y parvenir, c'est-à-dire pour passer d'un référentiel à un autre. Étranges d'abord par leurs conséquences physiques observables puisque le temps (dilatation) et la longueur (contraction) dépendent alors de leur mouvement relatif par rapport à l'observateur! Étranges ensuite par le nouveau concept d'espace-temps[6] quadridimensionnel auquel elles don-

---

5. Dans l'expérience de Michelson, la vitesse de la lumière est mesurée par interférométrie différentielle dans plusieurs directions à l'aide d'un appareil orientable. Tous les résultats sont négatifs au deuxième ordre (effets en v^2/c^2). D'où le deuxième postulat de la relativité restreinte qui déclare que la vitesse de la lumière *dans le vide* est indépendante du référentiel galiléen de mesure, donc de valeur absolument constante. Nous verrons cependant qu'il pourrait être discutable globalement car l'expérimentation n'est que locale, remarque dont tient théoriquement compte la relativité générale. Quoi qu'il en soit, la vitesse de la lumière acquiert ainsi le statut privilégié de constante universelle. Ce qui permet de résoudre le délicat problème de la synchronisation des horloges situées en des points quelconques de l'univers puisqu'on dispose alors d'un signal étalon dont la vitesse est invariable et connue.

6. Chez Newton, comme cela nous paraît naturel dans la vie courante, l'espace

nent naissance et qui va devenir le cadre de représentation. Étranges enfin par l'équivalence de la masse et de l'énergie qui s'en déduit, relation qui induira des effets théoriques et technologiques considérables. Malgré tout, le résultat le plus important de la relativité restreinte est le suivant : elle sonne irrémédiablement le glas de la plupart des concepts physiques absolus (mais, très curieusement, ce n'est pas le cas de la vitesse de la lumière), dont celui de l'éther d'Aristote qui était aussi assimilé au référentiel universel absolu, avec une forte connotation métaphysique. C'est la fin du cadre de représentation mais aussi du modèle d'univers newtonien !

Ce brillant succès, qui n'est pas facilement reconnu par ses pairs, conduit Einstein à chercher s'il est possible d'étendre le principe de relativité à tous les référentiels autres que galiléens, donc quels que soient leurs mouvements relatifs. Il s'agirait ainsi d'un principe de relativité générale selon lequel les lois de la physique conserveraient la même expression indépendamment du référentiel utilisé pour les exprimer. Techniquement, ce serait une généralisation considérable de la modélisation physique. Conceptuellement, il serait très satisfaisant d'obtenir une description indépendante du choix du cadre de référence, car il en faut bien un !

Après bien des difficultés, Einstein parvient à établir la *théorie de la relativité générale* (1916). Mais le prix à payer est élevé : il doit, en effet, abandonner l'espace géométrique usuel plat (encore appelé euclidien), c'est-à-dire celui de la vie courante qui servait jusque-là de cadre de référence, pour le remplacer par un espace-temps courbe (ici riemannien — voir note 4, p. 57), un peu à la manière d'une sphère. Sa représentation est difficile à conceptualiser, et impossible à visualiser en tant qu'être à quatre dimensions, aussi mettra-t-elle du temps pour être admise. Cette contrainte est cependant inévitable car ce sont des considérations sur les concepts de masse et de force qui l'imposent[7]. Ce qui se

----

et le temps sont séparés et indépendants. Ce qui n'est plus le cas chez Einstein puisque les deux sont alors intimement liés mais distincts dans ce qui est appelé l'espace quadridimensionnel de Minkowski, nom du mathématicien qui l'a conçu. Son avantage tient à la simplicité et à l'élégance des formulations et explications qui s'en déduisent. Nombre d'interprétations philosophiques lui ont été attribuées, mais ce ne sont que de pures spéculations non rationnelles, sinon purement et simplement irrationnelles !

7. L'équivalence entre la masse inerte (celle qui réagit à la force de Newton) et la masse grave (celle qui est sensible aux effets de la gravitation) conduit Einstein à

traduit par une remise en cause profonde de la gravitation de Newton qui, malgré ses succès, se révèle n'être qu'une théorie approchée. C'est, par exemple, la raison pour laquelle elle n'est pas capable d'expliquer le mouvement du périhélie de la planète Mercure.

Ce n'est cependant pas à Einstein mais à Mach, physicien original, qu'est due l'idée de faire dépendre la géométrie de représentation de l'espace physique de son contenu matériel, donc de lui supprimer son caractère absolu. Ce qui est une hypothèse lourde de conséquences philosophiques. Le but de Mach, en émettant cette idée, était de chercher à expliquer l'origine de l'inertie (principe de Mach[8]), autrement dit de la masse, problème non encore résolu aujourd'hui. Ses conceptions et interprétations de la mécanique ont influencé Einstein, du moins au début de ses travaux, comme il le reconnaît lui-même. En effet, selon la relativité générale, la gravitation est un cas particulier de l'inertie et, par suite de la courbure de l'espace-temps, elle devient une propriété spécifique du cadre de référence lequel est, ici, quadridimensionnel.

Einstein remplace donc un concept physique, celui de force gravitationnelle, par un effet géométrique, celui de déformation du milieu constituant l'espace physique. Déformation dont la cause est attribuée à la matière elle-même. Cela revient à dire que l'espace-temps n'est plus un cadre absolu et immuable puisque sa structure, ici sa courbure, dépend des masses qu'il contient. C'est pour le moins inattendu ! Mais, s'il en est ainsi, la propagation rectiligne de la lumière matérialisant la ligne droite ne doit plus être vérifiée. Ce que montre effectivement Ed-

---

identifier le mouvement inertiel (dû aux forces d'inertie, c'est-à-dire à l'accélération des forces de Newton) et le mouvement gravitationnel (dû aux forces d'origine gravitationnelle). C'est le *principe d'équivalence* constituant la base de la théorie gravitationnelle d'Einstein : il est toujours possible de remplacer *localement* un champ gravitationnel par une force inertielle accélératrice appliquée au référentiel. Donc tout mouvement peut être considéré comme étant inertiel-équivalent. Par exemple un cosmonaute isolé dans l'espace qui subit une accélération ne dispose d'aucun moyen effectif lui permettant de déterminer si celle-ci est due à une force externe de nature autre que gravitationnelle (par exemple magnétique) ou à un champ gravitationnel (par exemple un corps céleste).

8. L'inertie d'un corps est déterminée par la distribution de l'ensemble des masses de l'univers. Il est clair que l'existence d'un infini spatial pose alors problème en raison de la vitesse finie de la transmission des interactions. Dans son expression forte, le principe de Mach implique qu'un univers ne peut exister que s'il est non vide.

dington, dès 1919, en mettant en évidence une déviation des rayons lumineux d'origine stellaire lors d'une éclipse solaire. Il existe également d'autres conséquences observées : décalage spectral gravitationnel (effet Einstein) et effets sur les mesures des intervalles de temps, lentilles gravitationnelles, corrections du mouvement des planètes telle Mercure, expériences sur les satellites artificiels. Ces effets sont explicables par la relativité générale ou, plus exactement, par sa conception de la gravitation. Ils sont donc en accord avec elle, mais ils ne la démontrent pas car, on l'a dit, il est impossible de démontrer une théorie quelle qu'elle soit.

Les premières cosmologies relativistes

La relativité générale est la première théorie permettant, à partir de l'interprétation géométrique de la gravité, de *définir rationnellement, c'est-à-dire scientifiquement, l'univers* et d'étudier sa structure globale dans le cadre de l'espace-temps. C'est le modèle de référence de toute la cosmologie contemporaine. En fait, cette théorie peut se traduire par un groupe d'équations mathématiques (seize dans le cas général quadridimensionnel, dix si certaines hypothèses sont faites) exprimant précisément ce que doivent être les propriétés de l'espace en fonction de son contenu physique, les deux étant intimement liés. Elles sont appelées équations du champ d'Einstein. En principe, leur résolution devrait fournir le cadre de référence : l'univers d'espace-temps dont la partie géométrique, incluant la gravitation, est usuellement identifiée à l'espace physique. Malheureusement, dans la pratique on ne connaît pas de solution générale de ces équations. Il est donc nécessaire de les simplifier en faisant certaines approximations pertinentes et en cherchant les moyens de les valider. La difficulté principale provient du fait que les possibilités étant multiples [9], il n'y a pas de méthode ex-

---

9. La structure des équations du champ d'Einstein est la suivante : un premier membre purement géométrique (tensoriel, c'est-à-dire écrit en géométrie absolue) exprimant les propriétés de courbure de l'espace-temps quadridimensionnel (ou à n dimensions) est formellement égalé (à un facteur dimensionnel près) à un second membre (tenseur énergie-impulsion) strictement physique dont il faut préciser la

haustive pour y parvenir : outre le principe cosmologique, seules des règles de sélection fondées sur des critères de compatibilité et de cohérence, de plausibilité et de vérifiabilité sont applicables, la justification ne pouvant être obtenue que par l'observation, quand celle-ci est possible!

En fait, il existe deux grandes classes de solutions selon qu'elles dépendent, ou non, du temps. Pour des raisons purement philosophiques d'origine historique et religieuse, dans les années vingt il était encore impensable d'imaginer un univers qui ne soit pas globalement statique et temporellement indéfini. C'est donc à cette seule classe de solutions que s'intéressa Einstein... ce qui le fit passer à côté de la découverte fondamentale de l'expansion de l'univers alors qu'il disposait de tous les éléments pour le faire! C'est un cas exemplaire de décision non rationnelle prise par l'un des esprits les plus rationnels que la science ait connus. Ce qui peut s'expliquer par le fait que les préoccupations principales d'Einstein étaient, d'une part, le problème de la relativité générale des lois de la physique qu'il considérait avoir résolu et, d'autre part, l'explication de l'inertie par le principe de Mach dont ses équations sont une forme d'expression.

C'est pourquoi, conformément au principe cosmologique et à partir de critères élémentaires lui permettant d'effectuer d'importantes simplifications, Einstein élabora une solution correspondant à un espace géométrique uniforme de type sphérique tridimensionnel (sphère à trois dimensions), doté d'une très faible courbure, dont la fermeture évitait d'épineuses questions aux limites. Ainsi choisit-il un modèle *statique* et *fini*, ce qui, en 1916, était pour lui «la solution». D'autant que le rayonnement électromagnétique étant encore tenu pour négligeable à cette époque, la seule composante physique retenue était la matière stellaire. Schwarzschild avait déjà calculé le champ gravitationnel produit par une masse isolée dans un espace vide, sorte de modèle solaire ultra-simple puisque pour le calcul du champ les planètes y étaient négligées. Quand elles sont ensuite consi-

---

nature, ce qui n'est pas une donnée a priori. De nombreuses hypothèses sont donc possibles si elles sont physiquement acceptables. De plus, dans le premier membre intervient un terme arbitraire, appelé constante cosmologique (voir note suivante), qui va poser bien des problèmes. Son histoire s'identifie quasiment à celle de la cosmologie du XX siècle.

dérées, on retrouve bien leur mouvement dont les anomalies, ininterprétables par la mécanique de Newton, sont alors expliquées. Il en va de même pour la déviation gravitationnelle de la lumière. Ces résultats parurent tout à fait remarquables puisque la seule géométrie parvenait à rendre compte de l'état du système solaire. Cependant, signe inquiétant qui ne retint pas assez l'attention, comme celui de Newton ce modèle statique était instable.

Plus généralement, on sait que selon ces hypothèses il n'y a que trois types de solutions *statiques* possibles : celle d'Einstein représentant un espace physique fini et courbe, à constante cosmologique [10] non nulle, celle proposée dès 1917 par de Sitter correspondant à un espace physique vide de matière mais qui remet en cause l'interprétation de l'inertie d'Einstein, donc sa solution, enfin celle de Minkowski donnant un espace physique non seulement vide mais plat et infini, lequel est un cas limite.

En fait, la solution de De Sitter, et son vide spatial qui pourrait préfigurer une sorte d'état idéalisé au voisinage du big bang, est un cas des plus intéressants car transitoire entre les représentations statiques et celles qui ne le sont pas. Et, comme l'a montré Weyl, ce modèle exprime une relation entre un temps virtuel (car dans un univers vide), dont il est une sorte de générateur potentiel, et un «vide physique» qui, sous certaines conditions, pourrait être chargé de potentialités énergétiques quantiques — deux propriétés qui sont déterminantes dans l'hypothèse d'un mécanisme initiateur du type big bang. De plus, dans ce cas le paramètre d'évolution physique de l'univers, encore appelé un peu hâtivement «rayon d'univers», peut être soit constant, soit dépendre du temps selon les circonstances physiques. D'où son grand intérêt dans l'hypothèse de l'inflation lors de la phase initiale d'expansion de l'univers primitif dont nous parlerons. Cette solution, qui est à constante cosmologique non nulle, pose encore le délicat problème de la valeur de ce

---

10. La constante cosmologique correspond à un terme de couplage entre l'accélération de l'expansion de l'univers et la distance. Pour la théorie, sa valeur est arbitraire alors que physiquement elle correspond à un effet compensateur s'opposant à l'effondrement gravitationnel si elle est supposée positive. Ce qui est nécessaire pour un univers mên équilibre statique tel que celui d'Einstein, équilibre qui est d'ailleurs instable. Si elle existe, sa valeur paraît difficilement mesurable car, ne se manifestant qu'au niveau de la masse totale de l'univers, elle ne peut qu'être extrêmement faible.

paramètre (notes 10, p. 63 et 11, p. 64) puisque c'est précisément celle-ci qui distingue la gravitation de la cosmologie relativiste. D'ailleurs c'est par là qu'arriveront les difficultés alors que, un peu plus tard, les échecs des modèles statiques résulteront des découvertes de Hubble.

De toute façon les problèmes soulevés par sa solution statique, en particulier son instabilité et l'échec d'explication de l'inertie, entraîneront l'abandon d'Einstein. C'est pourquoi, et bien à tort, il ne s'intéressera pas aux solutions non statiques que lui proposera Friedmann, en 1922, et à leurs possibles conséquences cosmologiques. S'il l'avait fait, il est probable qu'il aurait découvert l'extraordinaire phénomène de l'expansion de l'univers quelques années avant sa mise en évidence expérimentale. Dès cette découverte Robertson relancera le problème théorique de la cosmologie relativiste de l'univers évolutif en établissant la forme mathématique la plus générale de la métrique [11] dépendant du temps, à partir de laquelle sont construits les modèles. Puis, peu après, Einstein reprendra ses recherches cosmologiques qui n'aboutiront d'ailleurs pas, mais pour d'autres raisons.

Une révolution : Hubble et l'expansion de l'univers

Les très importants progrès réalisés dès la fin du XIXe siècle, en particulier les développements de la photographie puis la mise au point des grands instruments d'optique, renouvelèrent les méthodes d'observation et furent à l'origine d'une véritable révolution dans notre connaissance de l'univers. En effet, dès 1868 débutèrent les mesures de vitesses radiales des déplacements stellaires par effet Doppler optique inaugurant l'ère de la dynamique céleste. Puis l'accumulation rapide des résultats

---

11. On montre que l'on peut déterminer un espace-temps géométrique de représentation en ne se fixant que l'expression mathématique du carré de la distance séparant deux points quelconques lui appartenant. Cette expression est appelée métrique, ici d'espace-temps. Une branche importante des mathématiques est constituée par l'étude des «espaces métriques» dont dépendent tous les modèles actuels de cosmologie théorique. Notons que dans un univers évolutif la constante cosmologique peut être choisie nulle, ce qui en facilite l'étude.

posa le problème des décalages spectraux des nébuleuses dont on ignorait si elles étaient, ou non, dans la galaxie — question de premier plan au début du siècle ou l'on s'intéressait aux dimensions de celle-ci et à son évolution. Une statistique effectuée sur les mouvements d'étoiles situées dans différentes directions permit d'évaluer le déplacement du Soleil et de son système planétaire au sein de la galaxie. Cependant si, parmi les témoins, le choix se portait sur des nébuleuses, alors les résultats n'étaient plus cohérents. De plus, leurs décalages spectraux semblant toujours orientés vers le rouge, il devait en résulter un éloignement systématique, ce qui parut pour le moins curieux aux astronomes de l'époque!

C'est en 1918, aux États-Unis, que se produisit le grand événement ayant été à l'origine d'un bouleversement complet de nos connaissances sur l'univers. Il s'agit de la mise en service du grand télescope du mont Wilson dont le miroir possède un diamètre de 2,50 mètres. C'est, en effet, le premier instrument capable d'effectuer des observations extragalactiques, ce que vont entreprendre Hubble et ses collaborateurs. L'étude des étoiles pulsantes appelées céphéides (par référence à l'étoile δ de Céphée) permettant, sous certaines hypothèses, d'estimer les distances stellaires, il devint vite évident que la nébuleuse d'Andromède est hors de notre galaxie. Elle en est distante d'environ vingt fois son diamètre, soit deux millions d'années-lumière. De plus, avec ce nouvel instrument une étude détaillée montra que cette galaxie semble posséder une structure analogue à la nôtre. Puis, en quelques années, un très grand nombre d'autres systèmes analogues apparurent sur les phototypes de ce télescope révélant l'existence d'un très riche univers extragalactique. Cette découverte eut un impact philosophique profond car l'imaginaire humain avait toujours identifié le «monde» à notre seule Voie lactée. L'homme semblait vraiment devenir de plus en plus insignifiant dans ce nouvel univers, du moins par sa taille!

De plus, une photométrie et une spectroscopie systématiques permirent à Hubble de faire une autre découverte qui allait se révéler autrement plus importante : d'une part, tous les spectres des galaxies sont décalés vers le rouge, donc selon l'interprétation Doppler toutes s'éloignent de nous, d'autre part ces décalages croissent en proportion inverse de leur luminosité, c'est-à-dire de leur éloignement. Moyennant ces observations, l'explication devient évidente : il existe une relation de proportionnalité entre l'importance de ces décalages et les éloignements respectifs des galaxies associées. En d'autres termes, la vitesse radiale d'éloignement d'une galaxie est proportionnelle à sa distance par rapport à l'observateur. C'est la célèbre loi de Hubble, datant de 1929, dans laquelle la constante de proportionnalité [12] porte naturellement le nom de son auteur. Il s'agit d'une découverte capitale, aussi bien scientifique que philosophique car la loi de Hubble possède authentiquement une dimension cosmologique puisqu'elle concerne l'univers dans son ensemble ou, plus exactement, son évolution temporelle globale qui devient ainsi analysable. De ces données, il résulte en effet que celui-ci est actuellement en expansion spatio-temporelle, et cela depuis dix à vingt milliards d'années (voir note 12, p. 66) si l'hypothèse du big bang est acceptée. Par ailleurs, pour des questions religieuses et idéologiques, l'univers avait été postulé statique, donc sans commencement ni fin, jusqu'à la découverte de cette loi alors que celle-ci implique qu'il possède une origine et une histoire. Mais quelle origine et quelle histoire ? Là est le fond du problème qu'il va falloir tenter de résoudre ! C'est pourquoi la découverte de Hubble confère à la cosmologie le statut de science véritable, statut qu'elle ne possédait pas encore avant lui.

Une difficulté concerne l'interprétation de cette expansion, qui n'est pas un mouvement au sens usuel de la dynamique. Son mécanisme n'est pas réellement représentable physiquement car ce n'est pas une galaxie qui se déplace par rapport à une autre, mais les deux qui subissent un mouvement commun de dilatation. Ce n'est pas une expansion *dans* quelque chose mais une expansion *de* quelque chose, nuance de taille ! Si le principe cosmologique doit être respecté, la loi de Hubble doit être valable pour tout point de l'univers, donc il ne peut exister de

---

12. La constante de Hubble, notée H_0, est particulièrement délicate à déterminer et, malgré l'utilisation de plusieurs méthodes, jusque dans les années quatre-vingt elle n'était connue qu'à un facteur deux près : soit H_0 comprise entre 50 et 100 km. s^{-1}. Mpc^{-1} (Mpc signifiant mégaparsec ; 1 Mpc = 3,26 millions d'années-lumière) ; actuellement de nouvelles estimations conduiraient à une valeur plus proche de 80 km. s^{-1}. Mpc^{-1}, valeur qui reste contestée. Or la connaissance de cette constante est importante puisque son inverse ayant les dimensions d'un temps, dans les modèles à explosion primordiale celui-ci représente l'âge de l'univers, qui n'est donc connu qu'à un facteur deux près, soit entre 10 et 20 milliards d'années dans l'hypothèse du big bang. L'expansion de l'univers fait dépendre ce paramètre du temps, mais certainement de manière infime à notre échelle.

centre à partir duquel l'expansion se développerait. Il en résulte que c'est l'espace lui-même qui se dilate en volume, une image simpliste étant celle du gonflement d'un ballon : par suite de la dilatation, deux points quelconques s'éloignent l'un de l'autre. Le décalage spectral est dû à la variation de la courbure de l'espace impliquant celle du trajet de la lumière (celui des photons qui la composent) pendant son voyage entre la source lumineuse et le récepteur par suite de la dilatation. Il mesure cette variation : plus ce trajet est long et plus grande est la dilatation caractérisée par l'écart de fréquence. Ce n'est donc pas un effet dû au mouvement des galaxies mais à la dilatation de l'espace.

Notons qu'il existe au moins une tentative autre que l'effet Doppler pour expliquer le décalage spectral, mais qui n'a pour principaux partisans que les adversaires déclarés du big bang, c'est-à-dire très peu d'astrophysiciens. Il s'agirait d'une sorte de vieillissement de la lumière qui, pendant sa propagation, dissiperait une fraction de son énergie entraînant ainsi un déplacement vers les fréquences plus basses, donc vers le rouge. Cependant, mis à part le décalage, d'autres effets devraient être observés, par exemple un certain flou des images d'objets très lointains, ce qui n'est pas le cas. Il n'en reste pas moins que la question reste posée même si, aujourd'hui, les possibilités de réponse restent bien limitées. On ne peut cependant pas exclure que quelques données susceptibles d'en élargir le champ puissent encore nous échapper. Problème qui est ontologiquement essentiel puisqu'il s'agit en fait de notre lecture philosophique de l'univers !

Les cosmologies relativistes évolutives

La découverte de l'expansion impliquant la fin des modèles d'univers statiques, il était nécessaire de reprendre le problème sur d'autres bases. Friedmann (1922) puis le chanoine Lemaître (1925) effectuèrent les premiers travaux en supposant que le paramètre d'échelle (improprement appelé rayon d'univers) intervenant dans les équations d'Einstein dépendait du temps. Puis ce furent Robertson et Walker qui levèrent la question de la relativité du temps en découvrant la possibilité, sous certaines hypothèses, de définir un temps universel, condition indispensable pour étudier la dynamique cosmique globale, donc celle des galaxies. En effet, la relativité einsteinienne du temps pose problème puisque si celui-ci dépend de l'observateur, il n'est plus possible d'avoir une description universelle. Mais, fort heureusement, cet effet relativiste ne joue que localement en fonction des données physiques du lieu. Ces deux auteurs établirent également les bases mathématiques générales à partir desquelles sont construites toutes les géométries relativistes d'univers. C'est pourquoi on parle généralement d'univers relativistes FLRW (Friedmann, Lemaître, Robertson, Walker).

Avant d'en voir l'intérêt, remarquons que nous parlons *des* univers, et non *de* l'univers, relativistes. En effet, contrairement au cas statique où il n'y avait qu'un seul modèle non vide, il existe ici un grand nombre de solutions en fonction des hypothèses faites, aussi bien physiques (nature et propriétés du contenu) que mathématiques (topologie et valeurs de la constante cosmologique qui peut ici être nulle) puisque la dynamique en dépend. Les principaux paramètres matériels déterminant la nature de la solution concernent, outre les éventuelles propriétés quantiques du vide, la distribution cosmique de matière et de radiations. A de telles échelles, la répartition des galaxies peut être considérée comme analogue à celle d'un gaz caractérisé par une pression et une densité. Aujourd'hui, après que Penzias et Wilson (1965) eurent découvert un bruit de fond cosmique correspondant à la température de 2,7 degrés Kelvin (soit $-270,3°C$), résidu attribué à l'explosion primordiale, et compte tenu d'autres facteurs, il n'est plus possible de négliger la densité massique du rayonnement. Enfin, il en va de même pour la densité énergétique des champs que la théorie quantique actuelle attribue au vide. C'est d'ailleurs à celle-ci qu'est imputée l'origine de l'explosion dans le modèle du big bang, ainsi que la très brève mais extraordinairement puissante inflation [13] qui suit.

---

13. Selon l'hypothèse de l'inflation le paramètre d'évolution, ou «rayon d'univers», est brusquement multiplié par un facteur de l'ordre de 10^{30} à 10^{50} entre 10^{-35} et 10^{-32} seconde après sa naissance! On est alors vraisemblablement dans un modèle d'univers de De Sitter pour les raisons que nous avons précisées. Dans ce cas, il suffit de quelque 10^{-32} secondes pour homogénéiser causalement toutes les différentes parties de l'univers, condition nécessaire pour corroborer les obser-

A partir de ces différentes hypothèses et du formalisme général de Robertson et Walker, on trouve une très intéressante variété de solutions mathématiques de représentation d'univers dont le paramètre d'évolution, autrement dit le «rayon», peut être soit à expansion parabolique, hyperbolique ou exponentielle, soit même cyclique, et parfois plus complexe en fonction de la valeur des différents facteurs retenus, dont celle de la constante cosmologique. Mais, à l'évidence, la plupart doivent être éliminées car elles ne correspondent pas à des modèles physiques pertinents. En effet, ces solutions ne remplissent pas les conditions de vraisemblance et de cohérence requises par l'interprétation des résultats de plus en plus nombreux et complexes que fournissent les observations célestes et spatiales qui ne cessent de se développer dans les directions les plus variées et, parfois, les plus inattendues. Par exemple depuis l'apparition de la radioastronomie, en 1933, jusqu'à l'analyse actuelle des émissions gamma cosmiques (satellite Gamma Ray Observer), presque tout le spectre électromagnétique est analysé. Et ce sont toutes ces technologies nouvelles qui ont changé complètement les données du problème depuis les années soixante, époque des premières utilisations des satellites artificiels pour l'exploration de l'espace.

De celles-ci, il résulte des règles de sélection draconiennes qui doivent être appliquées aux différents modèles d'univers si l'on veut tenter d'expliquer de manière cohérente le plus grand nombre de ces observations. Auquel cas on doit d'ailleurs faire appel à d'autres parties de la physique, dont la théorie des particules élémentaires pour rendre compte de la genèse du monde matériel et de sa constitution actuellement connue. Mais ces éléments ne suffisent pas pour imposer un choix. Le recours au principe cosmologique, compte tenu de la nécessité d'une très faible courbure lentement variable au cours du temps, et les hypothèses faites sur le contenu de l'espace (gaz galactique à pression négligeable) conduisent à trois classes de solutions de type FLRW si, comme le fit Einstein, la constante cosmologique est supposée nulle. Ce qui ne pose pas, ici, les problèmes du cas statique et permet de concilier la gravitation et la cosmologie relativistes.

---

vations, en particulier l'isotropie du rayonnement cosmique fossile, et pour justifier le principe cosmologique. A l'extinction de la phase inflationnaire, l'univers est probablement dans un état proche du modèle correspondant de Friedmann.

Ces hypothèses présentent le grand avantage de la simplicité et de la cohérence puisqu'elles conduisent à une forme unique de modèle dès que la géométrie est déterminée par le choix d'un paramètre de structure [14] intervenant dans la métrique de Robertson et Walker. La première, de type hyperbolique, correspond à une forme d'univers ouvert, c'est-à-dire dont l'expansion dure indéfiniment. A l'inverse dans la deuxième, elliptique, celui-ci est fermé : l'expansion subit un ralentissement puis s'annule avant de connaître une phase symétrique de contraction. Quant à la troisième, parabolique, elle représente un état intermédiaire entre les deux précédentes car elle est précisément à courbure nulle : c'est un modèle de type euclidien ouvert. Il semblerait que, selon nos connaissances actuelles, notre univers soit très proche de cet état transitoire. Pour le savoir, et déterminer s'il est ouvert ou fermé, il faudrait connaître sa densité massique et la comparer à la densité critique [15] qui représente la limite entre ces deux états. Or le problème dit «de la masse manquante», que l'on commence seulement à comprendre, nous interdit de conclure. En effet cette matière non lumineuse, donc non directement détectable, ne se manifeste que par l'existence d'anomalies gravitationnelles galactiques très difficiles à analyser. On cherche à acquérir des moyens d'observation et de mesure pour en décider, et quelques idées nouvelles (naines brunes ou amas sombres) semblent se préciser. C'est l'un des grands problèmes de l'astronomie du futur puisqu'il détermine le devenir de l'univers : soit l'expansion indéfinie, soit la recontraction vers ce qui est appelé le big crunch, inverse du big bang, c'est-à-dire la disparition par effondrement.

---

14. La topologie n'est pas fixée par les équations d'Einstein qui sont locales, il faut donc la choisir. D'où les trois géométries : hyperbolique, elliptique et parabolique.

15. La densité critique, qui dépend de la constante de Hubble, est de l'ordre de 10^{-29} g. cm^{-3}, l'incertitude restant relativement importante. L'estimation de la densité de la matière visible est entre 10 et 100 fois plus faible, toutefois il n'est pas exclu que la «masse manquante», ou «masse sombre», puisse combler ce déficit.

L'hypothèse du big bang

La caractéristique tout à fait remarquable de ces trois classes de modèles d'univers, qui intègrent la gravitation, est la suivante : *tous possèdent un point origine*. Ce qui signifie que le paramètre d'évolution a débuté par une valeur nulle pour ensuite croître jusqu'à nos jours. On peut donc estimer l'intervalle de temps correspondant puisque, nous l'avons vu, sa valeur est l'inverse de la constante de Hubble. Compte tenu de l'incertitude qui subsiste sur celle-ci, l'instant initial, c'est-à-dire la naissance de l'univers car c'est bien ainsi qu'il faut l'appeler, est donc éloigné de nous d'une quinzaine de milliards d'années en valeur moyenne, ce qui représente la première détermination rationnelle de son âge actuel [16]. De plus, avantage énorme, pour la première fois la question de l'origine de l'univers est posée rationnellement ainsi que celle de son éventuelle fin. Quant à la réponse, c'est un autre problème.

En effet, quel a pu être le *mécanisme physique* ayant entraîné la naissance de l'univers ? Problème extraordinairement difficile qui exige une remarque préalable : nous verrons qu'une théorie des origines primordiales (au sens de premières), quelles qu'elles soient, est *rationnellement* impossible par suite de l'autoréférentialité, d'où il résulte qu'*une réponse entièrement rationnelle n'est pas rationnellement concevable*. Ce qui ne signifie pas que *certains* éléments de réponse rationnelle ne peuvent pas être obtenus. Cependant, pour en décider, des preuves solides sont nécessaires. De plus, ces éléments ne peuvent pas être recherchés ailleurs que dans les traces fossiles qui auraient pu subsister, ou dans des mécanismes que l'on peut espérer simuler à partir de phénomènes rationnellement établis.

Comme la valeur nulle du paramètre d'expansion, à l'instant initial, et la décélération permanente (condition nécessaire de compatibilité) induisent l'hypothèse logique d'une explosion, il

---

16. Les valeurs les plus récentes le situent plus près de la vingtaine de milliards d'années (voir note 12, p. 66).

se pose en premier lieu la question de ses causes ou, plus précisément, celle de l'origine de l'énergie nécessairement gigantesque qui doit être mise en œuvre puisque c'est à elle qu'est attribué tout le contenu matériel de l'univers. Si une réponse entièrement rationnelle n'est pas à portée humaine, des conjectures peuvent cependant être faites, leur plausibilité ne pouvant toutefois résulter que de règles de sélection associées à des critères de cohérence et de compatibilité. Ce que ne manquent évidemment pas de faire certains théoriciens, comme nous en discuterons au chapitre 6. Mais c'est finalement l'élément observationnel, quel qu'il soit dès lors qu'il est pertinent, qui doit constituer le critère de décision. Or en la matière on conviendra que la difficulté n'est pas mince ! C'est pourquoi on ne peut pas espérer *rationnellement* déduire autre chose de toutes ces conjectures qu'une probabilité caractérisant tout mécanisme logiquement concevable.

Dans cette perspective, la découverte d'indices fossiles d'une telle explosion et de ses conséquences est de toute première importance. Aussi se pose-t-il la question de savoir où et comment les rechercher ? Nous en avons déjà rencontré deux : le décalage spectral de la lumière, dont on a dit qu'il s'explique mal autrement, et le rayonnement fossile à 2,7° K qui est un argument lourd, tellement lourd que c'est à partir de sa découverte que presque tous les astrophysiciens se sont ralliés à cette hypothèse. Il en existe un troisième qui résulte de l'analyse de la composition matérielle de l'univers. En effet, le mécanisme du big bang conduit à la nucléosynthèse primordiale dont on peut calculer les éléments constitutifs, ainsi que leur teneur relative, et ces résultats théoriques sont en excellent accord avec les observations [17], en particulier pour l'hélium. C'est encore un argument fort en faveur de ce modèle. Il devrait également exister d'autres indices tels que, par exemple, la détection d'ondes gravitationnelles et, peut-être un jour lointain, celle des hypothétiques gravitons associés, ou la mise en évidence de quelques particules exotiques du genre monopôles magnétiques, ou d'autres possibilités que laisseraient entrevoir les théories de

---

17. La composition actuelle de l'univers est la suivante : hydrogène ~ 75 %, hélium ~ 24 %, reste ≤ 1 %. La nucléosynthèse primordiale n'a pas été au-delà de l'hélium. Les éléments lourds ont été créés dans des étoiles hypermassives de première génération. Lors de leur transformation en supernovae, l'explosion a dispersé ces éléments lourds dans le milieu interstellaire.

superunification. On pourrait aussi découvrir un fond cosmique analogue au rayonnement fossile mais dû au gaz de neutrinos (il serait à environ 2° K). Et ces hypothèses ne sont pas exhaustives.

Deux remarques doivent encore être faites. D'une part, si le proton était instable on serait assuré qu'il aurait été l'objet d'une création, et cela quel que soit le modèle cosmique considéré. Il y aurait donc nécessairement, du moins en ce qui le concerne, un commencement. C'est une donnée essentielle puisque le proton est l'élément de base à partir duquel sont fabriqués tous les autres noyaux. Ce serait ainsi la preuve que toute la matière que contient l'univers a eu, elle aussi, un commencement qu'il faudrait expliquer. Or, seconde remarque, l'énergie est susceptible de matérialisation, opération courante en physique des particules. Il est alors logique de tenter d'imaginer des processus plus ou moins complexes ayant pour but d'expliquer l'émergence du monde matériel à partir d'hypothétiques champs énergétiques qui, de toute manière, ne sont pas directement observables. C'est précisément l'objet du big bang, mais d'autres mécanismes sont concevables. Une difficulté tient au fait que ces matérialisations produisent autant de matière que d'antimatière, toutefois les théoriciens ne sont pas à court d'imagination pour proposer des justifications, telles que la brisure de symétrie au cours du refroidissement, mais qui, jusqu'à présent, restent cependant spéculatives.

Finalement on peut considérer que si l'hypothèse du big bang est brillante, elle n'est cependant pas tout à fait satisfaisante! Brillante car il paraît assez peu probable que soit entièrement fortuite la convergence entre, d'une part, ces observations issues de champs expérimentaux différents et, d'autre part, les résultats correspondants prévus par le modèle théorique interprétatif, lequel n'est d'ailleurs vraisemblablement pas sous sa forme définitive. Ce qui conduit à penser que cette hypothèse de recherche a ouvert une voie ayant une probabilité raisonnable de ne pas être totalement erronée. Mais insatisfaisante puisque, d'une part, et compte tenu des difficultés soulevées, ce n'est vraisemblablement qu'une possibilité heuristique intermédiaire laissant présumer l'existence d'une théorie beaucoup plus générale. Celle-ci pourrait, par exemple, résulter d'une synthèse entre la relativité et la physique quantique, synthèse qui devrait fournir un nouveau cadre de représentation plus universel et plus riche. D'autre part, trois événements dans l'immensité de l'univers et la multiplicité des phénomènes qu'il recèle, dont la plupart nous restent inconnus, ne représentent encore que peu de chose. Et ils ne démontrent en rien ce modèle car, on l'a dit, une telle démonstration est impossible. Aussi, bien des surprises peuvent-elles nous être réservées. D'autant que, quels que soient les progrès des techniques d'observation et d'analyse, et les moyens nouveaux d'exploration de l'espace que produira le futur le plus lointain, on ne peut concevoir aucun critère rationnel qui permettrait de conclure que l'inventaire est terminé. Ainsi ne peut-on que progresser par essais et erreurs, méthode bien connue en recherche. Cependant, et quoi qu'il en soit, il n'en demeure pas moins que tout modèle rationnel à venir devra expliquer ces résultats.

Notons, en passant, que la discussion qui précède ne s'inscrit pas dans la logique d'existence d'un superprincipe universel (TOE, voir p. 290) duquel découleraient toutes les propriétés de l'univers. C'est-à-dire toute la connaissance rationnelle. C'est une *croyance proprement irrationnelle* qui resurgit de temps à autre et qui est actuellement en vogue chez certains physiciens en dépit du fait qu'elle est de nature théologique, comme nous en discuterons dans la conclusion.

Les principales données du big bang

Il s'agit de reconstituer les différentes phases du processus évolutif de l'univers dans l'hypothèse de sa création à un instant origine (création du temps et de l'espace), à partir d'une singularité initiale, c'est-à-dire d'une explosion primordiale. A l'évidence, on a dit qu'il y a un problème critique concernant les conditions physiques initiales induisant cette explosion. En effet, il serait paradoxal de vouloir définir de telles conditions juste avant cette explosion, ou plus exactement juste avant l'instant origine qui caractérise précisément la création du temps et de l'espace. Ce qui signifie que cette question n'est pas formellement soluble par la science rationnelle, ou plus exactement qu'elle est indécidable. Il n'y a donc pas d'autre solution *rationnelle* que celle consistant à émettre des hypothèses tout en sachant qu'elles ne peuvent pas être rationnellement démontrables mais seulement vérifiables par leurs conséquences observables et mesurables. Or on ne peut jamais être assuré qu'une découverte ne reviendra pas tout remettre en question à n'importe quel moment. C'est pourquoi il n'existe aucun moyen rationnel de sortir de ce dilemme ou, plus exactement, du domaine des seules conjectures. Cela implique que les hypothèses de départ, les prémisses fondatrices, doivent être plausibles, cohérentes, physiquement acceptables, et remplir certaines conditions de validité, mais également être très clairement précisées et pouvoir être soumises en permanence à toutes les vérifications nécessaires. Ce sont elles qui définissent le modèle considéré, le plus pertinent par rapport aux résultats à interpréter étant dit *modèle standard*. A l'évidence, elles peuvent toujours être remises en cause ainsi que le modèle correspondant. On ne saurait trop insister sur ce point fondamental car le non-respect d'un seul critère de rationalité relatif aux prémisses fondatrices d'un modèle, quel qu'il soit, implique son exclusion inéluctable du champ de la méthode scientifique. Il s'agit donc de savoir de façon précise où se situent les limites, en particulier pour ce qui concerne l'acceptabilité des hypothèses, ce qui ne paraît pas être toujours le cas dans le problème des origines, qu'il s'agisse de celles du big bang ou de celles de la vie, comme nous en discuterons ultérieurement.

Le schéma de base du big bang est fondé sur l'hypothèse générale d'un refroidissement, d'abord extrêmement rapide, à partir de cette prodigieuse explosion primordiale ayant produit une température extraordinairement élevée dans un volume initial inimaginablement infinitésimal [18] mais infiniment énergétique. La théorie va s'efforcer, à partir de la décroissance de la température et de l'expansion corrélative du volume spatial ainsi engendré, de décomposer cette évolution temporelle en différentes phases physiques dont l'aboutissement doit être l'univers

---

18. Cette température est supérieure à 100 000 milliards de milliards de milliards de degrés K, soit 10^{32} °K ou température dite de Planck. La dimension est bien inférieure à 1 millionième de milliardième de milliardième de milliardième de centimètre, soit $\sim 10^{-33}$ cm ou longueur de Planck. Les paramètres de Planck (aux deux précédents, il faut ajouter le temps, soit $t \sim 10^{-44}$ seconde, et l'énergie, soit $E \sim 10^{19}$ GeV ou gigaélectron-volt, c'est-à-dire 1 milliard de joules) sont considérés comme les limites inférieures d'applicabilité de la physique connue. Rien, cependant, n'indique que celle-ci reste valable jusqu'à ces valeurs limites !

actuellement observé à la température résiduelle du fond cosmique, soit 2,7° K. L'expansion, résultat de cette explosion, étant compensée par la gravité, on a ainsi un modèle dynamique qui se prête bien à l'analyse mathématique. De plus, excepté au voisinage immédiat de l'origine, la physique des différentes phases successives est d'autant mieux connue que la température est plus basse, à quelques exceptions près mais qui ne sont pas réellement critiques. En revanche, ainsi qu'on l'a dit, c'est à propos des débuts que sont rencontrés les vrais problèmes.

Voyons schématiquement les principales étapes. L'explosion déclenche une expansion brutalement rapide et, du moins au tout début, chaotique de l'espace puisqu'on lui attribue une phase inflationnaire se traduisant par une soudaine et prodigieuse dilatation. La densité incroyablement grande de l'énergie va permettre l'expression la plus débridée de toute la gamme variée, complexe et encore hypothétique des interactions aux ultra-hautes énergies induisant des transformations complexes entre des constituants élémentaires de la matière dont on ne sait pas exactement ce qu'ils sont en dessous du niveau des quarks et des gluons. Bien que cette physique reste spéculative, certaines de ses propriétés commencent cependant à être suspectées. Toutefois, au-delà des énergies de l'ordre du dixième de teraélectron-volt (mille milliards d'électrons-volts), elle demeure conjecturale. Ensuite, après bien des métamorphoses, aux alentours d'une seconde débute la nucléosynthèse dont les principaux mécanismes sont connus. Enfin, pour ce qui concerne le microcosme, presque tout va se jouer en moins d'un quart d'heure puisque les principaux constituants de base de l'univers actuel vont être créés, soit environ 75 % d'hydrogène et un peu moins de 25 % d'hélium, avec des traces d'autres éléments légers, l'ensemble baignant dans une quantité énorme de radiations. La température, qui est encore de l'ordre de la dizaine de milliards de degrés, n'est cependant plus suffisante pour permettre la poursuite de la synthèse nucléaire. A partir de là, la physique actuelle interprète relativement bien l'évolution qui va conduire jusqu'à nous, avec cependant quelques lourdes inconnues en ce qui concerne la formation des structures galactiques et celle des systèmes planétaires. Problèmes qui ne paraissent cependant pas insolubles, notamment avec les progrès rapides des super-calculateurs au moyen desquels deviennent possibles des simulations de plus en plus sophistiquées permettant de vérifier certaines hypothèses sur les développements possibles de l'univers. A condition d'être assuré de la validité des modèles utilisés, ce qui n'est pas toujours évident !

Notons que l'hélium traversant les transformations stellaires sans grande modification, c'est précisément la concordance entre l'observation de sa teneur actuelle et celle de son calcul théorique dans l'hypothèse du big bang qui constitue le troisième indice en faveur de celui-ci. Or cet élément de preuve n'est pas de même nature que les deux autres car, à leur différence, il ne résulte pas d'une simple mesure instrumentale mais d'une convergence de faits mettant en cause l'évolution de l'univers lui-même. Il lui est donc lié en tant que résultat final de sa phase transformationnelle microscopique *globale*. En effet, les nucléosynthèses qui suivront seront stellaires donc locales. C'est un élément très important, certes pour le big bang mais surtout pour la suite de l'évolution cosmique dont il représente une étape décisive. Il en résulte que, selon le modèle du big bang, à l'exception de l'hydrogène et de l'hélium, pratiquement tous les autres éléments chimiques constituant l'univers sont d'origine stellaire, creuset indispensable pour ceux qui sont nécessaires à la vie. Ainsi, l'étoile et ses processus de fusion thermonucléaire sont des conditions impératives pour l'apparition du phénomène vivant !

Après les turbulences violentes de ce premier quart d'heure, mais qui ont été nécessaires pour la stabilisation de la matière cosmique primordiale, une phase de relative tranquillité va s'étendre sur plusieurs centaines de milliers d'années. C'est la durée nécessaire pour que la température descende jusque vers 3 000 °K, ce qui aura un effet brutal : le passage de l'état ionisé à l'état neutre des *noyaux* résultant de la nucléosynthèse, c'est-à-dire l'apparition des *atomes* d'hydrogène et d'hélium. Ils acquièrent ainsi leur autonomie par suite de la fin des interactions collectives dues aux forces électromagnétiques et du découplage de la lumière par rapport à la matière, celle-ci devenant énergétiquement prépondérante. Il va alors en résulter deux effets nouveaux décisifs : d'une part la naissance de la chimie et des grandes structures, d'autre part la transparence du milieu. Ce sont des prémices indispensables pour l'apparition de la vie. Par ailleurs, le second effet correspond à une condition nécessaire pour obtenir des informations sur l'univers au moyen

des photons, ceux-ci cessant la sarabande effrénée de leurs interactions.

Il faut ensuite, semble-t-il, quelques centaines de millions
d'années pour que se forment les premières galaxies. L'origine
pourrait être attribuée à certaines inhomogénéités dont la source
serait à rechercher dans des fluctuations de l'univers quantique
primordial, spéculations qui seraient en accord avec la mise en
évidence par le satellite COBE (*Cosmic Background Explorer*,
1991) de perturbations très faibles, mais réelles, du rayonnement
fossile pouvant traduire ces discontinuités initiales. Partant de là,
le nuage gazeux originel, bourré d'énergies multiformes, se serait
fragmenté par suite de l'amplification de ces inhomogénéités ou
de processus encore mal perçus. Puis, selon la distribution de
leurs masses, qui devaient être gigantesques [19] (des milliards de
masses solaires et parfois beaucoup plus), les différents frag-
ments auraient évolué chacun de manière spécifique en fonction
de leur structure et de leurs mouvements propres consécutifs
aux effets résiduels de l'explosion initiale et des transformations
induites. En effet, c'est l'énergie gravitationnelle qui, jointe à une
composante thermique et radiative, doit être responsable de
l'évolution dynamique puis ultérieurement énergétique des différents îlots de matière cosmique parmi lesquels se seraient trou-
vés des germes de protogalaxies. Si dans une région donnée cette
énergie, donc une accumulation massique, est supérieure à un
certain seuil, il y aura contraction de plus en plus violente, c'est-
à-dire échauffement croissant conduisant à l'ignition des premières réactions thermonucléaires de fusion de l'hydrogène qui
se transformera d'abord en hélium, processus libérant une quantité colossale d'énergie. C'est ainsi que vers le milliard d'années
apparaîtra une nouvelle forme d'énergie, la fusion thermonucléaire, énergie de base des étoiles et de la vie. Bien que l'on
connaisse mal les processus de condensation, il est probable que
les étoiles naissent ainsi, leur formation étant d'ailleurs quasi
permanente. L'astrophysique rend compte de leur évolution et
de leur devenir, leur masse déterminant leur durée de vie.

---

19. Précisons quelques données cosmologiques. Dimension linéaire de l'univers
visible : ~ 10^{28} cm. Masse estimée de l'univers : ~ 10^{54} g. Masse du
Soleil : ~ $1,9 \cdot 10^{33}$ g. Masse d'une étoile : entre 10^{-2} et 10^2 masse solaire. Masse
d'une galaxie : 10^9 à 10^{11} masse solaire. Nombre d'étoiles dans une galaxie : entre
10^{10} et 10^{12}. Horizon cosmique : ~ 10^{10} galaxies, soit de l'ordre de 10^{21} étoiles.

Comme celle-ci peut varier de quelques millions à plusieurs milliards d'années, plusieurs générations d'étoiles doivent se succéder, ce qui fournit un processus dynamique de transformation de la matière nucléaire et de son enrichissement en éléments lourds à partir de l'hydrogène primitif, l'hélium résiduel restant pratiquement stable.

Pour préciser quelque peu, indiquons que certaines étoiles évoluent plus rapidement vers la synthèse des éléments lourds qu'elles dispersent ensuite dans l'espace interstellaire lors de gigantesques explosions de type supernovae. La dernière fut observée en 1987 dans le Nuage de Magellan. C'est du moins une explication plausible de la formation de la plupart des éléments plus lourds que l'hélium qui se répandraient dans l'univers selon un cycle assez complexe et relativement long à l'échelle des temps cosmiques. Tous ne sont cependant pas ainsi formés, en particulier certains noyaux légers fragiles et les éléments très lourds, ces deux catégories étant probablement issues de réactions nucléaires spécifiques mais secondaires. Dans tous les cas, la nucléosynthèse stellaire et les effets associés permettent d'expliquer la composition chimique actuelle de l'univers observable, explication qui fait appel à une physique nucléaire bien connue aujourd'hui. C'est un succès remarquable de la théorie du big bang mais qui, encore une fois, ne démontre pas ce modèle, d'autres scénarios étant d'ailleurs envisageables même s'ils sont nettement moins satisfaisants. Ce qui n'empêche pas de constater qu'il existe manifestement une relation très étroite entre les noyaux et les étoiles, c'est-à-dire entre l'infiniment petit et l'immensément grand.

Une donnée est essentielle pour la suite de notre propos puisqu'il s'agit des planètes, lieux vraisemblablement privilégiés pour l'apparition de la vie. La difficulté est qu'elles ne sont pas directement observables, car non lumineuses, alors que leurs très faibles masses par rapport à celles des étoiles n'induisent que des effets gravitationnels jusqu'ici pratiquement inobservables. Selon les données du système solaire, elles seraient des foyers préférentiels de concentration des éléments lourds et on connaît encore mal leur cycle de formation. Là aussi les simulations numériques sont d'un précieux secours car, dépendant du modèle, elles permettent d'en vérifier les hypothèses. Quoi qu'il en soit, rien ne semble s'opposer à ce que la planétogenèse soit un phénomène relativement courant, ce qui impliquerait que les planètes pourraient abonder dans l'univers. Bien que la vérification de cette hypothèse ne soit pas actuellement possible, nous l'admettrons.

Discussion des résultats du modèle du big bang

Les outils théoriques utilisés nécessitent une remarque préalable qui n'est pas sans conséquence sur la validité du modèle du big bang. En effet, en l'état actuel des connaissances c'est la gravité, donc la masse-énergie sous toutes ses formes, qui joue le rôle central dans toute la machinerie cosmique, puisqu'elle représente l'effet dominant à très grande échelle. Ainsi, parce qu'elle détermine la structure du mégacosme (voir note 18, p. 134), la relativité générale est une théorie centrale de la physique contemporaine. Mais elle ne suffit pas car aussi bien dans les tout premiers instants de l'univers que dans la nucléosynthèse stellaire, c'est-à-dire dans les mécanismes de l'infiniment petit, il est indispensable de recourir également à la théorie quantique qui régit le comportement des constituants nucléaires et leurs transformations. Elle ne se limite d'ailleurs pas à cela. Or, problème aussi délicat que troublant, on ne parvient pas à *unifier de manière rationnellement cohérente* ces deux théories pourtant respectivement indispensables, ce qui crée une difficulté de principe conduisant à penser que ces deux monuments de l'intelligence humaine ne sont très probablement pas sous leur forme définitive. Cela malgré les efforts faits à propos de la gravité quantique qui reste une théorie boiteuse car manifestement ad hoc dans certaines de ses hypothèses et bien trop compliquée dans ses spéculations. Que pourrait-il alors résulter d'une future unification ? Il est bien difficile de le prévoir d'autant qu'elle devrait probablement nécessiter un nouveau cadre de référence dont on ignore tout pour l'instant !

Quoi qu'il en soit, une importante difficulté concerne le phénomène de l'inflation qui, nous l'avons dit (voir note 13, p. 68), produit dans un temps extrêmement bref (inférieur à un millionième de milliardième de milliardième de milliardième de seconde) une dilatation du «rayon» de l'univers d'un facteur gigantesque (il est supérieur à quelques milliards de milliards de milliards de milliards de fois sa valeur initiale, et peut-être plus!). Cette inflation, de nature entièrement conjecturale car attribuée à une mégaforce de pression négative du «vide quantique» primordial, est imposée par la nécessité de passer d'une courbure initiale (à l'instant origine) en principe infinie, à une valeur qui doit devenir quasiment négligeable en un temps extraordinairement bref. En effet, selon la théorie standard, au bout d'une seconde le «rayon» de l'univers devrait être de l'ordre de dix milliards de milliards de centimètres. C'est pourquoi, sans l'hypothèse de l'inflation, les conditions initiales de la théorie du big bang ne conduisent pas aux estimations actuelles du «rayon» de l'univers, soit dix milliards de milliards de milliards de centimètres, mais à une valeur ridiculement trop faible puisqu'elle est bien inférieure à un centimètre! Ces chiffres défient l'imagination, ce qui ne va pas sans poser quelques problèmes, aussi bien de principe que de physique!

Une telle hypothèse ne peut être admise sans de sérieuses justifications physiques. Or ce n'est pas réellement le cas aujourd'hui puisque la seule qui soit effectivement proposée ne correspond qu'à un schéma théorique fondé sur d'étranges propriétés d'un supposé «vide quantique». Celui-ci contiendrait une prodigieuse densité moyenne d'énergie condensée dans d'hypothétiques champs d'interaction subissant d'énormes fluctuations. Mais, et c'est là le problème, cette hypothèse, qui n'est fondée sur aucune donnée expérimentale, est tout à fait sujette à contestation car, en deçà des conditions de Planck (voir note 18, p. 75), on ignore si la physique, même dans ses expressions les plus modestes, peut encore conserver le moindre sens. Il faut bien convenir que dans de telles situations cela n'a véritablement rien d'évident! C'est pourquoi ce modèle, nécessairement non rationnel, fait l'objet de controverses. D'autant qu'il utilise la gravitation quantique alors que l'ébauche actuelle de cette théorie reste une construction arbitraire et fragile pour différentes raisons de nature théorique. En particulier son extrême complexité la rend suspecte sur le plan des principes. D'un autre côté, il n'est pas exclu qu'un mécanisme «à la de Sitter» puisse cependant être une explication théorique potentiellement plausible. La véritable difficulté est que, finalement, toute validation expérimentale est absente de ces spéculations et, compte tenu des énergies nécessaires, elle risque de le rester. Ce qui devrait inciter à la prudence !

La question suivante pose également un problème : lors de la phase du grand chaos primordial, l'actuelle théorie des particules élémentaires indique qu'il y a eu une période de création de matière et d'antimatière à parts égales. Comme les deux s'évanouissent réciproquement par annihilation, elles auraient dû disparaître simultanément quand la température n'a plus été suffisante pour permettre le renouvellement, soit à partir de quelque dix mille milliards de degrés (vers un millionième de seconde). Or, à l'évidence, ce ne fut pas le cas puisque l'univers matériel est là, ainsi que nous pour en parler ! On a dit qu'une explication pas tout à fait rationnellement satisfaisante est avancée. Cette asymétrie physique, celle de la matière prédominant légèrement sur l'antimatière, est attribuée à une rupture de symétrie interne, de nature théorique, qui affecterait un champ fondamental de superforces dont découleraient ultérieurement, en fonction de la décroissance de la température, toutes les interactions qui sont observées dans l'univers perceptible[20]. Pour que cette hypothèse commence à être acceptable, il faudrait observer l'instabilité du proton, ce qui n'est toujours pas le cas malgré différentes recherches. Mais on est ici à la limite des possibilités techniques de détection d'un tel processus. De toute manière ce phénomène de brisure de symétrie, largement utilisé dans ce type de théories, pose un problème de principe par suite du fait suivant : «tout processus physique associé à une brisure de symétrie n'est pas rigoureusement formalisable» car les éléments résultant de cette rupture ont plus de symétries que le système initial qui les a engendrés, ce qui est contraire à un principe général de conservation.

Il existe également d'autres questions mais qui paraissent

---

20. Les différentes forces, ou interactions, recensées dans la nature sont au nombre de quatre. Deux sont à très longue portée : la gravitation qui organise la structure de l'univers à grande échelle et l'interaction électromagnétique gouvernant toute la chimie. Les deux autres sont à très courte portée : l'interaction nucléaire forte responsable de la cohésion du noyau et l'interaction faible dont dépendent certaines instabilités des constituants du noyau. L'un des objectifs de la physique théorique actuelle concerne leur unification considérée comme un progrès décisif dans la compréhension de l'univers. On y parvient à peu près pour les trois dernières (grande unification), mais la gravité (superunification ou superforce) reste rebelle malgré quelques tentatives pour le moins particulièrement laborieuses.

peut-être moins critiques sur le plan des principes physiques sinon sur celui de l'épistémologie. Par exemple l'une d'elles est la suivante : du point de vue conceptuel, il semble tout de même curieux que sur le milliard de milliards de secondes d'existence de l'univers, ce soit seulement la première qui ait pratiquement tout décidé ! Une autre remarque du même ordre concerne le fait que dans tous les mécanismes fondamentaux intervenant dans la genèse de la matière et dans ses transformations, quel que soit le modèle, tout repose sur son interchangeabilité avec l'énergie, phénomène symétrique à notre échelle, mais qui ne l'est plus aux conditions d'unification ! C'est, là encore, pour le moins bizarre d'autant que l'étrange « vide quantique » et ses insolites propriétés énergétiques ne manquent pas de surprendre bien qu'elles ne soient pas spécifiques de ce problème. Nous verrons que l'on n'a probablement pas suffisamment pris en considération les propriétés génératives du hasard physique, lequel est distinct du hasard mathématique. Ces propriétés originales pourraient permettre de rendre compte de l'absence de conditions initiales particulières, et même de lois, à l'origine du cosmos, comme nous le verrons.

L'univers aujourd'hui

La science rationnelle nous fournit actuellement une vision de l'univers qui est représentée par le modèle standard dont nous venons d'esquisser le schéma général et les grands principes directeurs, ainsi que les principaux mécanismes sur lesquels il se fonde. Nous en avons également précisé les limites, ce qui fait que si ce modèle est le plus plausibles sa pérennité n'est en rien assurée d'autant qu'il ne résout pas tout, il s'en faut ! En tout état de cause, ce n'est très probablement qu'une représentation provisoire que les progrès de la théorie et des technologies d'observation doivent améliorer et peut-être même profondément transformer, sinon changer. Mais tout substitut devra nécessairement retrouver l'ensemble de ce qui paraît être aujourd'hui expliqué, et c'est déjà appréciable, alors qu'il faut rappeler que l'on ne pourra jamais démontrer qu'un modèle, quel qu'il soit, est *exact*, donc définitif, pour la simple raison que cette expression n'est pas elle-même rationnellement définissable, en ce sens qu'il n'existe aucun critère rationnel général permettant d'en décider!

La relativité générale et la physique quantique constituent les bases théoriques sur lesquelles est finalement fondé le modèle standard. La première détermine le cadre avec cependant quelques difficultés, par exemple en ce qui concerne le choix de la solution géométrique de représentation de l'univers, ou la question de la singularité initiale puisque celle-ci n'apparaît pas dans toutes les solutions relativistes. Et il y a d'autres problèmes tels que ceux de la constante cosmologique ou de la topologie. De toute manière, point essentiel, il est exclu que la relativité générale s'applique en deçà des conditions de Planck, donc au voisinage de l'instant origine, ce qui représente aussi une limite.

Quant à la physique quantique, si elle rend compte de la création de la matière et du rayonnement à partir de l'hypothèse de champs énergétiques primordiaux, elle fait cependant intervenir des conditions initiales pour le moins problématiques, sinon équivoques, car suspectes de paradoxe. Quelle peut être, en effet, l'origine de cette énergie? Toutes les spéculations possibles sur les potentialités d'un vide quantique à pression négative corrélée à une hypothétique superforce, n'éviteront pas la question suivante : quelles sont les *conditions physiques* (et non les spéculations théoriques) ayant provoqué l'explosion initiale? Formulée autrement, elle laisse percevoir le paradoxe des origines en ce sens que si cette explosion marque la création de l'espace-temps, donc du temps, c'est-à-dire de l'instant zéro, alors il ne peut pas *rationnellement* exister de conditions physiques qui seraient préalables puisqu'elles devraient être antérieures au commencement du temps. Et si elle ne le fait pas, cela signifie qu'elle n'en est pas l'origine, donc le problème n'est que déplacé. Éternelle question de la poule et de l'œuf...! Pour s'en sortir, le moyen usuel consiste à faire appel aux incertitudes résultant du flou quantique, comme nous le verrons au chapitre 6. Les interconnexions originelles entre le temps, l'espace et l'énergie, au sein de ce vide quantique qui en aurait été à l'origine, sont esquivées car il ne peut pas en être rationnellement autrement, cette question étant indécidable par suite de l'autoréférentialité intrinsèque du problème. Ce qui signifie que *la réponse ne peut pas rationnellement être rationnelle*. C'est pourquoi certains théoriciens déclarent, non innocemment, que l'on n'a pas à aller au-delà du fait que la théorie quantique, dont l'interprétation soulève bien des difficultés, est celle des effets sans cause en raison de ses inhérentes indéterminations impliquant la rupture du lien causal. C'est aller un peu loin quant au fond du problème posé car, d'une part, il faudrait également être assuré que la physique quantique s'applique elle aussi en deçà des conditions de Planck, ce qui n'est guère plus évident que pour la relativité, d'autre part l'indétermination quantique ne paraît pas rationnellement définissable dans ces conditions. De toute manière cette réponse s'apparente plus à un aveu métaphysique qu'à une justification physique ! De plus, il existe d'autres problèmes inhérents à cette théorie, dont celui de l'inflation qui a pour fonction première d'éliminer bien des difficultés. Et ce n'est pas le seul.

En définitive, ce qui précède montre que la question des tout débuts de l'univers est spéculative, et qu'elle risque de le rester puisque les conditions initiales ne peuvent pas être autres que de nature heuristique. *C'est pourquoi on peut accepter une hypothèse non rationnelle (mais non irrationnelle), à défaut d'autre moyen, mais à trois conditions : d'abord il faut en être conscient et savoir que l'on ne démontre rien, donc que tout peut toujours être remis en question ; ensuite celle-ci doit être cohérente et physiquement acceptable ; enfin une grande prudence s'impose dans les conclusions et interprétations qui en sont issues.* En revanche, au-delà de l'inflation, et plus précisément à partir de l'initiation des processus corpusculaires et radiatifs à hautes énergies, les données du modèle paraissent scientifiquement beaucoup mieux assurées bien que toutes les particules en présence ne soient pas nécessairement connues ni tous les mécanismes d'interactions compris. Les progrès de la physique des hautes énergies devraient permettre de faire reculer cette période d'incertitude avec, cependant, une limite inhérente aux possibilités techniques des accélérateurs de particules[21]. Il paraît difficile d'aller explorer très en deçà de l'ère baryonique[22], soit de l'ordre du milliardième de seconde

---

21. Actuellement cette limite se situe vers 100 GeV, soit l'équivalent de 10^{15} °K correspondant à un temps $\leq 10^{-10}$ seconde, auquel a lieu la rupture de symétrie faible. Aller au-delà paraît difficile avec les technologies actuelles. Pour atteindre la superforce il faudrait aller jusqu'à 10^{19} GeV, soit gagner 17 ordres de grandeur... !

22. Particules de la famille des hadrons (subissant l'interaction nucléaire forte)

après le début du big bang. Ce qui n'est déjà pas si mal. Mais sait-on jamais? De manière plus précise, la véritable limite physique d'observation de l'univers lui-même, et non des expériences de laboratoire, est celle de la nucléosynthèse, soit quelques minutes après l'explosion primordiale. Toute considération antérieure est et restera spéculative puisque toutes les traces ont disparu.

Un point remarquable est le suivant : il semble que le bilan énergétique total du cosmos connu soit quasiment nul, aux erreurs d'estimation près. En effet, la somme des énergies de nature non gravitationnelle (matière totale, rayonnements et dynamique de l'expansion) paraît être équivalente et de signe opposé à l'énergie de gravitation. Ce qui est nécessaire, mais non suffisant, pour que l'hypothèse insolite d'un univers possiblement sorti du néant ne soit pas aberrante. Parmi d'autres, une approche spéculative et exotique du problème pourrait alors être la suivante : si l'univers était fermé, des successions cycliques variables d'expansion et de contraction seraient plausibles sous certaines conditions et, puisque le nombre de nucléons est variable (créations et annihilations), elles pourraient être corrélées à des cycles successivement dotés, ou non, de nucléons. C'est-à-dire que la matière ne serait présente que de manière alternative selon les transformations se produisant entre celle-ci et les champs, avec des cycles de durées extrêmement différentes pour des questions de stabilité. Ce qui ne résoudrait pas davantage la question de l'origine mais permettrait une autre approche du problème du « vide quantique ».

Toutes ces spéculations ne doivent cependant pas masquer le fait que, en dépit des immenses progrès réalisés dans la connaissance rationnelle depuis trois siècles, il reste quantité de problèmes à résoudre, mais qui ne sont pas tous de même nature. L'un des plus importants est le suivant : l'horizon de nos connaissances étant nécessairement limité par un certain nombre de données, aussi bien de nature théorique qu'expérimentale, et certaines étant irrémédiables, aucune solution définitive n'est prévisible, même à long terme. C'est le cas, on a vu pourquoi, avec la question des origines, et c'est loin d'être le seul. Il en va

---

formées de trois quarks. Le proton et le neutron, constituants fondamentaux de tous les noyaux, en font partie.

de même du point de vue expérimental, par exemple pour l'étude des galaxies dont la vitesse tend vers celle de la lumière puisque le décalage devenant infini, l'observation n'est plus possible : c'est donc un horizon infranchissable. Car sur de très longs parcours, des champs gravitationnels suffisamment intenses pour courber fortement l'espace peuvent conduire à des vitesses relatives de récession supérieures à celle de la lumière, la relativité restreinte ne s'appliquant que localement. Des problèmes sont également rencontrés à propos des trous noirs, ou de certains phénomènes cosmiques tels que les jets galactiques qui semblent être des filaments extrêmement longs servant peut-être à d'énormes transferts de matière-énergie et/ou de champs quantiques. Autre exemple, la mesure des très grandes distances nécessite des hypothèses soulevant certaines difficultés, et il n'est pas assuré que les quasars [23], considérés comme les objets les plus lointains, le soient réellement. Des questions se posent également à propos de l'étendue réelle de l'univers (nous y reviendrons) et de son organisation à très vaste échelle dont l'homogénéité serait, pour quelques astrophysiciens, une propriété fondamentale. Selon certaines suppositions, tout à fait spéculatives car non fondées observationnellement, il pourrait faire partie d'un système structuré beaucoup plus vaste et même, peut-être, multiple — ce qui n'a d'ailleurs pas grande signification ! L'hypothèse des bulles galactiques est essentiellement, elle aussi, le résultat de simulations. Selon d'autres, il pourrait être beaucoup plus petit et ne contenir qu'une seule galaxie qui se démultiplierait par effet miroir... Mais tous les rêves de théoriciens sont souvent des jeux ! Car s'ils restent dans certaines limites cohérentes, d'ailleurs assez vastes et floues mais généralement non rationnelles, ils risquent peu la contradiction puisque presque toute la physique extragalactique demeure incertaine.

Pourrait-on extraire de l'univers des informations qui modifieraient fondamentalement le panorama actuel ? La réponse dé-

---

23. Les quasars *(quasi stellar objects)* sont des objets extrêmement brillants (10 000 fois une galaxie) émettant des ondes radio sous forme de raies particulières. Ce pourrait être des trous noirs cannibalisant des étoiles disloquées avant leur disparition. Selon le modèle standard, les quasars seraient les objets les plus éloignés puisque certains seraient situés à plusieurs milliards d'années-lumière de nous, mais l'accord n'est pas unanime chez les astrophysiciens.

pend, à l'évidence, de nos moyens futurs d'observation et d'exploration ainsi que de nos possibilités nouvelles de traitement des données car ce sont nos seules sources de renseignements. Les progrès technologiques laissent prévoir l'ouverture prochaine de champs d'exploration inédits : très grands télescopes couplés, élargissement du spectre électromagnétique observé vers les très basses et très hautes fréquences, mesures à très grande résolution, étude des grandes gerbes cosmiques, nouveaux moyens spatiaux, mais aussi physique des particules élémentaires et hautes énergies, monopôles et champs quantiques (par exemple le champ de Higgs), simulations numériques... Deux problèmes expérimentaux sont particulièrement critiques. Le premier concerne la masse manquante, et plus particulièrement l'éventuelle masse du neutrino [24], particule très abondante issue du big bang. Si elle n'était pas nulle mais seulement extrêmement faible (de l'ordre de quelques dizaines d'électrons-volts), cette masse pourrait suffire pour déterminer la fermeture de l'univers. Ce qui changerait complètement nos conceptions sur son histoire : l'expansion s'arrêterait pour laisser la place à une phase de contraction menant à l'effondrement, ou big crunch. C'est donc dans la physique des particules élémentaires et des hautes énergies que se trouve l'une des clés du devenir cosmique. Le second problème est relatif à la stabilité du proton puisque s'il ne l'était pas, il en résulterait, entre autres choses, la disparition de la matière, certes dans un futur extrêmement lointain. Si ces données, ou d'autres découvertes en particulier théoriques telles que l'unification de la relativité et de la physique quantique, modifiaient nos conceptions actuelles sur l'univers, il n'en demeure pas moins que certains aspects devraient être conservés, par exemple les modèles d'univers FLRW en tant que cas limites. De toute manière, avantage énorme, même si l'on n'en connaît pas les réponses, un certain nombre de questions fondamentales sont maintenant posées en termes scientifiques. Mais, compte tenu de son extraordinaire complexité, ainsi que

---

24. Le neutrino est une particule neutre associée à l'électron dans certaines transformations nucléaires. Il fait partie de la famille des leptons (particules légères) comme l'électron. Bien que l'on ne sache pas encore la mesurer, car le neutrino interagit extrêmement peu avec les autres particules, sa masse propre ne peut qu'être extrêmement faible. C'est pourquoi, jusqu'à présent, dans la plupart des théories elle est supposée nulle.

des limitations de l'autoréférentialité, il est exclu que l'on puisse un jour obtenir un modèle décrivant de manière détaillée l'ensemble de l'univers.

En conclusion, et en dépit des difficultés et des inconnues qui subsistent, la cosmologie est devenue une discipline majeure de la connaissance humaine. Elle a établi que l'univers est rationnel, c'est-à-dire qu'il obéit à des lois qui nous sont accessibles et qui semblent bien être partout les mêmes. C'est un résultat de toute première importance puisqu'il permet d'affirmer l'universalité de la rationalité, donc de la méthode scientifique. Il est confirmé, sans exception aucune, par toute l'histoire de l'astronomie. Résultat qui montre également l'unité du cosmos, aussi bien dans son ensemble que dans ses détails, ce qui est tout à fait remarquable, mais ce qui est aussi quelque peu surprenant puisque finalement, malgré son apparence d'extrême diversité, la machine cosmique est cependant soumise à un jeu de règles de sélections communes qui la contraignent probablement beaucoup plus qu'il n'y paraît. Ce qui pose le problème de la vie et de la place de l'homme, ou plus exactement du rôle de la rationalité, sous un angle particulier, comme nous le verrons à propos de l'intelligence extraterrestre.

Toutes ces connaissances nouvelles ont donc récemment permis de passer d'une conception métaphysique de l'univers à une authentique description rationnelle, opération qui semblait encore rigoureusement inimaginable il y a très peu de temps. Et pourtant... Quelles que soient ses imperfections et ses insuffisances, le modèle du big bang en est bien la preuve! C'est probablement l'une des plus belles démonstrations de la puissance créatrice, de l'ampleur et de l'universalité de la raison fondant la méthode scientifique. Car elle a été capable de réaliser cet exploit, chef-d'œuvre incontestable de l'intelligence humaine, *par ses seuls moyens*. Il ne faudrait cependant pas la déifier ni lui prêter des vertus qu'elle n'a pas, et savoir qu'elle aussi possède des limites, et même sévères. Et sa pratique est d'autant plus malaisée que le cerveau n'est pas naturellement enclin à la rationalité, laquelle n'est d'ailleurs pas sa meilleure source d'inspiration. Il n'en demeure pas moins que si la raison ne peut assurément pas suffire à l'homme pour vivre, elle lui est cependant indispensable pour survivre! Malgré ces restrictions, et quelles que puissent être les surprises que nous réserve le futur, il est incontestable que la *maîtrise de la rationalité* représente un tournant révolutionnaire unique dans le développement du psychisme humain. Révolution qui a changé le statut de l'homme dans l'univers et dont les conséquences sont et seront de plus en plus décisives pour son devenir.

il est incontestable que la *maîtrise de la rationalité* représente un tournant révolutionnaire unique dans le développement du psychisme humain. Révolution qui a changé le statut de l'homme dans l'univers et dont les conséquences sont et seront de plus en plus décisives pour son devenir.

CHAPITRE 3

L'énigme des origines de la vie

Dans son traité intitulé *Histoire des animaux*, qui est composé de dix livres, Aristote a décrit différentes espèces animales, ce qui l'a conduit à introduire les premiers éléments d'anatomie et de physiologie comparées. S'étant interrogé sur leurs propriétés générales, il tenta déjà une ébauche de classification. Il proposa également d'expliquer le passage de l'inerte au vivant en postulant l'existence d'une «force vitale» qui imprégnerait chacun des quatre éléments de base (terre, eau, air, feu) de sa théorie du monde matériel. Cette hypothèse aussi spéculative qu'ambiguë, et que strictement aucune observation ne justifiait, correspondait à une sorte «d'essence vitale» de nature indéfinissable dont le caractère ad hoc ne faisait aucun doute. Elle eut malheureusement pour conséquence fâcheuse de banaliser la génération spontanée, croyance qui perdura jusqu'au XIXe siècle! Et, plus fâcheux encore, peu après les premiers siècles de notre ère, quand l'Église eut affirmé sa puissance temporelle, le surnaturel y fut mêlé et finit même par s'y substituer. Et c'est ainsi que le vivant tout entier devint une classe de phénomènes à part puisqu'il faisait intervenir une puissance divine, donc extérieure aux lois et phénomènes observables de la nature.

C'est pourquoi il en est résulté une désastreuse disjonction entre, d'une part, tout ce qui concernait les processus vitaux proprement dits et, d'autre part, la matière inerte. Ainsi la vie fut-elle le plus souvent confondue avec l'âme, ou parfois identifiée à une sorte de «principe» spécifique (principe vital et/ou principe d'organisation tel que celui du vitalisme ou le *Bildungstrieb* de J.F. Blumenbach), mais qui, dans tous les cas, était extérieur aux lois de l'inanimé. En fait, le phénomène de génération spontanée paraissait si naturel que, malgré son esprit critique, Descartes tenta de l'expliquer, mais pas d'en vérifier la réalité!

Cette dichotomie spéculative brouillera toutes les études sur ce sujet, et c'est l'une des raisons pour lesquelles il faudra attendre le XIXe siècle pour qu'aient lieu, en Europe, les premières interrogations *rationnelles* sur le phénomène vivant. Car, difficulté majeure, pour oser poser des questions sur la vie ou, plus exactement, pour envisager la possibilité d'entreprendre son étude scientifique, il aura fallu franchir un obstacle métaphysique considérable puisque ce sujet constituait un véritable interdit. En effet si, selon les textes religieux sacrés, la création de l'ensemble du vivant est d'essence transcendantale, rechercher des causes matérielles à la vie est sacrilège car il est impensable de mettre en doute une vérité révélée, quelle qu'elle soit. La quintessence divine de l'âme identifiée à la vie ne saurait donc être discutée. En d'autres termes, selon ce point de vue il n'y a rien à étudier, tout étant dans les textes fondateurs et les révélations divines! C'est pourquoi il aura fallu du temps, beaucoup de temps, pour seulement prendre conscience du problème et oser s'aventurer sur ce terrain extrêmement dangereux.

Malgré ces énormes difficultés, c'est peu avant 1800 qu'apparurent les premières études scientifiques européennes du phénomène vivant considéré comme un problème en soi. A cette époque, et probablement pour la première fois, une ébauche d'analyse des éléments physico-chimiques de la vie animale fut proposée par J.B. Lamarck dans ses enseignements de biologie du Muséum où il occupait la chaire de zoologie des invertébrés. C'est à ce propos qu'il introduisit le terme de «biologie», ce que fit aussi à la même époque, et indépendamment, son collègue G.R. Tréviranus. On lui doit également un essai sur l'évolution, ou transformisme, dont le succès fut éphémère en raison d'hypothèses injustifiées sur l'hérédité des caractères acquis. Mais le fait important n'est pas tant cet échec que l'émergence de l'idée d'*évolution du vivant*[1], qui représente une rupture fonda-

---

1. Cette notion existait déjà chez le philosophe grec Thalès de Milet (VIe siècle avant J.C.) et il semble que Lucrèce en ait pris conscience, bien que ce soit sous une forme différente puisqu'il s'agissait du milieu en général. De toute façon, les connaissances de l'époque étaient totalement insuffisantes pour en tirer la moindre

mentale par rapport aux conceptions antérieures puisqu'elle contient celle d'une possible unité de la vie. C'est donc l'amorce du déclin du fixisme issu des livres sacrés. Malgré tout, Lamarck restait partisan d'une origine relevant de la génération spontanée, celle-ci étant cependant limitée au microcosme.

Dans le même temps G. Cuvier créait l'anatomie comparée qui lui permit de concevoir la paléontologie animale, science indispensable pour la reconstitution de l'histoire de la vie à travers l'étude des fossiles. Il étudia d'ailleurs essentiellement les vertébrés quadrupèdes. Bien que défenseur de la doctrine officielle, donc opposé à l'évolution (il était «directeur des cultes dissidents») mais également à la génération spontanée, Cuvier était tout de même préoccupé par la recherche des structures communes et des analogies présentées par les formes vivantes ancestrales. Ce qui traduisait l'idée d'une certaine conception unitaire dans l'organisation du vivant, même s'il défendait la multiplicité des lignées animales. En fait, il élabora une théorie, le catastrophisme, fondée sur une histoire du monde que révéleraient la géologie et les fossiles. Selon celle-ci, les différentes époques géologiques se seraient succédé à la suite de catastrophes entraînant l'extinction des espèces présentes lors de cycles ayant précédé l'apparition de l'homme. C'est précisément l'étude des fossiles qui en porterait témoignage. Son objectif était de montrer que la création, d'essence divine, devait aboutir à l'homme en tant que forme définitive car parfaite...!

Le point essentiel est que, malgré les divergences du moment sur la structuration du phénomène vivant et sur son histoire, la question de sa nature commençait effectivement à se poser, au moins pour le monde animal et le règne végétal — fait qui marqua un progrès intellectuel considérable. Car ce fut une étape indispensable pour la libération des contraintes imposées par les enseignements moyenâgeux, dont la scolastique.

Une autre approche entièrement différente du problème est due à la médecine qui commençait à s'interroger sur la santé et sur les causes et processus de la maladie en tant que perturbations de l'organisme, c'est-à-dire du phénomène vital. C'est

---

conclusion. En fait, l'un des premiers grands évolutionnistes fut, au XVIIIe siècle, Buffon, mais sa condamnation par la Sorbonne lui a interdit d'exprimer ses idées sur ce sujet.

pourquoi elle joua un grand rôle dans le renouvellement des idées dont devait résulter une vision nouvelle de la vie et de la mort, questionnement permanent de l'homme donc du médecin. En effet, il est clair que c'est l'opposition entre ces deux états qui symbolise le mieux la transition entre le vivant et l'inanimé, transition se faisant au moyen de transformations aboutissant nécessairement à l'inerte mais qui peuvent aisément occulter certains aspects essentiels du problème s'il n'est abordé que sous cet angle. C'est par exemple le cas avec la transformation inverse, ou génération spontanée, qui posera un redoutable problème quand son étude rationnelle sera envisagée un peu plus tard.

D'autre part, la recherche de critères physiologiques (au sens étroit de l'époque) ayant pour objet de déterminer les signes et causes des maladies et les effets de la pharmacologie, ainsi que la compréhension des mécanismes associés, conduisit rapidement à d'importantes difficultés de principe. Par exemple, selon la division aristotélicienne, comment classer ces mécanismes : sont-ils physico-chimiques ou d'une autre sorte? Mais alors de quelle essence et comment le savoir? Qu'est-ce que la «force vitale»? Bien que les moyens de l'époque aient été fort loin de pouvoir contribuer aux réponses, ces interrogations eurent cependant le grand mérite de faire prendre conscience du caractère tout à fait bizarre de cette séparation, aussi bien de nature que de principe, entre la matière vivante et celle qui ne l'est pas! Si l'on voulait tenter de faire progresser la médecine, donc soigner selon des méthodes plus rationnelles que celles du Moyen Age, cette distinction devenait un obstacle majeur : comment savoir, par exemple, quel est l'effet des médicaments? Comment fonctionnent les organes et quelle peut être la nature de leurs altérations, c'est-à-dire comment diagnostiquer les maladies?

En définitive, l'étude de toute l'histoire des êtres et processus vivants ne fait que révéler la véritable difficulté fondamentale du problème : *est-il possible de trouver une définition rationnelle de la vie ?* Question autoréférentielle primordiale s'il en est, en ce sens qu'il s'agit, pour la vie, de définir la vie! Avec toutes les difficultés que comporte ce processus, dont l'indécidabilité qui lui est inhérente. Ce qui signifie que, en principe, stricto sensu *une définition rationnelle de la vie, et d'elle seule, n'est pas rationnellement directement possible de manière absolue.* Elle ne peut donc l'être que de manière indirecte par la recherche de ses caractéristiques propres (par exemple son programme génétique), c'est-à-dire par comparaison avec l'inerte, en particulier par leurs différences (par exemple la reproduction), et plus spécifiquement par ses conséquences et effets, notamment par ses énormes potentialités d'évolution et de transformation du milieu. Ce ne peut donc être qu'une définition *relative*, comme il est aisé de le vérifier dans n'importe quel traité de biologie. Là encore, on se trouve face à une fâcheuse difficulté de principe, mais qui reste purement conceptuelle, donc formelle, car elle n'induit aucune conséquence de fait, aussi bien dans l'étude des processus mis en œuvre que dans les applications qui peuvent en résulter. Cependant, cette particularité doit se traduire, sur le plan de l'étude des origines, par une ambiguïté équivalente à celle concernant le big bang : étant de même nature, elle est liée à l'autoréférentialité. Remarquons également que, pour les mêmes raisons, il y a une analogie frappante avec l'impossibilité de définir le temps (et non les intervalles), ce qui ne gêne cependant en rien l'ensemble de ses utilisations, mais empêche d'en comprendre l'essence !

Terminons cette introduction par une précision importante : *dans tout ce qui suit, il n'est question que de la vie en général et non de la vie intelligente, ou de l'intelligence,* problèmes qui feront l'objet du chapitre 5. En effet, les données ne sont pas les mêmes dans chaque cas et c'est pourquoi il devrait apparaître que si la vie extraterrestre peut être un phénomène potentiellement plausible, en revanche il ne devrait pas en être de même pour l'intelligence.

L'unité du vivant

Au cours du XIXe siècle, trois découvertes majeures ont contribué à affirmer l'unité de l'ensemble du vivant, aussi bien en ce qui concerne la spécificité de sa nature et de sa constitution de base que celle de ses propriétés et de son évolution. Ce qui permet de lui attribuer une origine unique bien que, pour des raisons équivalant à celles que nous avons discutées dans le cas de l'univers, ce genre d'hypothèse ne soit pas démontrable. Ces trois raisons sont les suivantes : l'identification de la cellule, reconnue plus tard comme étant l'élément fondamental et universel de la vie avec, en particulier, l'invariance de nature du support génétique; la théorie de l'évolution de Darwin qui paraît capable, moyennant certaines accommodations, d'en expliquer le chaînage depuis les origines jusqu'à l'homme; enfin l'impossibilité de la génération spontanée dans les conditions du milieu terrestre actuel. On retrouve, à un certain déphasage événementiel près, lié aux différences de nature entre les deux problèmes, une situation sensiblement analogue à celle de l'histoire de l'univers.

C'est en 1665 que le concept de cellule a été proposé par Robert Hooke qui fut l'un des premiers naturalistes à utiliser le microscope. Il fit cette découverte en étudiant une coupe mince de liège puis différentes préparations tissulaires végétales qui confirmèrent la généralité de cette structure, du moins pour les plantes dans lesquelles elle est bien visible. Car pour ce qui concerne les tissus animaux, à l'exception de quelques cas particuliers leurs parois cellulaires sont beaucoup plus difficiles à repérer. Il fallut donc attendre la découverte du microscope achromatique (peu avant 1830) qui, en éliminant certaines aberrations et les effets de halo, permit la mise en évidence puis l'étude des cellules animales. Celle-ci fut menée rondement puisque, dès 1839, le naturaliste Théodore Schwann publiait un ouvrage fondamental intitulé *Recherches microscopiques sur la concordance de structure de développement des animaux et des plantes,* dans lequel il proposait une théorie cellulaire générale unifiant ainsi constitutionnellement les ensembles jusqu'alors distincts du monde animal et du règne végétal. C'était reconnaître, ou plus exactement postuler l'universalité de la cellule en tant qu'unité de base du vivant dans son ensemble, et quelle que soit sa diversité. Ce qui signifie qu'elle est supposée représenter le véritable *quantum élémentaire de vie,* postulat sur lequel est fondée toute la biologie scientifique moderne et qui, jusqu'à présent, n'a pas été démenti. C'est pourquoi, par suite de son pouvoir de synthèse et d'unification, cette théorie représente une percée conceptuelle majeure dans la connaissance humaine.

Bien sûr cette hypothèse, pour le moins hardie à l'époque ou elle fut émise, nécessita de nombreuses modifications et adaptations, mais finalement ce concept d'universalité de la cellule se révéla un puissant moteur pour la progression de la connaissance. La plupart des grandes découvertes en biologie microscopique lui sont dues telles que, pour ne citer que quelques exemples, les différences de fonctionnement (en particulier la source d'énergie) entre cellules animales et végétales, la reproduction, la génétique et l'hérédité ainsi que tous les développements actuels de la biologie moléculaire. Mais bien des questions restent posées : par exemple celle des relations entre le génome, le célèbre acide désoxyribonucléique ou ADN, et certaines propriétés macroscopiques de l'organisme dont la morphogenèse ou, problème autrement plus délicat, celle de ses rapports avec l'intelligence.

Quoi qu'il en soit, le problème de l'étude de la vie se pose alors d'une manière nouvelle : il y a séparation entre, d'une part, la question de ses origines et des mécanismes spécifiques qui la caractérisent et, d'autre part, celle du développement des différentes espèces et de l'évolution aboutissant à l'homme. L'énigme spécifique des origines peut donc être circonscrite à la seule cellule.

Le deuxième élément concerne la théorie de l'évolution du vivant. Ce fut l'œuvre de Charles Darwin qui, en 1859, en fit l'exposé dans son ouvrage célèbre, *De l'origine des espèces par voie de sélection naturelle*. L'hypothèse de l'ascendance commune, en banalisant les origines de l'espèce humaine, induisit une véritable révolution intellectuelle et psychologique dont résultèrent une nouvelle interprétation de l'ensemble du vivant et une autre vision du monde. Bornons-nous ici à quelques points caractéristiques, les détails étant donnés dans le chapitre suivant. A partir d'une origine commune, et à la suite d'une très longue évolution adaptative et diversifiante, mais contrainte par des règles exposées par Darwin puis adaptées et modifiées par ses successeurs, cette théorie permet d'envisager une synthèse cohérente de l'ensemble du vivant. Mais d'envisager, et pas encore de déduire complètement une telle synthèse car il subsiste quelques délicats problèmes de sorte que certains aspects restent incompris[2] malgré différentes tentatives pour y remédier. Elle est

---

2. Dans leur principe comme dans certaines de leurs applications, certaines données concernant les mécanismes évolutifs restent obscures. Par exemple les effets qui sont à l'origine des grandes divisions allant du règne à l'espèce, la différenciation posant des problèmes, comme nous le préciserons dans le chapitre suivant. Ou ceux qui sont relatifs à la complexification des organismes, à l'évolution

cependant remarquable par son pouvoir explicatif et unificateur. D'autant qu'elle est fondée sur de nombreuses preuves paléontologiques, embryologiques, anatomiques, biochimiques et génétiques qui se complètent mutuellement. C'est pourquoi, dans la même catégorie que le big bang, elle fait partie des quelques très grands acquis intellectuels de l'humanité. D'ailleurs seuls quelques très rares spécialistes récusent encore l'évolutionnisme alors que son apparition souleva d'énormes difficultés, tant pour des raisons métaphysiques et religieuses que psychologiques. De nos jours certaines populations évoluées répugnent encore à cette idée, toujours pour les mêmes causes. Mais, comme on l'a dit, une telle opposition est caractéristique de toute véritable révolution puisque celle-ci remet fondamentalement en question les dogmes religieux, donc certaines assises philosophiques et culturelles du psychisme humain. Du moins en apparence car finalement le problème des origines ne fait que subir une translation dans l'échelle du vivant !

On peut également remarquer que cette synthèse présente de surprenantes analogies de principe, sinon de fonctions (origine ponctuelle, phases alternées de diversification et d'élimination des constituants, lente évolution temporelle et complexification, sélection et finalement action sur l'organisation de la matière), avec celle qui a conduit au modèle standard de l'univers. Il est possible que ce soit fortuit; mais ce n'est cependant pas vraiment évident. En effet, il se pourrait tout aussi bien que ces analogies soient le résultat d'une nécessaire connexion fonctionnelle liée aux lois générales de fonctionnement et de transformation du cosmos compte tenu du fait que, bien que sous des formes tout à fait différentes, elles concernent finalement le même processus : l'évolution de la matière même si, dans chaque cas, les échelles spatio-temporelles et énergétiques ne sont pas les mêmes, d'où les différences dans ces applications. C'est pourquoi l'on pourrait tout aussi bien parler d'une sorte de *bio big bang* à propos de

---

orientée... Ce sont des questions qui, parmi d'autres telles que les processus mutationnels, restent à traiter. Nous verrons que les propriétés génératives du hasard physique ne sont certainement pas bien prises en compte. Et il existe d'autres difficultés. Mais, malgré ses imperfections et ses lacunes, cette théorie ne paraît pas devoir être remise en cause, du moins dans son principe. Car le problème est que si ses potentialités sont considérables, on ne sait probablement pas encore très bien les exploiter !

l'apparition de la vie, même si elle a eu lieu sans explosion physique!

Enfin, dernier point, pour que tout ce qui précède soit cohérent il est nécessaire que l'apparition de la vie ne soit pas un phénomène banal, comme les vitalistes le proclamaient aux XVIIIᵉ et XIXᵉ siècles. En effet, si la génération spontanée était habituelle, alors la question de la prédominance du phénomène vivant ne se poserait pas dans les mêmes termes, tout devenant envisageable n'importe où, n'importe quand et dans n'importe quelles conditions! Dans ce cas, l'évolution n'aurait plus aucun sens puisqu'on ne saurait jamais ce qui pourrait naître, et à quel niveau d'organisation! De plus, la question des causes subsisterait, et si elles étaient attribuées à cet étrange «principe vital» n'obéissant pas aux lois du monde matériel, alors la réponse ne pourrait pas être de nature scientifique.

Ce fut l'un des mérites de Louis Pasteur de démontrer, en 1862, que la génération spontanée est une chimère. Il en résulte que *dans les conditions actuelles*, le vivant ne peut naître que du vivant[3]. C'est un troisième résultat nécessaire préalablement à toute théorie unitaire de la vie puisque, sans lui, une telle démarche n'aurait pas de sens. Cette propriété paraît d'ailleurs être l'une des caractéristiques primordiales du vivant, mais elle pourrait conduire à un paradoxe si quelques restrictions n'étaient pas apportées. En effet, appliquée à la lettre une telle assertion interdirait toute théorie des origines de la vie qui ne se référerait qu'à l'inerte! Ce qui renverrait inexorablement à une cause irrationnelle. C'est la raison pour laquelle on doit faire intervenir des facteurs spécifiques, dont des conditions initiales devant être tout à fait différentes de celles que nous connaissons aujourd'hui. On sait, par exemple, que l'oxygène libre est l'ennemi des composés nécessaires à la biogenèse, ce qui conduit à supposer qu'il n'y en avait pas dans les atmosphères prébiotiques. Ainsi,

---

3. C'est une assertion énoncée par R. Virchow (1821-1902) : *«omnis cellula e cellula»* (toute cellule provient d'une cellule), qui sera ensuite étendue au noyau. Avant lui, A. Vallisnieri, médecin opposé à la génération spontanée, avait déjà déclaré, au XVIIIᵉ siècle, que «tout vivant provient du vivant». Nous verrons que, selon les théories actuelles, l'apparition de la vie devrait résulter de la convergence de très longues séries prébiotiques, ce qui exigerait des conditions physico-chimiques tout à fait particulières sur des intervalles de temps considérables. D'où de gigantesques difficultés de réalisation impliquant l'infinitésimale probabilité du phénomène!

l'un des objectifs primordiaux de toute théorie des origines de la vie doit précisément être d'en déterminer les causes et les mécanismes initiateurs. En dépit de ces restrictions, cette propriété est intéressante à un double titre. D'une part elle s'applique de manière expérimentalement évidente dans les conditions terrestres actuelles. D'autre part elle présente l'avantage de localiser les difficultés et d'établir une distinction de fonction, mais non de principe, entre la classe des phénomènes vivants et les autres. Ainsi, paradoxalement, va-t-elle la banaliser en ce qui concerne les lois qui la régissent.

Deux conséquences fondamentales

Schwann proposa d'appliquer les lois usuelles de la physique et de la chimie à la cellule considérée comme l'entité élémentaire de construction du vivant, c'est-à-dire de la soumettre aux mêmes principes que l'inanimé. Pour étayer sa proposition, dont l'objet était d'étudier les interactions cellulaires dans les organismes complexes, il se référait aux propriétés des éléments cristallins et à leurs arrangements structurels. Mais il ne s'agissait initialement que d'expliquer les organisations et la construction des systèmes vivants complexes à partir des forces classiques connues à l'époque. L'extension aux mécanismes cellulaires internes se fit progressivement et tout à fait naturellement en fonction de leur mise en évidence qui fut relativement lente. Elle sembla d'autant plus justifiée que les découvertes successives des propriétés des différents milieux biologiques étaient exclusivement dues aux seuls progrès de la chimie et de la physique dont les lois convenaient parfaitement pour l'interprétation. La première synthèse d'un composé organique, celle de l'urée (E. Wöhler, 1828), montra que la chimie du vivant est déductible de celle de l'inerte. Fait brillamment confirmé par la synthèse de molécules organiques optiquement actives [4] à partir de composés inertes qui ne le sont pas.

---

4. Pasteur, qui a découvert l'activité optique des molécules du vivant (1860), a montré que celle-ci est due à la présence d'un carbone asymétrique. En 1886, A. Ladenburg a synthétisé la cicutine, alcaloïde de la ciguë, prouvant ainsi qu'à partir de constituants chimiques optiquement inertes, il est possible d'obtenir des molécules qui, comme celles du vivant, sont dotées d'un pouvoir rotatoire de la lu-

En fait, c'est l'inobservation de la génération spontanée qui représenta l'argument rationnel décisif contre le vitalisme, c'est-à-dire contre l'hypothèse d'un principe spécifique caractéristique de la vie. En effet, d'abord ce principe perdit sa fonction de générateur du processus vital dès que l'on admit que la cellule ne peut descendre que de la cellule. Ensuite, à la fin du XIXe siècle où les principales disciplines scientifiques classiques commençaient à être fermement établies, dont la thermodynamique et ses deux principes régissant les transformations énergétiques, il n'existait absolument aucune donnée expérimentale permettant d'accréditer une telle hypothèse. De plus, celle-ci allait à l'encontre de la rationalité qui ne faisait cependant que s'affirmer et multiplier les conquêtes et extensions du champ scientifique; aussi, pour quelle obscure raison le phénomène vivant en aurait-il été exclu ? Enfin cette dichotomie (encore une serait-on tenté de dire) était contraire à la tendance générale se manifestant vers une unification de la plupart des différentes branches du savoir.

Finalement le préjugé d'une spécificité des lois du vivant étant devenu inutile, il fut abandonné. D'où résulta une première conséquence fondamentale :

l'ensemble des principes et lois de la science rationnelle s'applique à tous les phénomènes vivants.

Postulat qui fut ensuite logiquement étendu à tout l'univers puisque, sans exception aucune, les découvertes ultérieures semblaient unanimement aller dans ce sens. Donc les lois que nous déterminons à partir de l'expérimentation terrestre s'appliquent à *tous* les phénomènes physiques (terme pris dans son sens le plus large) partout ailleurs. Cette assertion ne peut naturellement pas être autre chose qu'un postulat, mais il est jusqu'à présent rigoureusement confirmé par plus de trois siècles d'observations, d'expérimentations et de résultats les plus divers. C'est une première forme du principe de rationalité que nous rencontrerons au chapitre 5. On peut en déduire un critère d'évaluation et de choix, par exemple de jugement de la valeur d'une théorie, ou d'un résultat, en fonction de son contenu, de ses prévisions et de leurs vérifications. Il est également possible de le justifier conceptuellement par des considérations de conti-

---

mière. Ce qui va, là encore, à l'encontre de l'existence d'un principe vitaliste en montrant que les lois de ces deux catégories sont identiques.

nuité, d'homogénéité et de cohérence qui, ici encore, ne peuvent conduire qu'à des présomptions, mais qui sont très fortes. Il faut remarquer que ce postulat est rigoureusement indispensable pour assurer la généralité et la cohérence de la méthode scientifique.

La deuxième conséquence qui s'en déduit est immédiate, mais lourde de conséquences philosophiques :

si la vie est un processus entièrement soumis aux seules lois de la nature, il doit exister des conditions spécifiques qui, dès qu'elles sont remplies, impliquent son apparition.

Ce qui suppose d'abord que ce phénomène est *entièrement* naturel, proposition que nous allons *admettre,* comme le fait la quasi-totalité des scientifiques aujourd'hui. D'ailleurs, s'il en allait autrement, aucune étude rationnelle de la vie ne serait possible et cette question échapperait à la science. Ensuite, si c'est une banalisation de principe, il n'en va pas de même en pratique puisqu'il faut pouvoir déterminer ce que sont ces conditions d'apparition du phénomène vivant, problème qui ne doit être ni simple, ni facile à résoudre. En effet, si l'observation et l'expérimentation montrent sans ambiguïté que ce processus n'est manifestement pas couramment observé, c'est que peut-être il existe des facteurs de blocage, mais que certainement ces conditions doivent présenter quelques singularités probablement exceptionnelles. Elles doivent donc être extrêmement difficiles à remplir, ce qui ne doit pas en faciliter l'étude. En particulier la nécessité de satisfaire concomitamment à un grand nombre de contraintes, dont celles liées aux sévères conditions énergétiques et physico-chimiques très critiques, que doit remplir le milieu. Dans toute théorie explicative, quelle qu'elle soit, la première difficulté est précisément celle de ces conditions initiales. Ici, il faut tenter de concilier ces exigences avec l'état du milieu terrestre primitif lors de l'apparition présumée des toutes premières cellules vivantes. Ce qui pose déjà deux problèmes difficiles : celui de la géologie des ères primaires et des états associés, et celui de la recherche des traces fossiles des premières cellules qui, en raison de leur fragilité, ne doivent pas être très abondantes !

C'est pourquoi la biogéologie et la paléontologie vont jouer un rôle essentiel dans toutes ces recherches, mais ce ne sont évidemment pas les seules disciplines scientifiques concernées. L'étude des origines de la vie est donc le type même d'une véritable enquête scientifique multidisciplinaire, ce qui n'en facilite pas toujours la mise en œuvre. D'autant que ce problème comporte deux aspects distincts, d'une part les origines proprement dites, problème qui nous préoccupe pour l'instant, d'autre part son évolution à partir de la source présumée, question que nous verrons ultérieurement.

La cellule, quantum élémentaire de la vie

On a dit qu'une définition rationnelle de la vie n'est pas rationnellement possible à cause de l'autoréférentialité. En revanche, on peut la caractériser par ses manifestations bien que leur diversité puisse parfois laisser place à l'ambiguïté. En général on retient ses capacités d'autonomie métabolique, de reproduction conforme, d'évolution propre, de diversification et d'adaptation au milieu, capacités qui exigent un invariant organique fonctionnel et structurel : la cellule. On peut y ajouter d'autres spécificités, dont l'existence d'un programme informationnel de fonctionnement et de reproduction (programme génétique) modifiable sous certaines conditions qui sont précisément celles de l'évolution. La question énergétique est également critique compte tenu du fait qu'il faut assurer l'autonomie de fonctionnement, le système chimique interne étant en lutte permanente contre l'entropie grâce à ses échanges avec l'extérieur lui permettant de maintenir son équilibre propre.

C'est finalement la complexité qui est la caractéristique déterminante de la cellule, c'est-à-dire de la vie. En effet, par rapport à l'inerte il n'y a pas de différence au niveau de ses constituants de base, ceux-ci ne pouvant pas être autre chose que des atomes extraits du milieu naturel. C'est donc à partir de la molécule, correspondant à des arrangements atomiques complexes, qu'apparaît la distinction. Les plus longues molécules connues sont d'ailleurs les acides désoxyribonucléiques (ADN), ou ribonucléiques (ARN) supports du programme ou mémoire génétique, nécessaires pour traduire les propriétés informationnelles [5] de la vie et de l'évolution. L'ADN humain, le plus

---

5. Bien que, dans la suite, nous soulèverons quelques problèmes concernant l'information, dans ce chapitre nous resterons dans le cadre de son acception classique.

long connu avec ses trois milliards de paires de bases, atteindrait un mètre de long s'il était déployé, il est d'ailleurs doublé dans la plupart des cellules (cellules diploïdes). Il est certain que, pour des questions de stabilité, d'opérationalité et d'efficacité, en particulier informationnelles, des limites existent et qu'elles pourraient être atteintes ici. Quoi qu'il en soit, il serait également possible de caractériser le vivant par sa constitution chimique qui le distingue totalement de son milieu, même au niveau élémentaire puisque c'est le carbone qui prédomine largement, propriété tout à fait spécifique de la chimie organique. Celle-ci est d'ailleurs remarquable par l'extraordinaire diversité de ses composés, précisément liée à celle du vivant, en comparaison de la monotonie de l'inerte qu'offre la chimie minérale.

Examinons sommairement les principales caractéristiques de la cellule. C'est une prodigieuse micro-usine chimique de précision produisant une série spécifique de molécules organiques, selon les espèces, dont les transformations (métabolisme) constituent l'un des aspects de la vie. Elle est constituée d'un riche milieu réactif, le cytoplasme, isolé par une membrane gouvernant de manière complexe les échanges avec l'environnement qui fournit la matière première et recueille certaines productions.

Ce milieu chimique interne, doté de différents organites plus ou moins spécialisés dont certains fournissent l'énergie, doit maintenir son équilibre (phénomène d'homéostasie) tout en étant le siège du métabolisme. Celui-ci, à la suite de diverses transformations chimio-énergétiques, a pour objet le fonctionnement du vivant, ce qui exige de préparer les éléments organiques de base (acides nucléiques, glucides, lipides et protides) devant servir à son expression et à son entretien.

Quelles qu'elles soient, toutes les cellules ont des métabolismes similaires, ce qui est encore une preuve de l'unité du vivant. Une fonction particulière est dévolue aux enzymes qui catalysent les réactions organiques de sorte que celles-ci soient orientées selon les besoins avec des rendements élevés bien que ces processus se passent à la température ordinaire. C'est un moyen remarquablement efficace d'optimisation des dépenses énergétiques et c'est pourquoi la diversité de ces composés est très grande. Une autre classe essentielle de molécules est constituée par les glucides (sucres) dont le rôle est important dans les cycles énergétiques et, associés à certaines bases azotées et à des groupements phosphorés, dans la constitution des acides nucléiques [6]. On sait que dans l'ensemble du vivant ceux-ci assurent le stockage de l'information, donc l'hérédité représentée par les instructions déterminant le développement de tout être multicellulaire. Leur stabilité temporelle, nécessaire pour la survie de l'espèce, jointe à leurs facultés d'évolution et d'adaptation aux changements du milieu, qui constituent donc deux exigences a priori contradictoires, sont remarquablement conciliées par ces mécanismes constituant la «mémoire du vivant». En effet, tout organisme complexe, quel qu'il soit, est issu d'une seule cellule initiale appelée zygote (œuf fécondé).

Bien que la diversité soit très importante, il existe cependant deux grandes classes de cellules : celles dont le matériel génétique est isolé dans un noyau et qui, pour cette raison, sont dites cellules eucaryotes, et celles où il ne l'est pas ou cellules procaryotes. Les premières sont les plus évoluées, le noyau constituant une sorte de centre informationnel protégé et performant qui contient en particulier les chromosomes représentant la partie principale du programme génétique. De plus, il existe un cytosquelette intervenant dans la mobilité et préservant une certaine rigidité conformationnelle. Elles sont également dotées de mitochondries, organites fournissant de l'énergie chimique à partir d'une lente combustion équivalant à une respiration. Les cellules végétales ont en plus des chloroplastes qui, par photosynthèse, transforment une partie du rayonnement solaire en énergie chimique selon un processus inverse du précédent. Dans ce cas, sous son action et en présence de chlorophylle, le gaz carbonique et la vapeur d'eau atmosphériques sont transformés en composés organiques. C'est le cycle de production des matières organiques de base de la quasi-totalité du vivant, certaines archaebactéries constituant la seule exception connue.

Outre cette fonction primordiale, ces réactions libèrent égale-

---

6. Les acides nucléiques sont de longues molécules complexes formées d'un sucre (pentose), d'une base (composé azoté) et d'un groupement phosphate. La structure doublement hélicoïdale de l'ADN est bien connue ainsi que son code informationnel à quatre bases dont les assemblages binaires constituent l'alphabet codant, une instruction correspondant à un gène. Il est capable de s'autorépliquer. L'ARN, qui est monocaténaire, sert au transfert de l'information et à sa traduction en un code à vingt acides aminés utilisés pour la fabrication de toutes les protéines du vivant. Ce *double codage est universel*, toute vie étant fondée sur les protéines et les acides nucléiques, ce qui constitue une preuve lourde de l'unité du vivant.

ment de l'oxygène, ce qui a eu pour conséquence de modifier complètement la composition primitive de l'atmosphère terrestre qui, à l'origine, n'en contenait pas. Et c'est ainsi qu'ont pu apparaître les organismes aérobies, dont nous faisons partie[7], pour lesquels la respiration est une source énergétique essentielle, une autre étant constituée par la matière organique consommée. Les cellules opérant de la sorte sont dites hétérotrophes, par opposition aux autotrophes qui tirent toute leur subsistance du seul milieu minéral, leur source d'énergie étant soit photosynthétique, comme c'est le cas pour les végétaux, soit chimique dans des situations particulières.

Les cellules procaryotes, qui ne possèdent pas de noyau isolé, sont structurellement beaucoup plus rudimentaires, ce qui n'empêche pas leur autonomie. Elles peuvent être auto ou hétérotrophes, certaines possédant de la chlorophylle, d'autres utilisant la synthèse chimique comme source d'énergie. Le type est la bactérie, forme ancestrale de vie dont le matériel génétique est réduit à un seul chromosome constitué d'une molécule annulaire d'ADN immergée directement dans le cytoplasme. Certaines contiennent également des plasmides, courtes molécules d'ADN extra-chromosomique échangeables lors de la conjugaison (sorte d'accouplement), dont les propriétés sont exploitées par l'ingénierie génétique pour les transferts et les réplications. Les bactéries sont importantes aussi bien par la diversité des phénomènes de base dans lesquels elles interviennent, en particulier dans les fermentations, que par leur grande variété et la rapidité de leur prolifération.

Ce qui précède montre que différents cycles énergétiques plus ou moins complexes sont possibles. Dans la quasi-totalité des cas, la source primaire est le Soleil, mais on connaît cependant quelques rares exceptions qui pourraient être du plus haut intérêt pour l'étude des origines de la vie. En effet, récemment ont été découvertes des cellules appartenant à un embranchement particulier, celui des archaebactéries[8] (procaryotes), qui peuvent

---

7. Un organisme humain est composé de quelques centaines de milliers de milliards de telles cellules qui sont réparties en un peu plus de deux cents modèles différents, selon les organes qu'elles constituent.

8. Actuellement, à partir des progrès de la phylogénie bactérienne moléculaire (étude des séquençages comparatifs de protéines et d'acides nucléiques), on identifie trois super-règnes très tôt séparés : les archaebactéries dont le métabolisme est

s'en affranchir car elles utilisent des processus chimiques résultant plus ou moins directement de la chaleur terrestre interne, donc de la radioactivité lithosphérique. Nombre d'entre elles sont dites *limites* ou *extrêmes* en raison de leurs conditions de vie. Ce sont, en effet, des structures ancestrales très primitives dotées d'un métabolisme lipidique spécifique leur permettant de vivre et de proliférer dans des conditions physiques anormales pour le vivant. Elles sont capables d'en repousser notablement les limites, aussi bien thermiques que chimiques, par exemple les bactéries acidophiles ou halophiles vivant dans des milieux très fortement salés ainsi que les méthanogènes et les chemilithoautotrophes des habitats volcaniques. Ces *extrêmophiles*, qui semblent très localisées et peu évoluées, possèdent cependant la même structure de matériel génétique que le reste du vivant, d'où leur intérêt pour la recherche de ses origines. Les hyperthermobactéries, identifiées au cours des années quatre-vingt, vivent au voisinage des sources chaudes volcaniques (celles-ci pouvant atteindre des températures de l'ordre de 250°C à 2 600 mètres de profondeur) de la dorsale océanique Est-Pacifique. Elles sont dotées d'un cycle énergétique original (elles transforment en sulfures des sulfates marins produits par la chaleur centrale et éjectés par les sources chaudes) qui les rend autotrophes et indépendantes de l'énergie solaire.

Notons que le virus, qui est une forme cellulaire incomplète, participe au cycle du vivant [9] sans en faire, à proprement parler, partie. En effet, il n'est pas doté de l'équipement biochimique nécessaire, en particulier enzymatique, pour assurer aussi bien son propre métabolisme que sa reproduction. Aussi doit-il recourir à une cellule hôte qu'il envahit et va détruire en détournant ses propres capacités de synthèse. Il possède d'ailleurs un certain nombre d'analogies avec certains états physico-chimiques condensés.

---

spécifique ; les eubactéries unicellulaires procaryotes ; enfin les urcaryotes qui seraient les ancêtres des eucaryotes (voir chapitre 4).

9. Une question centrale des origines de la vie est celle de la réplication des protéines : faut-il, ou non, un acide nucléique ? Différentes théories s'affrontent, la question étant compliquée par l'existence des prions, agents infectieux redoutables, qui ne semblent pas contenir d'acide nucléique. Le problème est qu'on connaît mal leur place, et celle des virus, dans le cycle du vivant.

Le problème des origines de la vie

Le problème des origines de la vie peut être scientifiquement posé mais étant intrinsèquement autoréférentiel, la réponse est, là encore, indécidable. Cela signifie que, comme dans le cas de l'univers et pour les mêmes raisons, l'unicité éventuelle d'une solution rationnelle n'est pas démontrable. Même si un jour, probablement lointain, on parvenait à recréer artificiellement des conditions présumées plausibles d'apparition de la vie, cela ne *prouverait* rien quant à ses véritables origines car les expérimentations en laboratoire ne sont pas celles du milieu, terrestre ou autre, comme on peut l'observer dans d'autres domaines sur différentes expériences [10]. On démontrerait ainsi que l'hypothèse du caractère naturel du phénomène est rationnelle, et rien de plus ! On est donc contraint d'envisager une méthode heuristique, comme pour le big bang. Il s'agit d'émettre des conjectures scientifiquement acceptables puis d'en étudier les conséquences et de comparer les prévisions aux observations et expériences. Ici encore, ce sont des critères de plausibilité et de vraisemblance ainsi que de cohérence, complétés par des règles de sélection qui peuvent assurer la pertinence des prémisses fondatrices, mais jamais les démontrer. Par exemple l'hypothèse de la panspermie n'est pas appropriée puisque, d'une part, dans des conditions normales le rayonnement cosmique détruirait les cellules vivantes non protégées qui transiteraient dans l'espace, d'autre part cela ne ferait que déplacer le problème vers une origine extraterrestre sans rien résoudre !

Ces restrictions n'empêchent cependant pas de poser concrètement l'énigme des origines de la vie de la manière sui-

---

10. Par exemple les conditions d'ignition de la fusion thermonucléaire stellaire, due à l'interaction gravitationnelle, n'ont rien à voir avec celles qui sont expérimentées en laboratoire et qui font intervenir le confinement soit magnétique soit inertiel. Les simulations dépendent fondamentalement du modèle choisi, donc de ses hypothèses qui sont jugées sur les résultats. Si ceux-ci sont représentatifs, alors ce modèle est déclaré acceptable, mais en aucun cas les hypothèses sur lesquelles il se fonde ne sont ainsi démontrées car *il faudrait d'abord en prouver l'unicité*, ce qui est impossible !

vante : *comment passer de la molécule à la cellule ?* Il s'agit, bien sûr, d'un spectre de molécules organiques primitives. Là est précisément toute la question ! Si elle paraît bien simple en apparence, puisqu'il s'agit de rechercher un chaînage biochimique logiquement exprimable à partir de conditions initiales compatibles avec les données écogéologiques primitives, en fait elle ne l'est pas du tout en raison de l'extraordinaire complexité et de la multiplicité des processus mis en œuvre. D'autant qu'on ne dispose que de données très approximatives sur la dynamique d'ensemble du phénomène, en particulier sur les conditions initiales, alors que les différentes étapes restent mal perçues en ce sens qu'il manque des pièces au puzzle.

En fait, deux questions d'ordre différent sont à considérer. L'une concerne les propriétés biochimiques spécifiques des constituants primaires, leur rôle et leurs capacités propres, l'autre ayant pour objet les conditions physico-chimiques exigées du milieu pour que les processus initiateurs fondamentaux du vivant puissent se déclencher puis surtout se maintenir. Comme dans chaque cas les paramètres sont multiples, alors que les interactions réciproques sont complexes, il doit en résulter que les chaînes évolutionnelles plausibles permettant de passer de la molécule à la cellule ne sont certainement ni simples ni probablement uniques, d'autant qu'elles peuvent comporter des embranchements.

La quasi-totalité des biologistes et des géologues s'accordent pour admettre que l'apparition de la vie doit être une étape normale de l'évolution géochimique. Compte tenu de ce que l'on sait des ères primitives, ces études font l'objet de la biogéologie. Les processus mis en œuvre par le vivant en font essentiellement un phénomène de surface planétaire, au moins dans sa forme primitive, qui est très vraisemblablement apparue dans un milieu liquide avant de se développer dans les zones de transition entre celui-ci et la terre ou l'atmosphère. Bien que l'on ne connaisse pas tous les facteurs indispensables au maintien du vivant, on sait cependant que deux sont des plus critiques. Il s'agit, d'une part, de la température et des conditions thermodynamiques ambiantes et, d'autre part, de la composition du milieu qui doit fournir les éléments ou composés primaires fondamentaux nécessaires pour l'initiation et le maintien des transformations biochimiques. De plus, il doit également avoir un rôle de protection, par exemple contre les rayonnements ultraviolets. Sur terre, on considère que l'eau est certainement un milieu indispensable puisque c'est un excellent solvant (générateur de liaisons chimiques faibles) chargé de sels minéraux, dispersif et excellent régulateur thermique, conditions qui, parmi d'autres, en font un bioréacteur quasi idéal.

Une troisième contrainte, de nature différente, concerne la source d'énergie primaire et la manière de l'exploiter. Le rayonnement solaire est une forme d'énergie convenant bien pour l'initiation de nombreux processus biochimiques, et son absorption par les masses maritimes en fait de puissants accumulateurs thermiques gouvernant la climatologie, donc la composition et la transparence atmosphériques. Si l'on se limite aux données terrestres [11] la fenêtre de température optimale est de l'ordre de 0 à 60°C, mais on a dit que certaines archaebactéries peuvent vivre en dehors de cet intervalle et dans des conditions particulièrement difficiles. Ce sont cependant des exceptions fragiles qui pourraient ne pas remplir elles-mêmes les conditions de diversification et d'adaptation requises pour permettre l'évolution. Mais peut-être pourraient-elles être à l'origine de certains des constituants fondamentaux de la vie tels que les acides nucléiques ou les composés membranaires ?

Selon les données micropaléontologiques actuelles, on a identifié des formes très élémentaires de vie apparues il y a environ 3,6 milliards d'années, et peut-être même avant (d'après certains résultats, contestés, ces formes primaires pourraient remonter jusqu'à 3,9 milliards d'années). Quoi qu'il en soit, cette précision est déjà tout à fait remarquable! Les formations calcaires, ou stromatolites, résultats de l'activité chimique d'êtres unicellulaires de type cyanobactéries, telles les algues bleues, en constituent une preuve. Sont-elles les premières? On l'ignore mais il est probable que l'on est proche des origines, ne serait-ce que pour des questions de température du milieu. En effet, l'état superficiel de la Terre, alors âgée d'environ 800 millions d'années, était sans aucun rapport avec celui que nous connaissons. Une longue phase de refroidissement externe s'achevait malgré une intense radioactivité lithosphérique provoquant un paléovolcanisme puissamment actif. C'est ce phénomène qui fut

---

11. Les autres possibilités seront envisagées ultérieurement.

à l'origine d'atmosphères prébiotiques carbonées et sulfureuses, et qui permit l'accumulation d'immenses étendues d'eau. Pour que celles-ci perdurent, il fallait cependant que la planète remplisse des conditions extrêmement critiques de masse, de structure, de composition chimique et de température. Elle semble bien la seule du système solaire à être dans ce cas, notamment en ce qui concerne la fenêtre de l'eau!

Ces êtres primitifs, déjà diversifiés, sont des micro-organismes procaryotes anaérobies dont la survie et le développement dépendent entièrement du milieu. Leur structure, quoique plus rudimentaire, est du même type que les bactéries équivalentes actuelles. En particulier, elles sont dotées d'un matériel génétique encore peu développé mais de même nature. Étant proches du stade originel du vivant, elles peuvent fournir des informations sur la chaîne biochimique qui a précédé, en tout cas sur les derniers maillons. C'est ainsi qu'il y aurait eu des précurseurs, ou progénotes (complexes biochimiques précellulaires), initiés à partir de matière organique primitive ayant subi une longue série de transformations, la difficulté étant précisément de les déterminer. Cette matière organique de base semble se former spontanément dans la nature par suite des propriétés chimiques de l'atome de carbone et de ses capacités de polymérisation, notamment à la surface de certains matériaux solides ou d'éléments dotés de fonctions catalytiques. Jusqu'où peut-on aller dans cette voie? C'est précisément l'une des clés du problème des origines de la vie!

La biologie moléculaire, qui a pour objet l'étude des molécules de la vie, fournit également un nouvel outil remarquablement puissant pour la recherche de son histoire. Par exemple, il est possible d'effectuer des analyses fines de séquences moléculaires des acides nucléiques de souches fossiles ancestrales, ce qui permet des comparaisons. On peut alors en déduire certaines filiations et des classifications mais aussi la reconstitution des phases évolutives du programme génétique ou de certains de ses constituants. L'analyse comparative et la caractérisation des spectres de protéines peuvent également fournir nombre d'autres informations sur le vivant. Ces méthodes, qui sont encore récentes, devraient prendre une grande importance, en particulier avec le développement de la biologie évolutive qui est précisément concernée par ces questions.

D'autres facteurs contribuent aussi à l'étude des conditions d'apparition de la vie. L'un d'eux concerne le carbone dont le noyau peut prendre trois formes nucléairement distinctes (isotopes), mais qui possèdent des propriétés chimiques identiques. Il se trouve, en effet, que l'analyse de la composition isotopique d'un composé carboné donné permet de connaître ses origines, c'est-à-dire de savoir s'il provient soit d'éléments minéraux, soit de décompositions organiques, soit enfin de réactions nucléaires ayant eu lieu dans la haute atmosphère. L'analyse isotopique des multiples sédiments et gisements naturels, dont on sait également estimer les âges, permet ainsi de déterminer leur provenance. On constate que depuis environ 3,5 milliards d'années la proportion relative du carbone d'origine organique (environ 20 %) est constante. Ce qui devrait correspondre à un phénomène de stabilisation s'étant produit dès cette époque. Il en résulterait que la vie serait apparue peu avant, une phase préliminaire ayant dû conduire à cet état d'équilibre. Des analyses plus fines effectuées sur les sédiments les plus anciens que l'on connaisse laissent supposer, avec une relative incertitude, qu'une forme transitoire vers la vie, les prébiontes, qui seraient des sortes de microparticules carbonées, serait apparue il y a environ 3,9 milliards d'années, puis qu'elle aurait évolué sur un intervalle de temps de l'ordre de 100 millions d'années, avant d'atteindre une première phase de saturation. Celle-ci pourrait être due à l'épuisement de certaines ressources disponibles à l'époque, en particulier le phosphore nécessaire pour la fabrication des acides nucléiques car les dépôts de stromatolites sont considérables, les cyanobactéries étant des plus prolifiques. C'est leur production d'oxygène atmosphérique qui permettra l'apparition des êtres multicellulaires, étape fondamentale de l'évolution.

Il est tout à fait curieux de constater que certains phénomènes de saturation auraient déjà pu exister dès les origines de la vie, phénomènes qui jouent un rôle considérable tout au long de son histoire, en particulier pour la diversification.

Un autre facteur, de nature totalement différente, est également à considérer. Selon les astrophysiciens et les géologues, des chutes fréquentes d'objets célestes de grandes dimensions, puisqu'ils pouvaient atteindre plusieurs centaines de kilomètres, ont dû fréquemment bouleverser profondément la surface terrestre primitive. Étant des résidus de formation des planètes du système solaire, ils étaient fort nombreux et ce bombardement fut probablement très intense durant le premier milliard d'années, période où précisément on n'a pas encore identifié de traces fossiles du vivant. Ce qui ne prouve évidemment pas leur inexistence! Mais de tels objets, qui étaient capables de vaporiser des masses considérables d'eau, devaient perturber violemment les mers et l'atmosphère tout en ravageant les parties émergées. Comme c'est précisément dans les régions superficielles océaniques que se produisent préférentiellement les réactions photochimiques, dont la photosynthèse, ces catastrophes ne devaient certainement pas favoriser le développement et l'extension de la vie. Peut-être serait-ce une raison pour attribuer aux thermo-archaebactéries un rôle ancestral primitif?

Les hypothèses sur les origines de la vie

Les traces des molécules organiques primitives terrestres étant effacées, seules des expériences, des simulations et des modélisations peuvent permettre d'étudier le problème des origines de la vie. Comme on l'a dit, il s'agit de concevoir des scénarios plausibles reliant différents composés carbonés primaires, d'origine naturelle, aux premières structures vivantes par l'intermédiaire de processus de chaînages réactionnels physico-chimiques. Pour ce qui concerne la fabrication de matière organique de base, on a vu que quelques indications pertinentes sont fournies par la biogéologie. Elles sont confirmées par la recherche de molécules primitives aussi bien dans certains spectres d'étoiles et de galaxies que par l'examen des gaz interstellaires ou de météorites pouvant contenir quelques précurseurs. Pour les étapes suivantes, nombre de spéculations sont nécessaires, la difficulté étant leur plausibilité et leur justification. Quant aux formes primaires de vie, on ne peut que se référer à des analogies par rapport aux plus anciens fossiles connus et à certaines déductions relatives aux invariants biochimiques recensés dans le vivant.

C'est en 1924 que le biologiste A.I. Oparine proposa le premier scénario d'apparition de la vie terrestre, en supposant que l'atmosphère primitive était réductrice, c'est-à-dire totalement différente de la nôtre. Puis, en 1929, son collègue J.B.S. Haldane formula l'hypothèse, devenue célèbre, de la «soupe chaude primitive» laquelle revient à admettre l'origine océanique des premières structures vivantes. Il s'agit, en effet, d'expliquer la genèse de macromolécules biologiques constituées d'arrangements complexes d'atomes de carbone, d'hydrogène, d'oxygène et d'azote, ainsi que de quelques autres éléments simples, et dotées des propriétés caractéristiques de la vie.

Après différents perfectionnements, le schéma général devint le suivant : dans une atmosphère composée de divers gaz d'origine paléovolcanique, ou de dégazage (gaz carbonique, méthane, ammoniac, hydrogène et vapeur d'eau), des réactions photo-solaires, particulièrement actives dans la partie excitatrice ultraviolette du spectre, produiraient en abondance la matière organique initiale formée de composés carbonés simples. Durant des intervalles de temps énormes (probablement de l'ordre de la centaine de millions d'années, sinon plus), celle-ci s'accumulerait dans les mers et serait soumise à des conditions thermodynamiques et physico-chimiques très largement variées. En particulier de violents brassages des eaux de surface, chargées de différents minéraux en solution, modifieraient les conditions de réactivité déclenchant les premières chaînes de polymérisations. C'est ainsi qu'apparaîtraient des groupes de molécules organiques de plus en plus complexes. A la suite de processus inconnus, certaines macromolécules acquerraient la faculté de se répliquer, parvenant ainsi à envahir de vastes volumes aquatiques. Elles constitueraient des précurseurs fondamentaux de la vie. Dans une phase ultérieure, ces biosystèmes autonomes aboutiraient finalement aux premières cellules primitives.

A quelques difficultés près, jusqu'à la série des acides aminés servant de base à la fabrication des protéines, les expériences de laboratoire simulant des atmosphères prébiotiques confirment la plausibilité de telles hypothèses. Dès les premiers travaux, qui ont été réalisés par H. Urey et S.I. Miller en 1953, six acides aminés furent identifiés, ce qui eut pour conséquence de renouveler le problème des origines de la vie en l'extrayant du seul domaine spéculatif. En l'état actuel, il semble cependant difficile d'aller beaucoup plus loin car ces expérimentations sont nécessairement limitées, ne serait-ce que pour des questions d'échelle, de temps et de dynamique. De plus, de telles simulations ne correspondent pas nécessairement aux conditions pré-biotiques réelles, qui restent inconnues, en particulier pour des questions de phénomènes de masse critique et d'environnement dont la structure énergétique est un facteur fondamental. Elles montrent cependant que, dans ces conditions supposées, les premières étapes chimiques indispensables à la construction du vivant paraissent relativement banales, ce qui est déjà un résultat intéressant en ce sens qu'il fournit une tendance et une confirmation du rôle de ces processus initiaux.

C'est à la suite de différentes phases, dont certaines sont très spéculatives, au cours desquelles interviendraient d'hypothétiques processus sélectifs encore mal compris, que seraient produits divers composés aux fonctions multiples, en particulier catalytiques. Puis l'évolution chimique se complexifiant, dans des intervalles de temps suffisamment longs les structures macromoléculaires de base du vivant devraient finir par apparaître. Cependant, deux étapes doivent être redoutablement difficiles à franchir. L'une concerne l'apparition des acides nucléiques dotés des propriétés très caractéristiques leur permettant de devenir le support de l'hérédité, mais aussi d'avoir des fonctions catalytiques. L'autre se rapporte à la chimie des molécules lipidiques nécessaires pour l'élaboration de la membrane. En effet, celle-ci est indispensable pour isoler toute cellule, si primitive soit-elle, et réguler ses échanges avec le milieu ambiant, condition impérative pour sa survie et pour sa multiplication.

Dans les différents scénarios qui ont suivi, le schéma de base d'Oparine et Haldane a subsisté dans ses grandes lignes, tout en se compliquant. Tous sont fondés sur des spéculations concernant les conditions physiques et chimiques qui devaient régner sur la surface terrestre primitive, notamment dans les mers et l'atmosphère. Celle-ci devait cependant être réductrice pour la préservation des molécules prébiotiques. Le volcanisme et l'intense radioactivité lithosphériques devaient accroître les potentialités réactionnelles des éléments chimiques et modifier les taux de solubilité par suite des températures élevées. De plus, des effets électromagnétiques consécutifs aux orages, probablement très abondants et violents, excitaient les composés atmosphériques et créaient des radicaux libres rendant ainsi ce milieu très fortement réactif. Il aurait donc été le siège de processus chimiques intenses et complexes se déroulant sur des périodes considérables. Certains effets catalytiques ont également joué un rôle fondamental, les possibilités étant multiples dans ce monde en gestation! Citons, par exemple, des phénomènes de surface sur différents supports terrestres spécifiques ou de puissants effets radiatifs dans des lagunes salines à forte concentration en composés de base.

Tous ces éléments réunis permettent de proposer un vaste cadre thermodynamique et physico-chimique suffisamment diversifié et général pour poser le problème de l'apparition de la vie. Mais ce qui précède montre que les différentes étapes de l'ensemble du processus restent tout à fait incertaines, voire totalement inconnues car jusqu'à présent les quelques rares expériences réalisées ne sont pas pertinentes! De plus les différentes séquences proposées ne se relient pas bien entre elles. Donc si le spectre des conditions initiales possède une probabilité paraissant raisonnable, il n'en va pas de même pour les phases suivantes! En effet, les hypothèses concernant les mécanismes intermédiaires rendent aléatoire toute certitude par suite de l'indétermination des voies possibles. De toute façon, il est vraisemblable que la vie résulte d'une convergence extrêmement complexe de multiples processus pouvant aboutir aux premières structures précellulaires par différentes chaînes biochimiques, comme semble le montrer la diversité des premiers fossiles identifiés.

On peut donc concevoir des foyers d'accrétion de composés carbonés de base en milieu réducteur, en présence de catalyseurs et de conditions énergétiques favorables conduisant à des microstructures tels les coacervats d'Oparine. Ce sont des sortes de colloïdes précurseurs déjà dotés d'un début d'organisation chimique. Si l'on y introduit la thermodynamique des structures dissipatives, la génération d'un certain ordre pouvant engendrer une ébauche de métabolisme est physiquement plausible mais non opératoire parce qu'il se pose de nombreux problèmes thermodynamiques et réactionnels, en particulier de concentration. La diversité aidant, des processus de compétition, donc de sélection, doivent apparaître, en particulier pour l'exploitation des ressources du milieu qui sont limitées. On peut ainsi concevoir l'émergence de micro-structures capables de fabriquer les molécules dont elles ont besoin, c'est-à-dire de devenir autotrophes.

Dans les versions les plus récentes, les coacervats sont remplacés par des microsphères issues de protéinoïdes (éobiontes et protobiontes) qui proviendraient de séries biologiques primitives soit amorcées dans la «soupe primitive», soit sur des laves volcaniques chaudes ou à partir de sources sous-marines. D'autres scénarios proposent l'intervention catalytique de supports minéraux, dont des microcristaux d'argile, dans des régions côtières où la mer aurait déposé les composés de base. L'idée provient de certaines analogies existant entre la croissance cristalline et le phénomène de polymérisation, et il est vrai que, pour ce qui concerne l'argile, quelques ressemblances sont aussi curieuses qu'intéressantes. Selon Cairns-Smith (1985), la juxtaposition catalytique des deux processus permettrait, par une série biochimique appropriée, la synthèse de polynucléotides relativement courts. Se produisant sur d'immenses surfaces, pendant des dizaines de millions d'années, l'évolution et la sélection pourraient conduire aux formes primitives nécessaires pour l'émergence du vivant. Seule difficulté : la confirmation expérimentale reste à faire! Un scénario équivalent, mais avec du sulfure de fer lui aussi très abondant, a également été proposé (G. Wächtershaüser, 1988). L'intérêt est que la source d'énergie est ici d'origine chimique. Signalons encore un scénario utilisant des microgouttes atmosphériques chargées de matière carbonée provenant de réactions entre des composés volcaniques et d'énormes quantités de gaz carbonique et de vapeur d'eau expulsées alors que la Terre était encore chaude. D'immenses nuages se formeraient, dont les microgouttes, chargées de ces composés et soumises à l'action solaire, deviendraient des micro-bioréacteurs. Les éléments initiateurs auraient ainsi pu être produits avant même que la surface terrestre puisse les accueillir!

Récemment [12], l'étude de micrométéorites (de quelques dizaines à quelques centaines de microns), récoltées dans les glaces du Groenland, a montré que ce sont des agrégats de l'ordre du micron (l'équivalent d'une petite cellule) dont les composés s'apparentent aux chondrites carbonées. Le support est constitué de silicates, de sulfures et d'oxydes métalliques imprégnés de matière de base carbonée primaire d'origine cosmique. Chaque

---

12. Voir la référence de la note 23, p. 143.

grain est donc un véritable micro-laboratoire doté de puissantes capacités catalytiques d'autant que la brusque élévation de température lors de la traversée de l'atmosphère peut amorcer un cycle réactionnel, le rapport de la surface au volume étant particulièrement favorable. Comme ces chutes sont abondantes (de l'ordre d'une vingtaine de milliers de tonnes par an et probablement un millier de fois plus aux origines de la planète), il aurait suffi de quelques zones privilégiées d'accumulation sur la surface terrestre pour amorcer différentes chaînes prébiotiques. Cette hypothèse nouvelle est particulièrement séduisante.

Comme on l'a dit, il serait également tout à fait possible que ces curieuses structures cellulaires que sont les archaébactéries extrêmophiles aient eu un rôle essentiel à jouer dans le cycle d'émergence de la vie, précisément en raison des conditions physico-chimiques très particulières dans lesquelles elles peuvent se développer. Conditions qui auraient pu être relativement fréquentes et assez variées en certains endroits volcaniques terrestres ou maritimes, ou dans des zones localisées au cours des premiers âges de la planète. Si, par exemple, les états de surface avaient été par trop défavorables, les premières structures prébiotiques auraient pu se développer près des sources chaudes des fonds marins car le volcanisme devait y être abondant et la chimie très riche. Peut-être est-ce là qu'il faudrait rechercher les premières séries prébiotiques? Tous ces scénarios semblent cependant souffrir d'un vice rédhibitoire : ils ne prennent pas en considération les propriétés génératives du hasard physique — propriétés qui sont essentielles dans tous les processus évolutifs, comme nous le verrons dans les chapitres 5 et 6.

Les molécules de base et le milieu

Bien que, comme nous l'avons dit, l'autoréférentialité implique une certaine indécidabilité dans toute solution rationnelle concernant le problème général des origines de la vie, il n'en reste pas moins vrai qu'un certain nombre de résultats partiels peuvent être considérés comme acquis. Mais des difficultés majeures subsistent, empêchant d'élaborer un véritable modèle standard global, comme c'est le cas pour l'univers, ce qui devrait pourtant être le premier objectif à atteindre.

Deux questions centrales sont particulièrement importantes et délicates : il s'agit, d'une part, de l'origine et des propriétés des constituants moléculaires susceptibles d'amorcer les chaînes biologiques primitives et, d'autre part, des conditions minimales à remplir par le milieu pour que puisse y naître la vie. Il faut également qu'elle puisse y trouver les conditions favorables à son développement et à sa diversification, conditions qui, par exemple dans le cas de le Terre, ne sont pas nécessairement les mêmes que celles exigées pour son apparition.

Pour ce qui concerne la première question, la matière de base paraît très abondante dans l'univers. En effet, il semblerait que des micrograins de silicates provenant d'atmosphères stellaires et chargés de glace, de méthane et d'ammoniac puissent, à la suite de processus complexes mais extrêmement lents, devenir les synthétiseurs des composés organiques repérés dans les espaces intersidéraux. En quelques centaines de millions d'années, ces poussières seraient recouvertes d'une gangue de matière pré-biotique pouvant déjà contenir des chaînes carbonées complexes. Elles constitueraient d'énormes nuages moléculaires dans lesquels sont détectées, par des satellites artificiels spécialisés, différentes raies spectrales de composés carbonés (monoxyde de carbone, formaldéhyde, ammoniac, acide cyanhydrique...). Chacun d'eux contiendrait une quantité gigantesque de matière organique puisqu'elle pourrait atteindre une masse de l'ordre de celle d'une étoile. Et c'est par capture, à la suite d'une longue accumulation, que s'expliquerait la richesse carbonée des noyaux cométaires, d'où leur intérêt en tant que conservateurs de ces fossiles prébiotiques pouvant ainsi fournir des indications sur les conditions initiales. On peut également supposer que les abondants bombardements de comètes au cours des premiers âges de notre planète, ainsi qu'une éventuelle traversée de tels nuages, aient pu lui apporter d'énormes quantités de matière organique (peut-être plus d'un kilomètre d'épaisseur en surface) et d'eau (plusieurs fois les volumes océaniques).

C'est ainsi que l'on peut expliquer la présence d'acides aminés (quatre-vingt-dix identifiés dont huit du vivant) dans certaines météorites qui contiennent également de nombreux composés organiques dont les cinq bases azotées de l'ADN. En fait, toutes les molécules jusqu'aux pentacarbonées y sont identifiées, et certaines vont nettement au-delà (jusqu'à vingt actuellement identifiés), ce qui prouve l'abondance, mais aussi la diversité des réactions chimiques pouvant se produire dans l'espace. On peut donc en conclure que ces composés organiques de base font partie de l'évolution naturelle de l'univers, c'est-à-dire qu'ils sont communs et que de ce point de vue la Terre ne jouit d'aucun privilège. Ce que confirme l'étude de certaines atmosphères planétaires du système solaire, dont celle de Titan, satellite de Saturne qui a des dimensions de l'ordre d'un demi-rayon terrestre. Elle est composée de méthane et d'azote et contient diverses molécules organiques dont l'acide cyanhydrique qui joue un rôle essentiel dans les chaînes prébiotiques. Mais elle ne contient pas de vapeur d'eau. De plus, les conditions physiques y sont profondément différentes, la température de surface étant de $-180°C$, ce qui exclut la «fenêtre de l'eau». Ces données, quoique bien différentes des nôtres, n'infirment cependant pas une possibilité d'existence de facteurs prébiotiques.

Revenant aux conditions terrestres, on observe que dans le milieu naturel la matière moléculaire prébiotique est abondante mais pas nécessairement sous la forme chimique la mieux appropriée. Ce qui est normal, compte tenu des activités chimiques bien connues des atomes indispensables à la vie (carbone, oxygène, hydrogène, azote et quelques autres). Il doit donc nécessairement exister des cycles capables d'assurer les conditions d'amorçage des chaînes prébiotiques. Que peuvent-elles être? Il n'est pas possible de le savoir, la diversité étant trop grande, ce qui ne laisse guère que la possibilité des études de scénarios et de modélisations.

Des conditions initiales plausibles ne peuvent être obtenues que par induction à partir d'hypothèses dont peu sont étayées par des éléments rationnels tels que des données fossiles ou expérimentales. C'est ce qui explique l'*impossibilité de fixer un ensemble de conditions initiales* communes aux différents scénarios. Or certaines sont plus favorables que d'autres. Si, par exemple, dans les atmosphères terrestres prébiotiques paléovolcaniques l'abondance de gaz carbonique, de vapeur d'eau et de quelques autres composants paraît assurée, celle d'ammoniac est moins évidente, le rayonnement ultraviolet le détruisant. Cependant, il pourrait avoir un rôle important à jouer, ainsi que le formaldéhyde ou l'acide cyanhydrique qui semblent essentiels [13], en particulier pour l'initiation de polymérisations pouvant mener aux acides nucléiques. Autre exemple, en laboratoire il faut du méthane plutôt que du gaz carbonique pour aboutir aux principales briques du vivant, ce qui pourrait conforter l'hypothèse des sources chaudes sous-marines. Toutefois, on manque encore de données fiables concernant cette possible filière prébiotique.

On estime généralement que les noyaux cométaires présentent des conditions équivalant à celles de la Terre primitive. Bien que plausible, une telle hypothèse n'est pas vraiment satisfaisante, car les chaînes de polymérisation semblent s'être arrêtées assez rapidement! D'ailleurs, à peu près aux mêmes maillons que les expériences de type Urey-Miller, ce qui pourrait ne pas être tout à fait fortuit! Il est probable que les conditions physico-chimiques et thermodynamiques locales ne permettent pas d'aller beaucoup plus loin. Ce qui nous amène ainsi à la seconde question, celle des conditions à remplir par le milieu.

De l'abondance dans l'univers des composés moléculaires carbonés élémentaires servant de base de départ aux chaînes prébiotiques, il doit résulter qu'ils constituent une étape primitive relativement peu dépendante des conditions externes dès que la matière de base est rassemblée. Mais cette phase s'arrête très vite s'il ne s'établit pas un cycle *macroscopique* de transformation et de recyclage du carbone [14] lequel va être essentiellement gouverné par des contraintes physico-chimiques et thermodynamiques imposées par l'ensemble du système. En effet, sur Terre il fait intervenir toute la planète, dont l'atmosphère avec le gaz carbonique et les océans avec les gigantesques quantités de carbonates recouvrant les fonds. Il faut donc un milieu

---

13. Les acides aminés peuvent se former à partir d'acide cyanhydrique, d'ammoniac et d'eau. Le formaldéhyde peut donner les sucres nécessaires à la formation des acides nucléiques. Les bases azotées peuvent résulter de la polymérisation de nitriles en milieu aqueux. Pour les composés des membranes, dont les acides gras, la question est plus délicate.

14. Il s'agit, bien sûr, d'un cycle basé sur les propriétés chimiques du carbone, en particulier sur ses capacités exceptionnelles de polymérisation, mais qui fait également intervenir les autres éléments fondamentaux de la vie dont l'hydrogène, l'oxygène, l'azote et le phosphore. Le recyclage de ce dernier, qui joue un rôle essentiel dans la vie, pose d'ailleurs un délicat problème par suite des propriétés de certains de ses composés naturels (insolubilité du phosphate de calcium en milieu neutre).

spécifique remplissant des conditions bien particulières pour amorcer puis entretenir un tel processus.

Il s'agit des propriétés minimales que doit posséder le milieu pour que naisse puis perdure le processus vivant. Certaines d'entre elles doivent nécessairement être globales, c'est-à-dire dépendre d'un effet de masse critique. La température, donc l'énergie, étant une contrainte majeure, la vie ne peut naître que sur une planète qui doit avoir une dynamique tout à fait particulière par rapport à son étoile, pour que les conditions d'insolation soient telles qu'existe la «fenêtre de l'eau» et que le rayonnement soit utilisable sans être mortel. D'autres solutions sont peut-être possibles, mais jusqu'ici ce ne sont que pures spéculations sans la moindre trace de réalité!

La composition chimique du milieu est également primordiale : par exemple la rareté de différentes espèces atomiques sur certaines planètes solaires exclut toute possibilité de vie. La Terre possède tous les éléments, en proportions variables, mais ceux qui sont nécessaires à la vie sont abondants. Cependant si notre planète est largement pourvue en carbone, sa grande réactivité fait que celui-ci se trouve en quasi-totalité sous forme de gigantesques dépôts de carbonates au fond des océans ou de différents composés chimiques répartis dans le milieu. Sans recyclage la pénurie se serait installée avec des conséquences fatales pour la vie. Il se fait par l'intermédiaire de la tectonique des plaques qui détermine le volcanisme et l'évolution des structures continentales. Les carbonates des fonds marins sont engloutis dans les grandes dorsales océaniques et retournent dans le manteau où la chaleur les décompose, le gaz carbonique résultant étant rejeté dans l'atmosphère par les volcans. Ce cycle macroscopique, né il y a environ deux milliards d'années et peut-être spécifiquement terrestre, maintient l'équilibre atmosphérique sans lequel l'effet de serre aurait fait disparaître l'eau liquide, comme sur Mars. Il est aussi en partie basé sur le processus photosynthétique qui, sans ce renouvellement permanent, ne pourrait plus avoir lieu. Ainsi la vie aérobie disparaîtrait-elle et probablement les autres formes aussi!

L'accumulation de grandes masses océaniques durables, qui sont elles aussi d'origine volcanique, paraît également indispensable puisque tous les scénarios s'accordent pour en faire le bouillon de culture des premières séries prébiotiques quelles qu'elles soient. Les mers remplissent d'ailleurs d'autres fonctions, particulièrement celles de régulateur thermique et atmosphérique et, comme on vient de le voir, elles sont indispensables dans le cycle macroscopique du carbone. Tout comme la radioactivité interne qui maintient un flux de chaleur centrale et permet le volcanisme, donc l'expulsion des gaz dans l'atmosphère. On a vu que la composition de celle-ci est essentielle, les échanges entre les phases gazeuse et liquide conditionnant les développements biochimiques. Sa conservation exige que la masse de la planète soit suffisante pour la capturer par gravité. C'est le cas de la Terre qui a cependant laissé échapper les reliquats de la nébuleuse primitive.

Quant aux conditions locales, elles assurent la nécessaire diversification des processus biochimiques intervenant dans les différentes chaînes prébiotiques. Les sources volcaniques chaudes, qui pourraient contenir quelques clés fondamentales, en sont une illustration tout à fait intéressante. Et il doit en exister bien d'autres, par exemple les grandes surfaces de laves volcaniques chaudes, les lagunes saumâtres, les micrométéorites polaires... certaines n'étant d'ailleurs probablement pas encore connues.

Comme il ne paraît pas possible de faire un inventaire détaillé de toutes les conditions requises pour l'émergence du vivant, on ne sera jamais assuré de disposer de toutes les données du problème. C'est, par exemple, le cas pour l'explication de l'activité optique des composés du vivant, dont le rôle est essentiel en ce qui concerne l'existence de nouvelles propriétés, mais dont l'origine reste incertaine. Car, en dépit de différentes hypothèses, aucune explication n'est réellement satisfaisante.

Remarquons que toutes ces multiples conditions sont nécessaires mais non suffisantes. Par exemple, nous avons dit qu'il existe un cycle macroscopique du carbone et nous observons que la cellule en possède également un mais qui est *microscopique* puisqu'il s'agit du métabolisme et des effets associés. Une difficulté importante dans la reconstitution des chaînes prébiotiques est d'expliquer quelles sont précisément les relations entre ces deux cycles et comment peut se produire le passage de l'un à l'autre car cette condition est indispensable pour l'apparition et le maintien de la vie. En effet, outre les transformations moléculaires nécessaires au métabolisme, la source d'énergie cellulaire en dépend directement, assurant l'autonomie qui est une condition requise pour l'expansion de la vie. En d'autres termes, c'est le premier cycle qui amorce et entretient le second tandis que celui-ci réagit sur le premier en le modifiant, les interactions étant multiples. C'est une boucle de rétroaction.

Finalement ce qui précède permet de conclure qu'il faut réunir tout un ensemble extrêmement complexe, et exceptionnellement difficile, de paramètres physiques, chimiques, thermodynamiques et autres, certains étant inconnus, pour transformer une planète en un véritable bioréacteur aux propriétés bien singulières. Ayant une masse, une composition et une turbulence bien particulières, placé dans un environnement radiatif, mais pas trop, il doit mijoter pendant des intervalles de temps de l'ordre du milliard d'années avant d'accoucher d'un résultat microscopique, la cellule, ce qui n'est assurément pas trivial. Si ce chaudron est énorme par rapport au quantum élémentaire du vivant, il est infinitésimal vis-à-vis de la galaxie, et c'est là où intervient le concept sélectif d'échelle dans la distribution des masses critiques de la chaîne des différents phénomènes mis en œuvre par la vie !

Ainsi, les atomes fondamentaux ont été créés dans les creusets stellaires à partir des seuls protons pour aboutir à la vie planétaire. *Le phénomène vivant présente donc cette singularité de lier l'univers à la molécule et à la vie par l'intermédiaire de l'étoile et de la planète.* C'est pourquoi il est d'envergure cosmique et l'on est en droit de se demander s'il existe un lien entre tous ces différents éléments ? Et si oui, lequel ? Question à laquelle tentera de répondre le concept anthropocosmique.

Une question critique : les acides nucléiques et les membranes

La conservation de l'information et l'autoreproduction étant deux caractéristiques majeures de la vie, la question de leur apparition au cours du développement des chaînes prébiotiques est capitale. On sait aujourd'hui que ces fonctions sont dévolues aux acides nucléiques, ce qui revient à en rechercher les origines. La difficulté réside dans l'apparition d'un précurseur, si fruste soit-il, car il suffirait pour amorcer le processus nouveau de réplication. Or au laboratoire on sait mal en synthétiser les éléments de base que sont les nucléosides [15] et les nucléotides. On peut alors envisager l'existence de polymères plus simples qui seraient dotés de propriétés catalytiques proches de l'autoréplication, hypothèse que rien ne permet cependant jusqu'ici de confirmer. Il est d'ailleurs possible, et même probable que les voies explorées ne correspondent pas à celles des séries naturelles bien que l'on manque d'informations pertinentes sur ce sujet ! Ainsi le problème des constituants de base des acides nucléiques reste-t-il ouvert, les solutions actuelles, à peine partielles, n'étant ni satisfaisantes ni convaincantes.

Si l'on s'intéresse ensuite à l'histoire des polynucléotides, les acides nucléiques, il apparaît que le plus simple devrait être un ARN messager lequel est porteur de l'information nécessaire pour la synthèse d'une protéine. Rappelons que, bien qu'il soit monocaténaire, par repliement sur lui-même il peut présenter des zones localement doublement hélicoïdales. Son code informationnel à quatre symboles, chacun constitué par une base, doit être traduit en un autre code à vingt symboles correspondant chacun à un acide aminé. C'est à partir de ceux-ci que sont construites toutes les protéines. Ainsi, la distribution des quatre bases sur un acide nucléique constitue l'information ou programme génétique. Elle a deux fonctions distinctes puisque, d'une part, elle pilote l'ensemble des processus vitaux de la cellule qui la contient et, d'autre part, elle transmet l'information lors de la réplication. Le messager génétique remplit donc deux conditions contradictoires : il doit à la fois perdurer pour la préservation de l'espèce lors de la reproduction, tout en étant contraint de s'adapter aux changements des conditions physico-chimiques locales. C'est pourquoi il y a distinction entre les

---

15. Un *nucléoside* est composé d'une base et d'un sucre alors qu'un *nucléotide* contient en plus un groupement phosphate. Le nucléotide est la brique de base des acides nucléiques. Jusqu'à présent, les procédés de synthèse de ces éléments en laboratoire ne sont pas réellement satisfaisants. Aussi ne peuvent-ils pas correspondre aux conditions prébiotiques. De plus les rendements sont très faibles.

Les bases du code nucléique sont l'adénine, la guanine, la cytosine, et soit la thymine pour les ADN, soit l'uracile pour les ARN. Elles sont toujours associées par paires dans l'ADN, ce qui permet, en ne connaissant qu'une seule chaîne, de reconstituer l'autre. C'est un principe de base de la réplication. Leurs séquences constituent ce qu'il est convenu d'appeler l'information génétique. Terme impropre, comme nous en discuterons.

fonctions essentielles et celles qui sont périphériques et adaptatives, d'où le rôle de certains plasmides.

L'ARN, qui est ainsi spécialisé dans la mémorisation et la transmission de l'information, possède un rôle fonctionnel dominant s'exprimant par l'existence de trois formes distinctes. L'une, dite mARN, contient le message ou plan de construction de la protéine. La deuxième, ou rARN, combinée à des protéines, constitue le ribosome qui interprète et traduit le message. Enfin la troisième, appelée tARN, transfère l'acide aminé sur le complexe ribozomal ayant fixé le mARN. La traduction du premier code à quatre symboles en le second à vingt symboles, qui n'est pas une opération simple, est réalisée au cours de ces opérations. C'est ainsi que sont synthétisées les protéines, un certain nombre d'enzymes devant intervenir pour catalyser le processus afin qu'il puisse se réaliser dans les conditions du milieu naturel, c'est-à-dire à la température ordinaire. Ces fonctions, chimiquement très complexes, sont le résultat de la structure particulière des acides nucléiques.

Il se pose ainsi la question suivante : compte tenu des propriétés des ARN pourquoi faut-il des ADN ? D'abord, la double hélice présente l'avantage d'une réplication relativement plus simple assurant la sécurité du transfert de l'information. Ensuite, son code étant en quelque sorte «internalisé» puisque les bases sont respectivement liées, il est plus faiblement réactif, donc l'information est chimiquement mieux préservée. En particulier, une telle structure est mieux protégée des hydrolyses. De plus, il existe un processus de correction des erreurs et de sauvegarde que ne semble posséder aucun ARN. Enfin, la conformation bicaténaire est moins fragile, particulièrement lorsque la chaîne devient trop longue [16], ce qui est le cas de toute cellule un peu évoluée. D'autre part, une telle disposition favorise l'enrichissement et la diversification. C'est pourquoi les règles de sélection de l'évolution ont dû assez rapidement substituer l'ADN à l'ARN, qui a probablement été à l'origine des premiers êtres vivants. Ce qui conduit à supposer que l'ARN aurait été la première biomolécule capable de se répliquer, donc qu'elle existait

---

16. L'ADN chromosomique d'une bactérie contient environ trois millions de paires de bases (pb); celui d'une cellule eucaryote évoluée se situe aux environs de cent trente millions de pb; quant à celui de l'homme, il est de l'ordre de trois milliards de pb, d'où la difficulté du séquençage.

déjà aux extrémités des chaînes évolutives ayant abouti aux progénotes. Outre leur plus grande simplicité, deux autres facteurs semblent corroborer cette hypothèse : il s'agit des propriétés des ARN enzymatiques, qui sont des catalyseurs métaboliques et des réplicateurs efficaces capables de favoriser l'évolution, ainsi que de la plus grande facilité de synthétisation du ribose de leurs nucléotides.

Il reste la question critique du passage des protéines enzymatiques aux premiers ARN, question qui est actuellement sans réponse satisfaisante. Cela revient en définitive à poser le problème central de la vie, celui du code génétique. Dans quelles conditions et à la suite de quels processus a-t-il pu apparaître ? Pourquoi fait-il intervenir un double alphabet ? On est loin de pouvoir apporter des éléments de réponse quant à ses origines, d'autant que plusieurs chaînes évolutives sont possibles, par exemple à partir de supports informationnels protéinaires autoréplicatifs ayant pu jouer le rôle de précurseurs. Il est possible que d'autres solutions plus simples, mais moins satisfaisantes, aient existé avant d'être éliminées par la sélection. C'est probablement là que manquent quelques pièces importantes dans le puzzle de l'histoire de la vie. Mais la situation pourrait peut-être prochainement changer en fonction des remarquables progrès de la biologie évolutive qui, on l'a dit, se fonde sur des études séquentielles comparatives des génomes des différentes séries du vivant. Quoi qu'il en soit, il est cependant certain que ce code résulte d'un long processus d'essais et de sélection ayant duré des dizaines de millions d'années, sinon plus. Une fois le processus amorcé, l'étude de son évolution devient moins aléatoire, sinon plus simple !

Le quantum élémentaire cellulaire n'a de réalité que s'il représente une unité fonctionnelle parfaitement individualisée par rapport à son environnement. C'est ce qui explique l'importance fondamentale du concept de membrane, bien que celle-ci puisse se présenter sous plusieurs formes et aspects en fonction de la nature de la cellule et des propriétés de son milieu. La membrane est d'autant plus importante que, outre son rôle de protection, c'est elle qui détermine tous les échanges et transferts assurant le métabolisme. En fait, il s'agit d'un véritable filtre dont les fonctions sont déterminantes pour la survie, pour la reproduction et, dans une certaine mesure, pour l'évolution. Or les différentes conditions ayant pu conduire à son apparition restent, elles aussi, à peu près inconnues.

Dans l'hypothèse des progénotes, la condition même de leur existence est précisément qu'ils aient été isolés du milieu par des protomembranes assurant déjà un minimum de fonctions vitales. Elles devaient encapsuler des macromolécules permettant la synthèse de différents composés élémentaires indispensables pour leur maintien, par exemple du glycogène, des graisses ou de l'amidon, ce qui exigeait d'ailleurs un certain potentiel enzymatique. Comme on ne sait rien de leur constitution, il faut faire appel à des échelons supérieurs des séries du vivant.

C'est pourquoi on peut raisonnablement supposer que l'élément ancestral de base devait très probablement être voisin du modèle bactérien. Dans celui-ci, l'enveloppe est constituée d'une couche bimoléculaire lipidique (acides gras ou associés) contenant tout un spectre complexe de protéines spécifiques. Elles assurent une grande activité biochimique régulant les transferts entre le cytoplasme et le milieu extérieur. Quelle pouvait être la nature des lipides primitifs? Il est difficile, sinon impossible, de le savoir de manière précise, la réponse dépendant des conditions de vie de la cellule. Par exemple, si l'ancêtre commun appartenait à la classe des archaebactéries, extrêmophiles, ou autres, il est clair que sa composition membranaire devait être adaptée aux conditions spécifiques de son habitat qui pouvaient être rudes! De même pour les protéines assurant la régulation des échanges avec le milieu qui devaient correspondre à ses propriétés. On ignore également si, comme on l'observe chez des cellules plus récentes, les formes vivantes primitives étaient dotées soit d'une double membrane soit d'une paroi, comme c'est le cas pour la plupart des bactéries.

Finalement la question de l'origine des membranes et de leur évolution est encore compliquée par le fait qu'il a nécessairement fallu une exceptionnelle diversification de leur potentiel de base pour arriver aux structures très élaborées des cellules eucaryotes et à celles de leurs organites. C'est ce qui explique que l'on ne possède encore aucun modèle susceptible d'expliquer leur émergence d'autant que l'on ne sait pratiquement pas synthétiser à la température ordinaire les acides gras qui sont à la base de leur constitution.

Le problème de la vie extraterrestre

Tout ce que nous venons de voir montre que si la question des origines de la vie est extrêmement complexe, et nécessairement empreinte d'incertitude quant à ses origines, il est cependant possible de l'étudier scientifiquement. C'est pourquoi, si l'on se réfère aux propriétés générales et aux invariants caractéristiques de l'ensemble des formes terrestres vivantes, rien ne semble interdire certaines extrapolations. Naturellement sous réserve de les justifier! Ce qui signifie que l'*on peut poser dans les mêmes conditions le problème de la vie extraterrestre*. Il faut, bien sûr, admettre que ces propriétés sont suffisamment connues et comprises pour en dégager un cadre pertinent d'étude extensive, bien sûr selon des modalités raisonnables de généralité, de plausibilité et de vraisemblance. Ce qui paraît maintenant être le cas à la suite des exceptionnels progrès de la biologie moléculaire et cellulaire, et de la génétique. Progrès ayant permis l'acquisition d'un nombre important de résultats de base a priori peu susceptibles d'être remis en cause. Il en va de même pour pratiquement toutes les autres disciplines concernées par les sciences de la vie, dont la paléontologie, la biogéologie ou les neurosciences.

Quant à l'hypothèse de similitude entre les processus fondamentaux d'éventuelles formes de vie extraterrestre et ceux qui gouvernent la nôtre, que rien ne justifie a priori, elle devrait cependant résulter du principe de rationalité impliquant l'universalité des lois de la physique et de la chimie. On comprendrait mal qu'il en soit autrement pour celles de la biologie! De plus, les contraintes, qui dépendent très étroitement de ces lois, ne peuvent qu'être partout les mêmes. Par exemple, il serait surprenant que les transformations chimiques ou énergétiques n'aient pas une fonction équivalant ailleurs à celle qu'elles remplissent sur Terre. Et que les questions liées à l'information ne jouent pas le même rôle. Ou alors l'universalité des lois scientifiques serait un mythe, ce qui irait totalement à l'encontre de plus de trois siècles d'accumulation d'une masse considérable de résultats pertinents dans les domaines les plus divers. Il existe également d'autres raisons que nous verrons ultérieurement.

Si l'on ne remet pas en cause cette universalité, la méthodologie scientifique nous permet donc d'exploiter le spectre des données à notre disposition pour l'étude des possibilités d'existence de la vie extraterrestre. Cela signifie que l'on dispose aussi bien de l'ensemble des protocoles expérimentaux que de tout l'acquis théorique les concernant. De plus, les grands principes scientifiques fournissent également des axes directeurs et des règles de sélection : si, par exemple, dans un ensemble de données on ne sait pas nécessairement lesquelles sont pertinentes, ces règles servent à déterminer et a éliminer celles qui ne le sont pas.

Comme la vie ne peut pas être définie de manière rationnelle sans ambiguïté, il faut commencer par admettre que toute forme extraterrestre correspondrait aux principaux déterminants de la nôtre. Sinon on ne saurait plus de quoi il est question puisque toute étude nécessite d'abord de définir son objet! Il s'agirait donc d'un processus fonctionnel autonome, reproducteur et proliférant; capable d'action sur son environnement ainsi que d'adaptation; durable mais évolutif et allant en se complexifiant; doté d'auto-organisation lui permettant de devenir multi-composé avec des sous-structures dont certaines pourraient manifester des fonctions centrales et supérieures (au sens terrestre). Enfin, étant probablement mobile, il devrait chercher à envahir l'ensemble de son espace vital en le modifiant. Peut-être que toutes ces propriétés ne sont pas absolument indispensables, ou qu'il pourrait en exister d'autres, mais il s'agirait alors de déterminer dans quelle mesure le principe même du phénomène vital pourrait en être conservé. Sinon, quelle serait la latitude des modifications autorisées pour en conserver le sens? Ce qui ne préjuge rien quant au reste. Ainsi, en l'absence de données contradictoires et en cohérence avec l'ensemble des éléments à notre disposition, nous allons admettre qu'il n'y a pas de restriction particulière concernant l'application de la méthode scientifique à l'étude d'une éventuelle vie extraterrestre.

Si le processus est de nature physico-chimique, et absolument aucune donnée ne permet d'imaginer qu'il puisse en être autrement, il est nécessairement basé sur la molécule et les propriétés de l'interaction électromagnétique. En effet, pour des impératifs informationnels, fonctionnels et structurels contraignants, la chimie *doit* être à la base de tout processus vivant extra-terrestre, ne serait-ce que pour les nécessités de reproduction, de survie et d'expansion qui exigent l'exploitation du milieu. D'autant que l'on connaît bien la composition nucléaire et atomique de l'amas galactique, et même largement au-delà, ce qui confirme que la constitution de l'univers en éléments de base paraît bien universelle, hypothèse jusqu'à présent rigoureusement confirmée.

Pour ce qui concerne les données moléculaires, la question reste plus incertaine bien que plusieurs méthodes de détection telles que la radioastronomie et la multispectroscopie progressent rapidement et fournissent de plus en plus d'informations. C'est ainsi que l'on a déjà identifié plus d'une centaine de composés moléculaires d'origine cosmique qui pourraient participer à des cycles biologiques. On connaît cependant relativement mal leur répartition et leur probabilité d'existence dès que les distances deviennent trop grandes. De plus, il se pose le problème de la distribution des éléments intermédiaires, en particulier des quatre qui sont à la base de la vie terrestre (carbone, hydrogène, oxygène, azote) et de quelques autres qui sont également nécessaires [17], même si ce n'est qu'en très faibles quantités. Or certains sont rares, quelques-uns même très rares, aussi tout processus biologique de type terrestre exigerait-il une accumulation préalable, ce qui nécessiterait un cycle associé et un temps considérable, probablement largement supérieur au milliard d'années même si l'on connaît mal les mécanismes de concentration. Ce sont cependant les planètes qui sont les lieux privilégiés, donc les plus probables pour que quelques-unes puissent être dotées des conditions physico-chimiques requises pour l'apparition d'une forme de vie extraterrestre. Mais comme nous l'avons dit, le problème de leur formation n'étant pas entièrement résolu, leur abondance reste inconnue, aucune n'ayant jusqu'ici été formellement identifiée mais seulement présumée. On a cependant admis qu'elles pourraient exister en très grand nombre, hypothèse raisonnable si ce ne sont pas des catastrophes qui en sont à l'origine mais des nébuleuses primitives, ce que semblent confirmer les simulations.

---

17. La vie terrestre exige également du soufre, du phosphore et, en très faible quantité, du magnésium, du manganèse, du fer, du cuivre, de l'iode, enfin des traces d'oligo-éléments.

Enfin, comme on vient de le voir, toute une très contraignante série de conditions physiques et chimiques doivent impérativement être remplies pour qu'un cycle biologique, quel qu'il soit, puisse d'abord être initié puis, fait capital, se maintenir et évoluer. De toute façon, l'une d'elles est décisive : sans un cycle énergétique et moléculaire approprié et durable, absolument aucune transformation, quelle qu'elle soit, ne peut se produire et se maintenir. Car il faut une source primaire pour fournir de l'énergie au milieu qui, en fonction de sa composition, doit alimenter le métabolisme vital, l'énergie chimique gouvernant les transformations moléculaires. Toute la biologie terrestre en démontre quotidiennement l'extrême criticité et la fragilité. La thermodynamique occupe donc une place déterminante dans tout cycle du vivant, quel qu'il puisse être.

A ce propos, il n'est pas sans intérêt de remarquer que c'est finalement toujours l'énergie nucléaire qui est la source primaire : la fusion thermonucléaire dans le cas des étoiles, la radioactivité des éléments constitutifs internes de la lithosphère pour le maintien de la vie anaérobie des grands fonds océaniques terrestres. Il en va d'ailleurs de même pour les grands cycles physico-chimiques de la planète. On pourrait y ajouter l'environnement radiatif à propos des molécules cosmiques.

C'est là une première série de difficultés majeures qui devraient nécessairement être résolues pour que puisse d'abord exister toute vie extraterrestre avant de pouvoir se développer puis progresser. Car il est clair que la question de son apparition est différente de celle de son maintien. Celui-ci est d'ailleurs tout autant difficile à assurer, ne serait-ce que pour des questions de stabilité des conditions thermodynamiques et des potentialités du milieu. Interviennent également différents principes tels que ceux de minimisation (par exemple de l'énergie et de la matière première consommées), de diversification et d'adaptation (de la fonctionnalité du métabolisme et de la reproduction) ou de stabilité par l'optimisation de certains mécanismes primordiaux. Et il en existe d'autres, par exemple concernant les contraintes de la conservation de l'information et les conditions du développement de la complexité, questions encore mal connues. Tout cet ensemble se traduit par de sévères règles de sélection ayant très probablement imposé une certaine forme de convergence structurelle et fonctionnelle indispensable pour la survivance et le développement des séries organiques et prébiotiques, quel que soit le lieu où elles se trouvent!

On peut même aller plus loin en observant que si les principes et lois de la physique et de la chimie sont universels, les règles de sélection qui en résultent devraient être partout semblables. Il devrait en aller de même pour les grands principes gouvernant l'évolution qui induiraient ainsi des processus équivalents. Ce qui ne signifie pas *identiques*. Ainsi cette équivalence de principe devrait alors conduire à l'*universalité du support informationnel* qui serait représenté par une forme analogue, sinon identique à celle du code génétique en tant que processus le plus performant, les autres possibilités ayant été éliminées par la compétition sélective. Si ce n'était pas le cas, soit les règles de sélection ne seraient pas invariantes, ce qui pourrait remettre en cause l'universalité des lois, soit l'évolution présenterait parfois de fortes discontinuités, c'est-à-dire qu'elle connaîtrait des phases accidentelles. Bien sûr il ne s'agit que d'une hypothèse, mais qui changerait certaines données dans les interprétations de l'évolution terrestre et dans ses extensions extraterrestres!

Une donnée capitale concerne la structure physique que pourrait prendre la vie extraterrestre *élémentaire*. L'ensemble de la biologie terrestre montre, sans l'ombre d'une ambiguïté, la nécessité impérative de l'entité cellulaire, quantum moléculaire élémentaire *spécifique* du vivant de la planète. Pourrait-on concevoir une forme de vie extraterrestre qui, au niveau élémentaire, ne serait pas fondée sur une structure équivalente? Si ce concept général correspond à celui d'un système autonome clos, il est impensable qu'il puisse en aller autrement car ce quantum élémentaire doit être isolé de son environnement, bien qu'en dépendant étroitement pour des questions de survie. Si ce n'était pas le cas, alors il ne s'agirait plus du même phénomène. Aussi, en dépit du fait que l'on ne puisse pas rationnellement la définir, on sait parfaitement reconnaître la vie terrestre, et si l'on veut qu'il en soit de même pour celle qui ne l'est pas, il faut obligatoirement que cette spécification soit la même dans les deux cas. Sinon on sort de la voie rationnelle et tout devient alors possible mais non scientifique!

Cela étant dit, les dimensions cellulaires pourraient-elles varier dans de larges proportions par rapport aux nôtres? Là encore, tout un lourd faisceau de contraintes conduit à une très faible probabilité pour qu'il puisse en être ainsi. Si elle était trop petite, l'usine chimique que représente la cellule serait inefficace. Elle n'aurait pas suffisamment de réserves énergétiques et de structures internes, dont celles requises pour stocker l'information permettant sa reproduction et la fabrication des différents composés qui correspondent à sa fonction. De toute manière, elle serait nécessairement très primitive. Si elle était trop grande, elle deviendrait également fragile, et certainement inefficace par rapport au milieu dans lequel elle puise toutes ses ressources. En effet, rappelons que ses échanges avec son environnement et ses performances transformationnelles dépendent de manière tout à fait critique du rapport existant entre sa surface et son volume. Ce paramètre détermine ses propriétés et son rendement mais aussi son pouvoir d'expansion dont dépendent ses capacités évolutives, c'est-à-dire son niveau de développement. Comme il est particulièrement crucial dans le cas des micro-systèmes terrestres, son optimisation implique que *la cellule doit avoir des dimensions qui la situent à la transition entre le mésocosme* [18] *et le microcosme pour que la vie soit possible.* Ce résultat, issu des grands principes de la physique et de la chimie, doit donc rester valable pour toute hypothétique vie extraterrestre. De plus, si ses dimensions étaient trop grandes, il se poserait des questions de stabilité, de stockage, d'approvisionnement et de consommation énergétique ainsi que de reproduction et de mobilité. Et la construction de structures organiques multicellulaires, donc d'êtres vivants complexes, serait mal adaptée et instable, c'est-à-dire fort limitée, sinon impossible! Dans tous les cas, de tels êtres ne seraient pas suffisamment diversifiés pour être quelque peu performants.

Les dimensions cellulaires sont donc très critiques et il est fort probable que toute éventuelle vie extraterrestre devrait posséder

---

18. Comme nous l'avons fait pour la pensée, il est également utile de diviser l'univers en trois parties qui sont les suivantes : le *microcosme* dont la limite supérieure peut être fixée à l'atome; le *mésocosme* qui va de la molécule à la planète, donc qui correspond à l'échelle de la vie et de l'homme; enfin le *mégacosme* qui comprend le reste, c'est-à-dire l'univers. L'avantage de cette division est de clairement distinguer le mésocosme qui constitue notre univers quotidien *lequel est le seul qui soit directement accessible à notre expérimentation directe.* Car, on l'oublie trop souvent, l'exploration des deux autres est, pour nous, nécessairement indirecte, avec les contraintes que cela comporte, en particulier la nécessité d'hypothèses pour les interprétations.

quelque structure cellulaire de conformation, sinon de composition, qui soit assez peu différente de celles que nous connaissons sur Terre. Celles-ci varient d'ailleurs relativement peu pour les mêmes raisons. C'est fonctionnellement que se trouve la diversité, par exemple dans le cas du neurone. Notons que, pour des questions équivalentes bien que d'ordre différent, on retrouve un problème analogue à propos des dimensions du cerveau humain qui est lui aussi optimisé, en particulier pour des questions énergétiques [19] et de stabilité de fonctionnement.

Dans un milieu donné de composition appropriée, les possibles développements de la vie extraterrestre dépendent d'abord des propriétés structurales moléculaires qui conditionnent la réactivité chimique et les possibilités de polymérisation, phénomène de base du processus vivant. Comme celles-ci sont gouvernées par l'interaction électromagnétique dont les propriétés sont bien connues, on pourrait théoriquement envisager d'étudier les différentes compositions possibles. En pratique, elles sont très nombreuses et dépendantes des facteurs locaux, le plus souvent inconnus, ainsi que de paramètres spécifiques pour qu'une systématique soit opératoire. Pour des questions de principe (effets collectifs et de masse critique), une telle procédure est d'ailleurs impossible. Seuls des cas particuliers ont été traités mais qui fournissent des résultats très intéressants, par exemple à propos du silicium ou de l'ammoniac qui pourraient également, du moins en théorie, servir de base à une éventuelle chimie du vivant non fondée sur le carbone. Mais si cette condition est nécessaire, elle est cependant extrêmement loin d'être suffisante. Car les conditions externes, celles du milieu ambiant (température, pression, composition et concentration, volume, processus d'accumulation...), sont encore plus critiques pour l'initiation mais surtout pour la poursuite du phénomène vivant.

En résumé, puisque la molécule doit probablement être à la base du vivant, quel qu'il soit, la première étape de toute vie extraterrestre devrait être d'en assurer l'approvisionnement en quantité suffisante. Si cette matière primitive pouvait être de nature autre qu'organique (c'est-à-dire si une telle vie était fondée sur un autre élément que le carbone), la question serait probablement identique, aux constituants chimiques près. Le pro-

---

19. Voir la référence de la note 1, p. 9.

blème de l'énergie serait également déterminant. Toutefois les solutions connues, impliquant nécessairement le long terme, sont finalement peu nombreuses. Pour le processus lui-même, on conçoit difficilement autre chose qu'un métabolisme interne, donc de nature moléculaire avec nécessairement des cycles de renouvellement, alors que pour la source externe c'est l'étoile qui paraît la mieux adaptée, notamment à cause de la durée. Peut-être pourrait-il exister des processus indirects, ou inconnus, ce qui ne ferait que déplacer la question.

On considère que les limites extrêmes de température de la vie fondée sur le carbone sont situées entre $-70°C$ et $+110°C$ (ce sont les limites de stabilité des composés organiques), mais en dessous de $-20°C$ et au-dessus de $+70°C$ son maintien devient exceptionnel. Par exemple sur Vénus, qui a perdu son eau mais qui possède une atmosphère très dense et très riche en gaz carbonique, l'effet de serre résultant conduit à des températures de surface pouvant atteindre 500°C, ce qui exclut toute possibilité de vie puisque, dans ces conditions, toute matière organique est détruite. De plus, le cycle macroscopique du carbone n'aurait pas dû pouvoir se déclencher. Pour Mars, c'est un peu l'inverse. Cette planète a connu une période où l'eau était abondante et où le cycle du gaz carbonique aurait pu s'amorcer. Cependant, étant trop éloignée du Soleil, et insuffisamment massique pour conserver son atmosphère et sa chaleur (mauvais rapport de sa surface à son volume), elle a perdu son eau et s'est refroidie, sa température variant entre $-10°C$ et $-125°C$. La vie aurait pu commencer à s'y développer puis disparaître il y a environ 1,5 à 1,9 milliard d'années. On voit ainsi l'intérêt majeur de missions habitées sur Mars qui pourraient nous fournir des renseignements inestimables sur d'éventuels fossiles de chaînes biologiques primitives.

On sait d'ailleurs que la Terre possède des paramètres dynamiques très critiques, tant en ce qui concerne sa composition et sa masse que son orbite dans le système solaire, ainsi que la position de celui-ci dans la galaxie. En effet, le Soleil est situé à 30 000 années-lumière du noyau galactique autour duquel il décrit une trajectoire en 200 millions d'années. Cette situation est privilégiée car, tournant presque à la même vitesse que les grandes structures galactiques, il rencontre exceptionnellement un bras spiralé, c'est-à-dire une zone à forte densité stellaire, évitant ainsi les collisions et les multiples effets de proximité tels que les bombardements cosmiques ultra-intenses et meurtriers dus aux supernovae. Cependant, lors de la traversée du bras de Persée, dans quelque 3 milliards d'années, le système solaire pénétrera dans une telle région à haut risque, ce qui devrait créer des dégâts considérables et pourrait peut-être signifier la fin de la vie... si celle-ci perdurait et si elle y était restée localisée! En fait, il semble que la zone galactique favorable au développement de la vie soit, dans la Voie lactée, très restreinte par rapport à ses dimensions puisqu'il ne s'agirait que d'une sorte de tore de seulement 1 500 années-lumière de rayon propre. Quoi qu'il en soit, seules les planètes d'étoiles tournant à une vitesse équivalente à celle des bras spiraux peuvent permettre le développement de la vie sur les très longues périodes exigées pour qu'apparaisse l'intelligence. C'est encore une limitation supplémentaire, car la plage qui leur correspond est très restreinte (probablement bien inférieure au millième des étoiles présentes dans notre galaxie).

On a dit qu'il est également possible d'envisager l'existence d'autres formes de processus vivants non fondés sur le carbone. En effet, un autre élément chimique, le silicium, possède lui aussi d'importantes propriétés de polymérisation, mais qui se manifestent pleinement dans des conditions physiques totalement différentes des nôtres (très basse température, par exemple dans des océans d'azote liquide). Ainsi, du moins en théorie, peut-être le silicium pourrait-il initier d'éventuelles séries réactives extraterrestres de nature équivalente aux chaînes prébiotiques carbonées? Quant à savoir si elles seraient susceptibles de converger, c'est-à-dire si elles conduiraient à l'émergence d'une autre forme de vie, absolument rien ne permet d'en juger. En pratique, par suite des contraintes physico-chimiques requises pour le développement de ces chaînes, les vitesses de réaction seraient extrêmement faibles, aussi les intervalles de temps de convergence devraient-ils être beaucoup plus élevés que l'âge actuel de l'univers. De plus, cette éventuelle forme de vie connaîtrait certainement une vitesse d'évolution extrêmement lente dans de telles conditions physiques. Dans tous les cas, le fait que l'on n'ait pas encore détecté de trace de tels composés n'est certainement pas un indice favorable. En effet, dans cette éventualité on comprendrait mal que l'univers ne fourmille que de matière de base carbonée.

Il en va de même pour les hypothèses selon lesquelles, sur des planètes très froides, l'ammoniac liquide, ou d'autres composés équivalents, pourraient jouer le rôle de l'eau dans l'initiation des processus vitaux. Ce serait, par exemple, le cas de Titan qui possède une atmosphère d'azote et de différents composés carbonés. Ses mers de méthane ou d'azote liquide pourraient contenir d'épaisses couches de matière organique primitive déposées sur les fonds. Bien que la très basse température n'ait guère dû en favoriser l'évolution, il serait particulièrement intéressant de savoir si des amorces de chaînes de polymérisation y existeraient, opération qui pourrait probablement être envisageable dans un avenir pas trop lointain !

D'autres scénarios ont également été proposés pour des planètes très chaudes telle Io, satellite de Jupiter, qui est un océan de soufre en fusion par suite d'un intense volcanisme ! Ce soufre liquide pourrait peut-être, lui aussi, jouer le rôle de milieu de base pour initier des processus de polymérisation, en particulier de composés carbone-fluor. Les propriétés chimiques sembleraient le permettre, du moins en théorie, mais la fragilité et les multiples contraintes de survie et de développement du vivant de type terrestre font que, dans la pratique, ces éventualités paraissent infiniment peu probables, sinon nulles ! Ou alors, il s'agirait d'un phénomène autre que celui que nous connaissons.

Pour terminer, remarquons que certains auteurs[20] ont tenté de poser la question de l'*intelligence* d'une manière différente. Mais en se gardant bien de préciser ce qu'ils sous-entendent par cette expression ! Pour cela, ils ont imaginé d'autres supports informationnels, le cas échéant qualifiés par eux de *vivants* alors que, de toute évidence, ceux-ci ne vérifient pas les critères communément admis pour caractériser la vie, du moins sous sa forme terrestre. Aussi ne s'agit-il manifestement plus du même phénomène, sous peine de confusion des genres. Il en va de même pour quelques autres hypothèses plus ou moins aventureuses telles que *Gaia* (J. Lovelock et L. Margulis). Selon celle-ci, c'est la Terre elle-même qui serait un «organisme vivant», auquel cas il y aurait incompatibilité manifeste et évidente de

---

20. Par exemple Fred Hoyle, astrophysicien célèbre qui écrivit un livre de pseudo-science-fiction, *Le nuage noir*, et fut par dérision, du moins le croyait-il, l'inventeur du terme « big bang » car il était tout à fait opposé à cette idée.

définition et de propriétés avec les caractéristiques du vivant cellulaire. En fait on assiste, bien que sous des formes différentes, à une tentative de généralisation du concept de *vie* malencontreusement confondu avec celui d'évolution et de changement, ce qui n'est certainement pas la même chose! Ainsi, conséquence des plus fâcheuses, finit-on par ne plus savoir exactement ce qu'il représente puisqu'il n'est plus fondé sur des données universelles précises et pertinentes. Ou plus exactement sur des critères rationnels et généraux, ce qui permet des extensions abusives car non fondées. Il ne peut qu'en résulter de dangereuses ambiguïtés, aussi bien de désignation que de fonction et d'attribution de propriétés, injustifiées, difficultés provenant malheureusement du fait qu'il n'est pas possible de définir rationnellement la vie. Pas plus d'ailleurs que l'intelligence, et pour la même raison : l'autoréférentialité! Finalement, force est donc de constater que les conclusions extraites de telles élucubrations n'ont aucune valeur rationnelle, donc aucune qualité scientifique.

Commentaires

Le problème de la vie et de ses origines, qui est l'un des plus étranges et des plus fascinants pour l'esprit humain, a pu être posé rationnellement au cours de notre siècle. Ce prodigieux résultat représente assurément l'un des succès les plus remarquables de l'intelligence et de la méthode scientifique qui en est le fruit, même si cet enthousiasme doit être pondéré par l'autoréférentialité et la nécessité de prémisses fondatrices qui en marquent les limites, mais celles-ci ne sont que de principe. Quant à son prolongement logique, c'est-à-dire la question de la vie extraterrestre, on peut à coup sûr prévoir qu'il sera au centre des préoccupations du prochain siècle. Et cela, autant pour des raisons scientifiques et techniques, que philosophiques et religieuses ou intellectuelles et culturelles.

L'émergence de la vie est le résultat de deux antagonismes profonds : la probabilité certainement infinitésimale d'apparition du phénomène par suite de sa redoutable complexité et des impératifs physico-chimiques associés, opposée à la prodigieuse immensité de l'univers et à sa gigantesque durée. L'étonnant est que ces deux infinis, l'un étant local alors que l'autre est global, aient pu finir par converger! Est-ce fortuit? Absolument rien dans l'ensemble des données physiques actuellement à notre disposition ne permet d'en juger, aussi bien dans un sens que dans l'autre. Mais l'étude des propriétés génératives du hasard physique autorise à le supposer, pour des raisons que nous discuterons! Quoi qu'il en soit, et de toute manière la question des causes à l'origine étant formellement indécidable, des hypothèses de départ sont indispensables. Jusqu'à une époque récente, celles-ci étaient exclusivement de nature métaphysique, donc irrationnelles. Or c'est précisément cette situation qui, très récemment, a radicalement changé puisque les acquis de la connaissance scientifique permettent à présent d'élaborer des prémisses rationnelles. Elles doivent naturellement remplir des conditions de vraisemblance, de cohérence et de compatibilité. Bien que ces prémisses ne soient pas démontrables, leur validation est cependant justifiable par l'ensemble de leurs conséquences et par les vérifications des prévisions qu'elles autorisent. Mais aussi par l'ampleur et l'esthétique des constructions auxquelles elles conduisent. Il subsiste cependant une difficulté de principe car on ne sera jamais assuré de leur unicité!

Comment les établir? Une voie logique consisterait à faire appel à la méthode inductive à partir des propriétés observables du vivant. Toutefois leur trop grande diversité représente une sérieuse difficulté quant à tout choix d'une base de départ. Il est préférable d'en rechercher les invariants et les déterminants spécifiques en remarquant que la caractéristique principale du vivant est son unité. A très grands traits, elle peut être schématisée assez simplement. D'abord il est postulé que toute forme de vie terrestre est issue du monde minéral et fondée sur les propriétés particulières de l'atome de carbone. Propriétés qui ont cependant besoin de conditions tout à fait particulières pour pouvoir s'exprimer sous forme moléculaire. Dans d'autres circonstances, l'atome de silicium pourrait peut-être amorcer de longues chaînes de polymérisation, mais on ignore jusqu'où elles pourraient aller et ce qu'il pourrait en sortir! Ensuite, la cellule et certaines de ses structures, dont le génome, sont des éléments permanents, ainsi que la protéine et quelques autres composés tels que les acides aminés. Une donnée essentielle concerne son autonomie énergétique dont la forme doit s'adapter au milieu qui la fournit. Enfin, les fonctions caractéristiques (autonomie, reproduction, adaptation, évolution et complexification, prolifération, action sur le milieu...) doivent pouvoir s'exercer durablement dans l'environnement. Nous avons vu qu'il y a bien d'autres contraintes, mais il ne s'agit ici que d'une ébauche.

Une autre possibilité consisterait à disposer d'un principe général, aussi bien fonctionnel que transformationnel, ou autre, duquel il serait possible de déduire l'opportunité d'un processus évolutionnel de type vital. C'est une voie analogue à celle de la physique, par exemple avec ses principes variationnels[21], mais qui ne peut évidemment pas s'exprimer sous la même forme puisque les problèmes ne sont pas équivalents. La difficulté est de trouver un tel principe, ce qui ne paraît pas autrement évident !

Le rôle joué par l'information, essentiel pour la construction de la cellule et indispensable pour son fonctionnement, sa survie, sa reproduction et sa propagation, n'est pas clairement compris. Car ce problème est mal posé. Nous verrons qu'elle n'a aucun caractère absolu, ni aucune signification intrinsèque. Si l'on commence à déchiffrer le codage compliqué du génome, on ne sait cependant pas réellement en comprendre le message. Par exemple, quelles sont ses relations avec le psychisme ou l'intelligence ? Pourquoi faut-il deux alphabets, dont on remarque qu'ils ne sont pas binaires ? Si différentes suggestions ont été proposées, aucune n'est encore pertinente. Une difficulté, qui présente cependant d'incomparables avantages fonctionnels, tient au fait que l'information est d'abord chimique, son aspect électronique n'étant que dérivé[22]. Comme il est évident que c'est elle qui tient le premier rôle dans l'ensemble des processus fondamentaux de la vie, il est tout de même étrange que tous les scénarios concernant son apparition et ses développements en tiennent si peu compte. Aussi est-ce peut-être dans cette voie

---

21. Par exemple le principe de Fermat dont résulte l'optique géométrique, ou les principes variationnels de mécanique (Maupertuis, Lagrange, Hamilton-Jacobi) qui en sont des généralisations. Comme le montre la physique, leur intérêt principal réside dans leur pouvoir de synthèse et de générativité.

22. Les propriétés chimiques sont fondées sur celles de l'atome, c'est-à-dire sur l'électron qui en est un constituant universel, l'autre étant le noyau. Mais les échanges et transferts ne se font pas de la même manière dans les liaisons chimiques et dans les supercalculateurs. Dans le neurone, donc dans le cerveau, les deux processus coexistent, ce qui est un avantage capital !

relativement nouvelle que pourraient se trouver quelques clés primordiales. Par exemple différentes tentatives ont été faites en ce qui concernerait le rôle d'un certain bruit de fond et d'éventuelles corrélations résonnantes susceptibles d'engendrer du nouveau, idée originale qui n'a pas pu être poussée très loin par suite de difficultés, en particulier thermodynamiques. Mais aussi parce que les résultats de la cybernétique n'ont pas confirmé les prétentions de ses auteurs alors qu'ils avançaient quelques conceptions pour le moins discutables sur la systémique. Et, circonstance aggravante, la prétendue «intelligence artificielle» a induit tout un ensemble de concepts douteux concernant le fonctionnement du cerveau qui, quoi qu'elle prétende, est tout de même bien autre chose qu'un banal super-calculateur. En caricaturant à peine, peut-on réellement croire que son fonctionnement se résumerait finalement... à la théorie du téléphone de Shannon et Weaver !

Dans le problème de la vie et de ses origines, il existe une autre difficulté importante d'ordre méthodologique. En effet, il n'est généralement pas possible de reconstituer la genèse d'une structure complexe à partir de la seule connaissance de ses constituants. C'est, par exemple, le cas pour les acides nucléiques car les particularités de leurs composants font que le nombre de possibilités est bien trop élevé. De plus, à chaque niveau de complexité apparaissent de nouvelles lois qui ne sont pas nécessairement connues, ce qui fait que la seule donnée des propriétés des éléments ne suffit pas pour déterminer celles de l'ensemble. En d'autres termes, dans des systèmes complexes tels que ceux qui caractérisent le vivant, il existe certainement des effets collectifs et de masse critique qui restent inconnus. La complexité structurelle est un domaine nouveau et encore mal exploré, dont les applications ne sont pas spécifiques de la vie. L'étude de certains systèmes physiques analogues montre qu'ils peuvent présenter plusieurs états de fonctionnement et d'équilibre, parfois tout à fait différents et même exclusifs les uns des autres. Leurs développements peuvent tout autant se poursuivre dans plusieurs voies mutuellement incompatibles, aussi des critères de choix sont-ils indispensables. Ils résultent des contraintes, des circonstances locales ou tout simplement du hasard lequel est en définitive le véritable maître du grand jeu de la vie. C'est aussi l'une de ses caractéristiques essentielles, qui justifie d'ailleurs la théorie de l'évolution et l'existence de bifurcations impliquant la diversification. Il est donc tout à fait logique, et quasiment inévitable, d'en déduire que ce sont les développements extrêmes de la complexification croissante qui ont abouti à l'homme et à son intelligence.

Finalement, à la question «la vie extraterrestre existe-t-elle?», une réponse positive impliquerait l'existence d'une preuve. Comme ce n'est pas le cas, on ne peut donc être que dans l'incertitude. Nous verrons cependant au chapitre 5 comment il est possible d'aborder ce problème sous un autre angle. Pour l'instant, interrogeons-nous sur les moyens de rechercher une telle argumentation. S'il existait des formes vivantes suffisamment évoluées pour maîtriser les moyens de communication à très longue portée, des traces seraient détectables et le contact pourrait être envisageable. C'est l'objet de SETI[23], ambitieux programme de l'Union astronomique internationale, qui est fondé sur la recherche d'éventuels signaux électromagnétiques porteurs de messages extraterrestres. L'immensité du ciel, jointe à la précision nécessaire, implique un travail de longue haleine avec des moyens particulièrement performants. S'il est indiscutablement utile, il s'apparente cependant, avec les possibilités actuelles, à un fantastique jeu de hasard. Ce qui ne doit certainement pas entraver sa poursuite, même s'il semble que la probabilité de réussite soit quasi négligeable car l'histoire des découvertes montre qu'il est toujours aléatoire de faire des prévisions, surtout dans de tels domaines. De plus, on peut y trouver tout à fait autre chose que ce que l'on y cherchait comme ce fut, par exemple, le cas de Penzias et Wilson à propos du fond de rayonnement cosmique.

Pour conclure ce chapitre sur les origines de la vie, et compte tenu de tout ce qui a été dit, si l'on admet l'universalité des lois physico-chimiques, il doit nécessairement en résulter l'amorçage des séries prébiotiques dès que les conditions ambiantes sont réunies. Toutefois le cas terrestre montre que leur convergence,

---

23. Ce sigle signifie *Search for Extra-Terrestrial Intelligence* (recherche de l'intelligence extraterrestre). Ce programme, né en 1959 puis internationalisé depuis, a pour objet la recherche d'éventuels signaux électromagnétiques cosmiques porteurs de corrélations caractéristiques de messages codés. Un excellent ouvrage de J. Heidmann, *Intelligences extraterrestres* (Éd. Odile Jacob, 1992), en fait l'analyse.

c'est-à-dire l'apparition de la vie, exige que celles-ci puissent se maintenir durant des intervalles de temps chiffrables en centaines de millions d'années. Ensuite, il faut des milliards d'années pour que l'évolution et la complexification croissante puissent avoir lieu. Mais, et c'est précisément là où se trouve le véritable problème, rien ne permet formellement d'en déduire que celles-ci doivent nécessairement déboucher sur un psychisme de type humain. En d'autres termes, la méthode scientifique rend vraisemblable la déduction du phénomène vivant et de ses développements à partir de processus moléculaires spécifiques gouvernés par les lois bien connues de la physique et de la chimie. Processus qui doivent ainsi se réaliser dès que le milieu le permet, autrement dit sur Terre ou ailleurs. Mais absolument rien ne prouve qu'ils suffisent pour impliquer l'émergence de l'intelligence — question que nous allons discuter à partir d'éléments permettant d'envisager la survenue d'un événement tout à fait particulier puisqu'il s'agirait d'une métamutation située à un autre niveau que les mutations qui sont généralement envisagées par la théorie classique. Cette possibilité est cohérente avec un examen attentif de l'histoire des développements du névraxe au cours de l'évolution, mais également ment avec les données actuelles des neurosciences.

CHAPITRE 4

L'évolution et la longue marche vers le cerveau

L'évolution, qui fut véritablement révélée par l'étude du phénomène vivant, est l'une des clés indispensables pour la compréhension de l'univers. En effet, elle le régit aussi bien dans son ensemble que dans ses détails. Par exemple, nous avons vu que la théorie du big bang n'est finalement pas autre chose que l'histoire d'un refroidissement extraordinairement rapide. Il s'est accompagné d'une impressionnante série de transformations ayant abouti à l'état actuel, tel que le dévoile l'observation. Il en va exactement de même pour les hypothèses concernant aussi bien les origines de la vie que l'explication de son unité à travers sa remarquable diversité et la multiplicité de ses développements. C'est précisément ce qui fait l'objet de la théorie transformiste de Darwin. Ainsi apparaît-il que, curieusement, dans l'étude de ces deux problèmes fondamentaux pour la connaissance humaine, toute l'explication peut finalement reposer sur un même schéma de base. Il est fondé sur les seules propriétés génératives du hasard physique qui sont associées à des règles de sélection induisant le concept d'évolution en fonction des changements locaux. C'est pourquoi, ayant fini par diffuser dans la plupart des disciplines, ce concept et les idées qui lui sont associées sont devenus essentiels dans la science contemporaine. Aussi peut-on s'étonner qu'il ait fallu si longtemps pour en prendre conscience alors que la simple observation du mésocosme quotidien aurait dû banaliser cette idée depuis bien longtemps. C'est encore l'idéologie fixiste qui a imposé cet aussi long silence... car le transformisme souffre du même vice que l'héliocentrisme, il est apparemment antireligieux !

Comme pour l'étude de la structure de l'univers et les difficultés symbolisées par le procès de Newton, ici encore on est confronté à un cas typique d'influence de l'irrationnel sur la pensée scientifique, avec son lot de conséquences multiples sur notre lecture du «grand livre de l'univers». En effet, avant l'apparition de la théorie de l'ascendance commune, l'homme occupait une place tout à fait à part dans l'ensemble de la biosphère. Bien que le concept d'unité du vivant ait été pressenti par quelques naturalistes dès la fin du XVIIIe siècle, sinon avant, ils furent cependant dans l'incapacité intellectuelle d'en tirer les conséquences logiques car ils refusèrent de franchir un pas idéologique particulièrement dangereux. Il fallut également du temps, et beaucoup de courage, à Darwin pour s'y résoudre. Mais dès que ce fut fait, l'évidence de cette hypothèse s'imposa rapidement à cause de son énorme capacité de synthèse résultant de la puissance logique de sa dynamique. Elle eut ainsi pour conséquence de banaliser Homo sapiens sapiens en le remettant à sa place dans le lot commun. Il est tout simplement situé à l'extrémité d'une branche de l'arbre phylogénique du vivant. Mais cette conséquence reste fâcheusement inacceptable pour nombre de nos contemporains qui refusent farouchement d'admettre que c'est en remontant dans l'arbre généalogique animal que l'homme peut se convaincre d'en descendre!

Dans ce qui suit, c'est précisément cette théorie qui va retenir notre attention, notre objectif étant de voir comment elle permet d'expliquer l'aboutissement au cerveau humain. Quant à la question de l'émergence de l'intelligence, nous proposerons une hypothèse originale, celle de l'ecpédèse, venant à l'appui de notre thèse de la solitude de l'homme dans l'univers.

Remarquons encore que le mot «transformisme» était en France, et jusqu'à une époque récente, réservé à la doctrine selon laquelle les différentes espèces dérivent les unes des autres par une série de transformations biologiques. Actuellement, et depuis les importants travaux anglo-saxons sur ce sujet, c'est le terme anglais *évolutionnisme* qui a pris le relais alors que les deux expressions ne possédaient pas exactement la même signification [1]. Cette distinction est aujourd'hui sans objet.

---

1. Dans le concept de transformisme, réservé à la biologie, il s'agissait d'un principe naturel de transformation *dépourvu de toute finalité*. Dans celui d'évolution-

La théorie de Darwin et ses prolongements

Rappelons que l'idée d'évolution des organismes animaux et végétaux prit corps, aux XVIIIe et XIXe siècles, avec les naturalistes G. Buffon et J.B. Lamarck, avant d'être énoncée de manière plus pertinente, mais non entièrement satisfaisante ni complète, par C. Darwin[2]. Avec sa théorie, il se proposait d'expliquer l'ensemble du phénomène vivant terrestre à partir d'une souche origine commune et de quelques règles simples. Mais en dépit de différentes modifications apportées par ses successeurs, nous avons dit que des difficultés subsistent, en particulier pour justifier ce qu'il est convenu d'appeler la « grande évolution[3] », c'est-à-dire la structure organisationnelle des embranchements, des classes et des ordres. Toutefois, malgré ses défauts et ses imperfections, c'est encore actuellement la seule explication satisfaisante car les quelques tentatives faites pour s'en affranchir n'ont été confirmées ni par l'observation ni par l'expérience.

Contrairement à ses homologues mathématiques, physiques et chimiques, la théorie darwinienne de l'évolution n'est pas de type formaliste logico-déductif. En effet, n'étant pas fondée sur une axiomatique de base, elle ne prévoit rien et ne fixe pas d'objectif, pas plus qu'elle ne trace de chemin, ainsi que nous en discuterons. En fait, elle a essentiellement pour objet l'étude des formes ancestrales de vie et la recherche de leurs enchaînements et mail-

---

nisme était initialement sous-entendue l'idée d'un *principe interne de progrès* gouvernant le développement graduel de la nature.

2. Un exposé synthétique remarquable est présenté par le grand évolutionniste E. Mayr dans son livre *Darwin et la pensée moderne de l'évolution* (Éd. Odile Jacob, 1993). Rappelons que le naturaliste A.R. Wallace a également émis une théorie fondée sur la sélection naturelle, indépendamment de Darwin et à la même époque. Mais il n'en a pas pour autant poussé l'étude.

3. Il est de tradition, depuis Linné, de classer le vivant selon un arbre dont les grandes subdivisions constituent les *embranchements*, chaque branche maîtresse étant appelée *clade* et chaque segment *grade*. Mais dans la taxinomie du vivant, cette division n'est pas universellement reconnue, d'autant qu'elle peut varier, comme ce fut récemment le cas avec la phylogénie bactérienne. Un embranchement se subdivise en *classes* (exemple, les oiseaux) qui elles-mêmes constituent des *ordres* (exemple, les passereaux). L'espèce est un ensemble d'individus interféconds.

lages en fonction de différents événements : il s'agit d'abord d'expliquer ce qui est observé, en particulier chez les fossiles. Elle traduit d'ailleurs l'irréversibilité chronologique des processus de complexification croissante bien que des régressions et accidents soient possibles. En fait, le principe du transformisme consiste essentiellement à rechercher des liaisons causales et des corrélations déterministes entre des phénomènes apparemment disparates en les justifiant les uns par les autres au moyen d'une logique interne fondée sur quelques règles de contrainte assez simples. Par essence, il ne peut en résulter de prévisions autres que celles qui seraient le fait d'extrapolations toujours problématiques. En effet, n'étant guère susceptible d'expérimentation, elle peut être interprétée de différentes manières non nécessairement toutes mutuellement cohérentes. Difficultés qui sont encore accrues par le fait que l'évolution n'est pas linéaire.

Résumons brièvement le schéma général de cette théorie. D'abord toute espèce vivante est inhomogène car constituée d'individus présentant, au fil des générations, des variations relatives lesquelles peuvent, au moins partiellement, se transmettre à la descendance. C'est la variabilité native résultant du processus de reproduction et de la complexité du génome. Il existe également une variabilité acquise qui est induite par la nécessité d'adaptation aux changements du milieu. Enfin, comme l'a montré plus tard H. de Vries, un troisième type de variabilité aléatoire, mais héréditaire, résulte des mutations. Les effets cumulatifs et interactifs de ces différents processus font évoluer l'espèce et peuvent être capables de générer un large spectre de changements, certains pouvant être importants. C'est ainsi que s'expliquerait la diversité du vivant, explication qui n'est cependant pas entièrement satisfaisante !

Ensuite, comme il y a généralement plus de descendants dans une population animale que de possibilités de survie fournies par le milieu, il y a nécessairement lutte pour la vie. Donc intervient une règle de sélection naturelle qui, en théorie, favorise les plus aptes issus des variations relatives favorables en éliminant les autres. En pratique, si c'est le milieu qui favorise la descendance la mieux adaptée, le critère de sélection naturelle est cependant plus complexe puisqu'il faut également prendre en compte d'autres paramètres. Ceux-ci peuvent dépendre aussi bien de l'espèce que de son environnement proche et de son contexte, ou de circonstances locales. Par exemple, il peut s'établir une compétition, ou bien une complémentarité, entre différentes espèces occupant un même territoire. De plus, il existe aussi une sélection sexuelle car les mâles et femelles les plus doués ont en général plus de descendance, donc plus de chances de transmettre leurs avantages. En fait, la sélection est de nature *statistique* puisque les caractères qui lui sont soumis peuvent être très variés et parfois presque insignifiants, l'essentiel étant l'avantage résultant pour les porteurs. De toute manière, à la seule exception de l'homme, la sanction de l'inadaptation est l'élimination par la mort, ce qui est le moteur du changement et de l'évolution. Cependant, et contrairement à l'opinion de Darwin, la sélection naturelle ne fait que conserver l'acquis et favoriser certaines opportunités par élimination des autres mais, par elle-même, elle n'est pas génératrice de nouveau, celui-ci en étant une conséquence indirecte. Et dans tous les cas, on observe que les développements de l'ensemble du vivant vont toujours dans le sens de la complexification croissante qui a un caractère adaptatif lié à celui de la sélection, comme le montre, par exemple, l'histoire de l'œil.

On peut finalement résumer le modèle darwinien de l'évolution par la sélection naturelle et la lutte pour la survie, ce qui est tout de même un peu court pour rendre compte de la diversité et des propriétés de l'ensemble du vivant! C'est pourquoi, depuis son apparition, cette théorie a subi différentes modifications et extensions. L'une des plus remarquées fut le néo-darwinisme qui tenta la synthèse avec la génétique. Dans sa théorie synthétique de l'évolution, ce courant postule que le seul moteur de l'évolution est le fait des mutations génétiques qui sont totalement aléatoires. Les résultats sont filtrés par la sélection naturelle. Le néo-lamarckisme rejette cette idée, considérant que les mutations sont néfastes dans la quasi-totalité des cas. Et que, de toute manière, étant donné leur insignifiance, il faudrait des durées bien supérieures à l'âge de l'univers pour aboutir à la diversité actuelle. En fait, nous verrons que le rôle du hasard reste mal interprété.

A l'évidence, il faut intégrer à cette théorie les acquis récents de la biologie moléculaire et de la génétique. Car il serait surprenant que l'évolution ne fasse pas intervenir les gènes ou, plus exactement, certains processus de modification et de transferts de matériel génétique bien que ceux-ci puissent demeurer obscurs. Il devrait en résulter l'intégration d'informations pouvant provenir de plusieurs sources, enrichissant et accélérant ainsi la diversification par l'apparition de nouveaux gènes. Il existerait donc deux niveaux d'évolution, l'un microscopique dû aux mutations modifiant le génome alors que l'autre interviendrait au plan macroscopique en fonction de la pression du milieu. Sur des intervalles de temps géologiques, l'accumulation de ces interactions complexes et multiformes expliquerait l'arbre généalogique du vivant.

Par exemple l'étude de certaines séquences biochimiques du génome et la reconstitution de leur histoire confirment ce point de vue dont on commence seulement à entrevoir les perspectives. On observe que, dans une espèce donnée, il y a quasi-conservation des gènes gouvernant les mécanismes fondamentaux. On dispose ainsi de certains repères phylogéniques. Exprimée en fonction des mutations, la comparaison des variations de tels gènes dans différents organismes permet de définir un paramètre appelé *distance d'évolution*. C'est ce qui a récemment conduit à une révision de l'arbre phylogénique bactérien.

La génétique des populations permet également d'étudier certaines propriétés de l'évolution dont les résultats sont confrontés à ceux de la paléontologie. Il apparaît des similitudes de mécanismes et des corrélations entre la micro et la macroévolution bien que leurs relations restent le plus souvent inexpliquées. Car on connaît mal les interactions existant entre certaines caractéristiques du génome et leur correspondance macroscopique. C'est par exemple le cas pour les relations entre celui-ci et le cerveau ou l'intelligence, problème d'une grande complexité mais dont l'intérêt est majeur : ce sera probablement l'une des grandes questions biologiques du prochain siècle.

Notons encore que certaines lois statistiques d'évolution de différentes espèces sont observées, toutefois leur étude peut être délicate car il est souvent difficile d'en repérer les déterminants qui sont cependant indispensables pour les interprétations. On a également tenté d'introduire la théorie de l'information et cherché à relier le problème de l'évolution vers la complexité adaptative croissante à celui de l'entropie, sans véritablement pouvoir en tirer de conclusions pertinentes. La théorie a aussi été appliquée aux gènes eux-mêmes, avec quelques excès idéologiques [4] tels ceux de la sociobiologie d'E.O. Wilson. Finalement, on constate des divergences entre ces différents résultats, en particulier ceux de la paléontologie et certaines données de la génétique. Toutefois le principe de sélection naturelle, bien qu'interprété différemment, reste une donnée permanente et c'est pourquoi il représente la règle fondamentale d'explication de la théorie de l'ascendance commune.

Les grandes phases de l'évolution

Les preuves de l'évolution du vivant sont maintenant suffisamment abondantes et diversifiées pour que ce processus ne puisse plus être rationnellement mis en doute. En effet, on les trouve aussi bien en paléontologie et en biogéographie qu'en taxinomie et en embryologie, ou en génétique soit biochimique soit des populations. Ce sont les premières qui restent encore les plus pertinentes mais, comme dans toutes les archives fossiles, il existe des zones d'ombre qui nécessitent des extrapolations.

Selon les données paléontologiques actuelles, à partir des origines et pendant plus de deux milliards d'années les seules formes de vie identifiées appartiennent au groupe des bactéries. L'étude du séquençage comparatif des acides nucléiques et des protéines a conduit récemment (C. Woese, 1981 et 1987) à une remise en cause de l'arbre phylogénique bactérien qui est aussi celui du vivant primitif. Actuellement il est constitué de trois rameaux initiaux : les archaebactéries, les eubactéries et les urcaryotes, qui auraient été les précurseurs des eucaryotes. Chacun d'eux est issu soit des progénotes, soit d'un ancêtre inconnu, cette question des origines restant controversée. Après leur apparition, et à la suite de leur diversification fonctionnelle et

---

4. Selon les sociobiologistes, les maîtres seraient les gènes qui régneraient sur l'ensemble de l'organisme considéré comme l'instrument de leur survie. Ils le feraient à la manière d'un programme d'ordinateur contrôlant les fonctions de sa machine. Et c'est pourquoi ils auraient fini par concevoir le cerveau! Vision quelque peu surréaliste car encore faudrait-il que les gènes disposent des moyens nécessaires... ce qui serait pour le moins inattendu! La sociobiologie, qui va idéologiquement bien au-delà, est une sorte de maladie de jeunesse de la génétique moderne.

structurelle leur permettant de s'adapter à tous les milieux, ces êtres monocellulaires ont envahi toutes les aires de vie disponibles pour finir par les saturer. Car l'expansionnisme est l'une des lois essentielles du développement de la vie.

Ce monde primaire de bactéries anaérobies hétérotrophes était fragile puisqu'il dépendait entièrement des ressources organiques du milieu qui restaient limitées. C'est pourquoi ses chances de survie auraient dû être faibles alors qu'il n'en a rien été. On ignore quelles ont pu en être les raisons détaillées, mais on observe que chaque rameau s'est remarquablement adapté, certes après des phases normales d'éliminations. Les archaebactéries thermoacidophiles sont les plus anciennes mais aussi les plus proches des eucaryotes primitives. Elles durent s'intégrer à leur habitat en commençant probablement par tirer leur énergie de la réduction du soufre, très abondant par suite du volcanisme. Elles développèrent des membranes très résistantes englobant des génomes simplifiés et compactés leur permettant de mieux se protéger de leurs difficiles conditions de vie et des contraintes externes. Elles tentèrent également quelques innovations, par exemple Halobacterium halobium qui inaugura la conversion photochimique mais de manière assez peu efficace.

Les procaryotes ont privilégié la prolifération en diversifiant leur génome de sorte qu'une partie principale stable assurait un métabolisme rustique, mais efficace, tandis qu'une fraction secondaire modifiable gérait les relations avec l'environnement en s'adaptant à ses variations. C'est ainsi que les eubactéries devinrent des microstructures chimiques réplicatives de haute précision et extrêmement proliférantes. Ce furent elles qui contribuèrent le plus à l'envahissement et aux modifications du milieu naturel. Elles ont été très largement favorisées, quelque cinq cents millions d'années plus tard, par l'apparition d'un nouveau métabolisme leur permettant de synthétiser leur matière de base à partir d'éléments inertes puisés dans le milieu. Ce fut le début du processus chlorophyllien conduisant à l'amorce du cycle du gaz carbonique et au rejet d'oxygène, donc à la modification de la composition atmosphérique. L'énergie solaire étant quasi illimitée et la matière première extrêmement abondante, l'autotrophisme permit alors l'essor véritablement massif de la vie.

Quant aux cellules urcaryotes, elles se sont spécialisées dans le développement complexifiant aux dépens, relatifs, de la prolifération. L'effort de perfectionnement a principalement porté sur le génome puisqu'il a vu son potentiel informationnel notablement démultiplié sans pour autant tomber dans une trop grande spécialisation qui aurait nui aux nécessités de l'adaptation. C'est ainsi que des séquences morcelées d'ADN non codant apparurent sous des formes suffisamment souples pour pouvoir être ultérieurement transformées en gènes. A la suite d'une très longue série d'essais dans de multiples directions et dans des conditions variées, il est probable que la sélection naturelle a fini par fournir une réponse adaptée à l'aléatoire inhérent aussi bien aux changements des conditions de vie qu'aux nécessités de la complexification adaptative. Celle-ci était déjà potentiellement contenue dans la structure de ces cellules qui annonçaient les eucaryotes et leurs systèmes membranaires internes séparant les différents organites, dont le noyau, lesquels ont été à l'origine d'un métabolisme plus complexe et autrement plus performant!

Mais la véritable mutation des urcaryotes fut le résultat de deux événements de portée considérable. Il s'agit, d'une part, de l'apparition d'oxygène atmosphérique d'origine photosynthétique qui, avec la respiration, permit la vie aérobie. Qui plus est, celle-ci put se répandre en surface grâce au filtre protecteur ultraviolet que constitue l'ozone qui est une molécule triple d'oxygène. D'autre part, environ deux milliards d'années après les débuts de la vie se produisit un phénomène d'association, l'endosymbiose, entre certaines bactéries phototrophes ou dotées de fonctions respiratoires et des cellules urcaryotes. C'est cette fusion endosymbiotique qui, en apportant de conséquents avantages à l'ensemble, aboutit aux complexes cellules eucaryotes. Celles-ci se sont alors diversifiées en fonction de la transformation de leurs endosymbiontes en chloroplastes, caractéristiques du règne végétal, ou en mitochondries qui existent dans les deux règnes.

Deux autres innovations majeures furent encore indispensables pour permettre le grand départ vers la complexification adaptative croissante devant aboutir à l'émergence du système nerveux central, puis du cerveau. La première, qui eut lieu chez les eucaryotes environ cinq cents millions d'années après leur apparition, fut la reproduction sexuée. Par la redistribution rapide et aléatoire de l'information génétique qui en résulta, elle joua le rôle de puissant accélérateur de la diversification et de la complexification adaptative, et fournit une abondante matière à la sélection naturelle. L'autre, qui demanda plusieurs centaines de millions d'années supplémentaires, fut la pluricellularité. Le franchissement de cette étape majeure a réellement changé la dimension des perspectives de développement de la vie. Après celui de la cellule, il se créa un ordre mésoscopique du vivant car la matière organisée contient beaucoup plus d'information que celle qui ne l'est pas. C'est ainsi que le transfert de la complexification depuis le niveau cellulaire jusqu'à celui de l'organisation interne, puis plus tard externe, fut une véritable révolution. En effet, passant de la limite du microcosme au mésocosme, la vie se hissa au niveau de la planète avec toutes les prodigieuses démultiplications qui en furent les conséquences. Les possibilités devinrent incomparablement plus vastes et d'une tout autre richesse ainsi que le montrent sans ambiguïté les développements ultérieurs du vivant macroscopique. Dans la pluricellularité, c'est la diversification cellulaire et organique qui a permis l'extension considérable du spectre des formes animales et végétales, tout en les dotant de potentialités fonctionnelles nouvelles qui ont fini, pour l'homme, par inverser les données du problème de ses rapports avec le milieu !

On peut en tirer deux conclusions intéressantes. D'une part, les nouvelles découvertes phylogéniques et biologiques microscopiques ne font que confirmer l'unité de la vie dans la multiplicité de ses manifestations, d'autre part, après probablement toute une série d'essais et d'éliminations, l'évolution a conduit à la sélection de voies complémentaires dans ses développements. Mais celles-ci montrent que la complexité était présente dès les débuts et que ce pourrait être un préalable nécessaire, ce qui laisserait supposer qu'une très longue série de transformations auraient dû précéder l'apparition de la vie. Si celles-ci s'avéraient indispensables pour son émergence, par exemple en requérant une convergence de chaînes prébiotiques spécifiques et diversifiées, la question de l'origine pourrait se reposer autrement de sorte qu'il n'y aurait peut-être pas d'ancêtre primitif unique ! Enfin, la transition de la vie entre le microcosme et le mésocosme n'est certainement pas un phénomène banal, et il serait possible que les conditions de ce transfert n'aient pas été suffisamment étudiées, en particulier pour en préciser les modalités et les contraintes pouvant intervenir à propos d'une éventuelle vie extraterrestre primitive [5].

Revenons à l'étude des fossiles pour constater leur rareté durant tout le précambrien (des origines de la Terre à − 500 millions d'années), période durant laquelle ils sont tous d'origine marine. Les premiers végétaux apparaissent au cambrien (-500 à − 400 millions d'années) bien que, jusqu'au silurien (− 360 à − 330 millions d'années), les traces restent peu abondantes. C'est juste après, au dévonien (− 330 à − 280 millions d'années), que la végétation prolifère et évolue très rapidement jusqu'au carbonifère (− 280 à − 210 millions d'années). On observe un ordonnancement sans faille dans l'ensemble des développements du règne fossile végétal connu. Autrement dit, la complexification adaptative observée est toujours chronologiquement distribuée de telle sorte que les formes simples précèdent toujours celles qui le sont moins.

Quant aux animaux, la plupart des invertébrés sont présents dès les débuts du cambrien. Les vertébrés apparaissent à la fin du silurien et l'on remarque que l'œil existe déjà, donc qu'il doit en être de même pour le système nerveux central. Dès la fin de l'ère primaire (− 500 millions d'années), des signes avant-coureurs d'organisation mammalienne sont présents alors que l'ère secondaire (− 190 à − 65 millions d'années) est celle des grands reptiles envahisseurs de la surface terrestre. Ce qui n'empêche pas le développement des petits mammifères. Au cours de l'ère tertiaire (− 65 millions d'années), les grands reptiliens disparaissent pendant que les oiseaux prolifèrent et que les mammifères peuvent prendre leur véritable essor. La plupart des ordres recensés aujourd'hui sont déjà présents [6]. C'est également la période des grands mouvements tectoniques qui vont

---

5. Nous pensons, en particulier, à la relation de Drake tentant d'estimer les probabilités d'existence de la vie extraterrestre, dans laquelle ce paramètre n'est pas explicitement pris en compte.

6. Outre quelque 30 000 espèces unicellulaires, on recense aujourd'hui environ 450 000 espèces végétales regroupées en deux grandes familles : les cryptogames (plantes sans fleur) et les phanérogames (plantes à fleurs). Le règne animal comporte de l'ordre de 1 200 000 espèces réparties en 15 embranchements. Il y a près de 43 000 espèces de vertébrés formant 5 classes (poissons : 20 000; oiseaux : 9 000; reptiles : 6 000; mammifères : 4 287; amphibiens : 3 000). L'homme constitue l'espèce sapiens appartenant au genre homo de la famille des hominidés située dans l'ordre des primates qui font partie de la classe des mammifères placentaires.

conduire aux principaux déterminants du relief actuel. Finalement c'est au quaternaire (– 3 millions d'années) que l'on trouve les premiers grands primates puis les hominiens. Ici encore, l'ordre chronologique d'apparition des groupes en fonction de leur complexité est respecté, à quelques régressions près qui sont tout à fait explicables.

Compte tenu de la richesse des archives fossiles actuelles, il est bien peu probable qu'une remise en cause de l'évolution puisse avoir lieu! D'autant que l'on dispose de séries fossiles caractéristiques qu'il serait difficile de réfuter, en particulier celle qui concerne la classe des mammifères. De toute manière, l'évolution est tout à fait confirmée par les études comparatives des embryogenèses et des récapitulations phylogénétiques qui relient le thesaurus génétique à celui des classes ancestrales. Il en va également de même avec l'anatomie comparée dont l'étude des liaisons entre les séries organiques homologiques et le fond génétique commun.

Le postulat d'objectivité de la nature : la sélection naturelle n'a pas de but

Malgré quelques difficultés, en particulier concernant les processus de spéciation, dans ses développements les plus récents, la théorie darwinienne explique rationnellement de manière assez satisfaisante le passage des formes de vie les plus simples aux plus complexes, sans avoir recours à une quelconque finalité. Ce qui est déjà un avantage considérable car si des améliorations restent nécessaires, il est très probable, sinon certain, que les idées de base, dont la complexification croissante et la sélection naturelle, subsisteront. D'ailleurs on ne connaît pratiquement pas d'autre explication rationnelle qui soit plus satisfaisante.

Si la multiplication des espèces est inhérente au processus, on constate cependant que la classification actuelle du vivant connu ne présente absolument pas de développement pyramidal uniforme ou convergent dont l'homme serait le sommet. L'évolution a conduit à l'émergence de différents rameaux qui ont chacun proliféré dans telle ou telle direction, et il se trouve qu'il y en a un qui a été beaucoup plus loin, pour finir par dominer. Ce qui est déjà un indice conséquent en faveur de l'absence de projet.

Mais le véritable argument est celui du caractère probabiliste de la sélection naturelle. En effet, à partir de la prodigieuse diversité consécutive à la sexualité, c'est-à-dire au processus de reproduction des individus, il n'y a pas systématiquement survivance des plus aptes et disparition des autres, mais seulement accroissement de leur probabilité de survie et de transmission de leur patrimoine génétique. D'autant que si, pour assurer une bonne adaptabilité à tout changement et à l'imprévu, une grande variabilité génotypique est indispensable, il est clair que sans limitation celle-ci conduirait rapidement au chaos. Et c'est précisément le rôle de la sélection naturelle d'en limiter les excès par un moyen radical qui ne doit rien au hasard puisqu'il s'agit de l'élimination physique des moins performants. Ce thème est souvent développé au moyen des concepts de proie et de prédateur! Mais elle l'utilise de manière aléatoire en fonction des avantages acquis par les catégories statistiquement les mieux adaptées, avantages qui, pour s'exprimer, doivent cependant tenir compte des circonstances et des particularités locales. L'arbitraire provient du fait que la valeur sélective propre d'un génotype n'est pas un paramètre rationnellement définissable, donc mesurable. Il en résulte que la sélection naturelle est conservatrice si les conditions externes sont relativement stables alors qu'elle peut devenir novatrice si celles-ci varient fortement, et même parfois brutalement!

Somme toute la sélection naturelle, qu'elle joue au niveau du génome ou de l'individu, est un tri aléatoire en fonction des propriétés des éléments sur lesquels elle agit et des conditions de cette action. Or, précisément, *stricto sensu* le propre du hasard est de n'être pas formellement définissable car si la mathématique savait le faire alors il ne s'agirait plus, à proprement parler, de hasard! On ne peut véritablement le caractériser que par voie négative, c'est-à-dire reconnaître ce qui ne lui est pas soumis. Et *s'il n'y a pas de loi, il ne peut donc pas y avoir de finalité présente à l'origine*[7] puisque précisément le hasard est la caractéristique des

---

7. Nous verrons cependant dans la suite (voir note suivante et chapitres 5 et 6) que, sous certaines conditions, le hasard physique peut être doté de propriétés génératives susceptibles de fixer certains objectifs. Mais, d'une part, ces objectifs ne peuvent *exclusivement exister qu'a posteriori*, d'autre part, ils subissent aussi

événements fortuits. De plus, un événement aléatoire isolé n'a aucune signification en soi, seul un ensemble de tels événements pouvant en acquérir une par l'intermédiaire du concept de probabilité et par le recours aux méthodes statistiques. La loi de distribution des probabilités, bien que non aléatoire, ne possède aucun sens intrinsèque car *c'est une conséquence et non une cause* des événements permettant de l'établir. Ce sont, en effet, eux qui définissent la distribution et non l'inverse. Dans le cas de l'évolution du vivant, le destin collectif d'une espèce résulte de l'ensemble des propriétés et des possibilités du spectre des écarts aléatoires relatifs des individus, ce qui permet de définir une sorte de moyenne théorique de référence. En d'autres termes, la distribution n'ayant aucune existence objective préalablement à celle du groupe qui va l'engendrer, elle ne peut pas correspondre à un projet quel qu'il soit. De plus, introduire un seul élément non aléatoire remettrait en cause le processus, comme le démontre la sélection artificielle agro-pastorale pratiquée de longue date par l'humanité pour sa survie et son confort.

Remarquons encore que, l'évolution étant un phénomène global, des séries physiques aléatoires peuvent être reliées de manière non aléatoire, ce qui signifie que des systèmes désordonnés peuvent être corrélés de manière ordonnée[8]. Autrement dit, une certaine forme d'ordre peut naître du désordre, mais pas n'importe lequel !

De plus, la nécessité du hasard s'impose en tant que condition initiale si l'on observe que la seule invariance de l'aléatoire est l'aléatoire, c'est-à-dire que seul le hasard est non perfectible. Ce qui signifie qu'il était déjà parfaitement adapté dès les origines de la vie. En d'autres termes, et c'est capital, seul le hasard physique est insensible à toute forme de sélection, naturelle ou non.

Comment peut-on comprendre le rôle du hasard? Commen-

---

l'évolution bien que ce soit sous des formes plus évoluées, certaines étant par exemple liées au développement technologique.

8. Une série aléatoire n'est pas porteuse d'information car, modifiée de manière aléatoire, elle reste aléatoire. Autrement dit, l'erreur d'impression est impossible ! En revanche, sous certaines conditions il peut exister des corrélations entre deux (ou plusieurs) séries physiques aléatoires, corrélations qui peuvent être porteuses de sens, en particulier leur valeur moyenne. *C'est l'une des manifestations de la générativité.* Un point curieux est le suivant : un savoir déterministe est indispensable pour fonder et établir un modèle probabiliste.

çons par remarquer que des séries aléatoires, mais cumulatives, de micro-mutations génotypiques ou de petites modifications phénotypiques, ou autres, provenant de multiples causes qui ne sont pas toujours identifiées, peuvent induire des phases de changements devenant parfois inflationnistes par suite de circonstances plus ou moins exceptionnelles (climatiques, atmosphériques, chimiques, géologiques, écologiques, biologiques...). Ce fut, par exemple, le cas de l'explosion du cambrien qui vit assez soudainement, dans l'échelle des temps géologiques, l'apparition des animaux complexes. Elle peut s'expliquer par le début de la saturation du milieu marin à la disposition des êtres monocellulaires, dont l'expansion a duré 2,9 milliards d'années sans rencontrer de problèmes d'approvisionnement et d'environnement. Comme une propriété fondamentale de la vie est son expansionnisme, il est certain que les aires de vie à conquérir devaient finir par se raréfier. C'est donc pour éviter les risques d'une extinction massive que le vivant dut s'adapter à cette situation nouvelle en se restructurant et en se diversifiant de sorte qu'il y ait réorganisation de l'espace vital et redistribution des ressources. La seule solution étant la complexification adaptative, en quelques millions d'années apparurent nombre d'espèces nouvelles multicellulaires dotées des fonctions et organes nécessaires pour l'assainissement et l'accès à un nouvel équilibre transitoire d'un milieu naturel en pleine évolution. Ce processus d'accumulation puis d'accélération sélective suivie de stabilisation n'est pas spécifique de l'évolution du vivant. D'ailleurs, le phénomène inverse existe également comme ce fut le cas lors des extinctions du permien (− 210 à − 190 millions d'années) ou du crétacé (− 70 millions d'années) qui virent disparaître quantité d'espèces par suite de profonds changements des conditions externes, en particulier géologiques et climatiques.

Mais ce n'est pas tout. Supposons qu'un événement important, par exemple une mutation conséquente, se produise dans un certain écosystème. Trois possibilités principales sont offertes au porteur. Soit il y trouve une résonance négative, même ténue, et alors il disparaît. C'est le cas, de loin le plus fréquent, d'une mutation défavorable. Soit il ne rencontre aucune résonance locale et il peut être intégré ou éliminé, mais il peut aussi, en fonction des circonstances, faire face à des changements ou migrer vers d'autres lieux plus favorables où il a quelques chances de pouvoir exprimer sa différence. Soit enfin, cas infiniment moins probable, le porteur suscite localement une résonance positive, même faible, permettant son développement qui pourra être rapide. Mais le plus souvent la résonance est également fortuite. Aussi la probabilité optimale est-elle l'intégration locale puis l'accumulation, généralement extrêmement lente, dans l'attente de conditions plus favorables à son expression. On est donc en présence d'au moins trois séries causales apparemment indépendantes[9] : la nature et les effets de la mutation ou de la modification, la réceptivité de la population, enfin les conditions nécessaires à son expression et l'influence de l'environnement. La nature de la pression sélective intègre ces paramètres. La création de nouveau résulte donc bien de la convergence aléatoire de séries autonomes, qui peuvent être plus diversifiées mais dont la conjonction est due au hasard. La sélection naturelle peut le laisser filtrer puisqu'elle intervient aux niveaux de la réception, de la transmission et de l'amplification de la mutation. Elle peut donc *sembler* créatrice alors qu'*elle ne l'est pas* puisqu'elle n'agit pas en amont. Lors de la réplication de l'ADN des erreurs de copie et de possibles effets cumulatifs peuvent aussi induire des mutations très importantes. De la sorte, sur des intervalles de temps suffisamment longs, un vaste spectre de possibilités cohérentes de développement du vivant pourrait finir par être exploré puisque ce qui est aberrant subit une élimination systématique. Ce fut peut-être le cas avec les grands reptiliens dont le gigantisme paraît tout de même quelque peu insolite !

La sélection naturelle, qui est un processus *opportuniste*, permet l'explication rationnelle de l'amélioration statistique des performances des individus par le progrès évolutif et l'adaptation observables à travers la succession des générations. Son principal moteur est la complexification adaptative croissante, instrument de progression indispensable pour assurer la survie. Mais elle n'a pas pour but une quelconque et hypothétique perfection ultime qui ne pourrait d'ailleurs être qu'un concept métaphysique. D'autant que le progrès, qui ne peut se définir que relativement,

---

9. Les deux dernières séries, c'est-à-dire la réceptivité de la population et l'environnement, peuvent ne pas être indépendantes. La pression sélective dépend des effets différentiels entre les mutants et les autres.

n'est pas une caractéristique universelle de l'évolution puisque des lignées apparemment bien adaptées, comme certains reptiliens, ont disparu alors que d'autres n'évoluent pas pendant des centaines de millions d'années.

C'est donc à partir de la sélection naturelle jouant sur l'aléatoire de la diversification du vivant que s'explique l'évolution. Ainsi l'innovation et le progrès sont-ils bien le fruit du hasard filtré par des règles de sélection, sans qu'intervienne un quelconque programme téléologique.

C'est ce que traduit le postulat d'objectivité de la nature qui peut s'exprimer sous la forme suivante : étant entièrement soumise au seul hasard, l'évolution du vivant n'est tributaire d'aucun finalisme. Ce qui revient à confirmer que tant dans l'étude de la vie que dans celle de l'ensemble de l'univers, on n'a encore jamais identifié le moindre élément rationnel permettant de supposer une quelconque téléologie cosmique. On peut également remarquer que la sélection naturelle élimine non seulement la finalité mais aussi tout choix entre le hasard et la nécessité !

La longue marche vers l'encéphalisation

On a vu que la diversification a commencé à la fin du précambrien, c'est-à-dire il y a environ 600 millions d'années. Environ 150 millions d'années plus tard apparaît l'ancêtre du poisson qui présente la caractéristique totalement nouvelle d'être doté d'un organe nouveau : un embryon de système nerveux central. Certes, il est minuscule et tout à fait primitif, mais aussi entièrement programmé, ce qui ne lui laisse aucune liberté, cependant il s'agit bien du précurseur très lointain du cerveau. Rapidement émergent deux fonctions essentielles qui vont tout changer puisqu'il s'agit, d'une part, de gérer la mobilité et, d'autre part, de «voir» l'environnement. Au silurien l'œil est déjà développé et ce minicentre informationnel, grâce à l'autonomie qu'il confère à ses porteurs, permet une adaptation rapide et ouvre l'ère de la compétition macroscopique qui va très vite prendre l'allure d'un jeu redoutablement exterminateur.

Bien qu'il n'y ait pas encore la moindre trace de la plus infime faculté cérébrale, l'organe est parfaitement différencié. Il est constitué de cellules spécifiques, les neurones, assemblées en circuits fonctionnels de transmission, de contrôle et de réaction qui sont reliés à des capteurs externes très rudimentaires. Ce système ultra-primitif ne fonctionne que par impulsions, tout stimulus impliquant une réaction immédiate. Mais il est incontestable que sa fonction principale est le traitement de l'information, paramètre nouveau qui est indispensable au processus de complexification adaptative croissante nécessité par les exigences de la survie. C'est pourquoi il va prendre de plus en plus d'importance au fil du temps.

Après bien des modifications, une centaine de millions d'années plus tard un poisson, le crossoptérygien, sort de l'eau. Les mutations nécessaires pour l'adaptation au milieu terrestre et aérien s'accompagnent d'un développement du protocerveau exigé par les nouvelles conditions de vie. D'autant que les surfaces continentales sont en pleine transformation par suite de l'expansion proliférante des plantes et des insectes, eux aussi dotés d'un système nerveux neuronal. Les difficultés augmentant rapidement, le protocerveau se développe en multipliant le nombre de ses cellules nerveuses et de ses circuits. Mais le fonctionnement reste programmé et, malgré leur diversification, les comportements ne sont encore que des automatismes. C'est-à-dire qu'il n'y a pratiquement aucune possibilité d'initiatives. Ce handicap peut être mortel dès que se présente une situation non prévue. Il est donc évident que si, pour une espèce, la possession d'un protocerveau est un avantage considérable, en revanche sa rigidité représente un grave inconvénient, situation qui ne peut durer au regard de l'évolution !

Il va falloir encore beaucoup de temps pour que cet état de fait change. En effet, ce sont d'abord les amphibiens, formes intermédiaires et transitoires entre la vie aquatique et son prolongement terrestre, qui subissent les premières modifications de leur très modeste système nerveux. Puis, il y a environ 300 millions d'années, apparaissent les reptiliens qui, faute d'adversaires, dominent rapidement la planète. La diversification est alors prodigieuse, parfois aberrante. Il semble que ce soit chez certains d'entre eux qu'apparaissent les premiers rudiments d'activité cérébrale semi-autonome. Car en dépit de leur très petit cerveau, leur organisation morphologique et organique indique que les reptiliens jouissent d'une très large autonomie de mouvement impliquant la possession de processus de décisions aléatoires et de systèmes complexes de commande et de contrôle musculaire. Ils sont capables de gérer leur mobilité et de prendre certaines décisions face à des situations imprévues. Ce qui exige de nouvelles possibilités cérébrales de traitement de l'information, mais qui restent très limitées compte tenu de la modestie de l'organe.

Parallèlement se développe une nouvelle classe d'animaux beaucoup plus évolués, les mammifères, qui doivent cohabiter quelques dizaines de millions d'années avec de féroces reptiliens. Cependant ils ont de puissants atouts car ils sont très petits, à sang chaud donc à performances constantes, et pourvus d'un cerveau qui va rapidement se développer. Le métabolisme à sang chaud, en rendant l'organisme indépendant des conditions externes, est indispensable pour la permanence des facultés cérébrales, donc ultérieurement de l'intelligence. De plus, il exige la protection des petits à la naissance (le rapport de leur surface à leur volume étant thermiquement défavorable), ce qui va exiger l'apparition de l'instinct parental qui deviendra fondamental chez l'homme. Comme ils sont très vulnérables mais indépendants des conditions externes, ce qui ne semble pas avoir été le cas des reptiliens (la question est controversée), ils développent une activité nocturne pendant laquelle leurs adversaires manquent de calories...! Cela contribue à développer puissamment leur vision nocturne, leur ouïe et leur odorat. Tous ces éléments conduisent à un important accroissement du volume cérébral et à une profonde restructuration de l'organe avec, en particulier, l'émergence de nouveaux circuits constituant des aires spécialisées. Par suite de leur grande variabilité et de leur subtilité, les informations provenant de ces nouveaux capteurs nécessitent un traitement beaucoup plus complexe et une interprétation qui s'opposent à l'instantanéité de la réponse. Il faut donc un temps d'analyse exigeant l'apparition d'une fonction révolutionnaire puisqu'il s'agit de la mémorisation.

Il est tout à fait curieux de remarquer que la vie semble avoir exploré simultanément deux voies distinctes qui furent, d'une part, la multiplicité morphologique macroscopique avec les dinosauriens et, d'autre part, le psychisme avec le cerveau des mammifères. La première conduisit à l'échec, en partie pour des raisons qui tiendraient à des contraintes mécaniques, même si la disparition des grands reptiliens semble avoir été accidentelle. En effet, et bien que certains d'entre eux aient été adaptés à leur milieu, il est très probable qu'ils auraient eu de faibles chances de survie. D'abord en raison de leur trop faible potentiel psychique qui les rendait peu efficaces et extrêmement vulnérables. Ensuite, vraisemblablement à cause de leur trop grande dépendance vis-à-vis des conditions thermiques externes. Ainsi est-ce bien le mammifère qui a conduit au cerveau humain après que la diversification et la complexification se furent aussi très largement concentrées sur cet organe.

Il n'est pas sans intérêt de constater que ce sont finalement les féroces mais stupides dinosauriens carnivores [10] qui ont joué le rôle capital de règle de sélection pour ce qui concerne le développement du cerveau. En effet, la survie des petits et frêles mammifères ne dépendit que du développement de leurs capacités cérébrales jusqu'à la disparition de ces monstres qui, ce faisant, leur laissèrent le champ libre, événement dont ils profitèrent largement et qui changea toute la suite de l'histoire de l'encéphalisation.

L'évolution morphologique de la boîte crânienne et du squelette des mammifères eut également une grande influence. D'une part, il y avait place pour le développement de nouveaux circuits neuraux qui permirent de structurer puis de diversifier et de hiérarchiser les différentes parties et fonctions du cerveau qui, finalement, parvint à s'autonomiser. D'autre part, les mammifères purent développer de puissants réseaux de contrôle musculaire et de capteurs périphériques fournissant des informations de plus en plus complexes sur le milieu, informations qu'il fallait traiter. C'est ainsi que l'accroissement considérable d'un ensemble varié de moyens de survie et de défense finit par leur conférer des avantages décisifs sur leurs adversaires. Finalement,

---

10. Plus de 600 espèces de dinosauriens ont été recensées. Elles présentent une grande diversité morphologique et dimensionnelle. Tous, il s'en faut, ne furent pas carnivores. Parmi ces derniers, les théropodes étaient les plus dangereux avec, en particulier, le monstrueux tyrannosaurus rex. C'était un monstre de 5 tonnes pour 15 mètres de long et 6 mètres de haut. Il était doté d'une tête de 1,40 mètre de long et de puissantes mâchoires garnies d'une effroyable panoplie de longues et redoutables dents. C'est le plus grand carnivore connu.

lors de la disparition des grands reptiliens, il y a près de 65 millions d'années, les éléments du processus d'encéphalisation devant aboutir à une activité cérébrale performante étaient à peu près en place. C'est ainsi qu'il fallut environ 400 millions d'années pour passer du premier névraxe au cerveau autonome, dont un peu plus du tiers pour inventer l'organe proprement dit. Sur un tel intervalle de temps, c'est plus d'une centaine de millions de générations qui se sont succédé, ce qui n'est pas rien au regard des effets cumulatifs de l'évolution! D'autant que la férocité de certaines espèces, en accélérant l'élimination systématique des sujets les plus mal adaptés, a largement favorisé la propagation de tout avantage acquis, si minime soit-il.

Résultant de la complexification encéphalique croissante, deux fonctions révolutionnaires, la mémoire et l'apprentissage, firent leur apparition concomitamment au remplacement du fonctionnement impulsionnel cérébral par le régime continu, autre avantage décisif. De plus, l'exploitation optimisée de la prolifération informationnelle n'étant plus compatible avec une programmation trop rigide, le système acquit une certaine liberté décisionnelle. Liberté liée à l'apparition d'une forme très primitive d'activité réactionnelle nécessaire pour adapter certains comportements face à des situations imprévisibles. En définitive, dès cette époque pratiquement toutes les grandes fonctions cérébrales des mammifères modernes étaient déjà présentes, au moins à l'état latent, à l'exception de celles qui sont caractéristiques d'Homo sapiens sapiens.

L'histoire de l'émergence du cerveau humain selon la paléoanthropologie

Pour résumer très schématiquement les principales phases ayant conduit au cerveau humain, on peut remarquer qu'elles se déroulèrent en trois grandes étapes, plus une. En effet, il y eut d'abord celle de l'émergence et des essais préliminaires des constituants élémentaires, ce qui nécessita un peu plus de 3 milliards d'années. Elle fut suivie, pendant une centaine de millions d'années, d'une période de mise au point des éléments de base et des circuits primaires, en particulier de certains capteurs destinés à permettre la mobilité. Enfin, au cours des derniers 400 millions d'années, ce fut l'ère des assemblages, des prototypes et des maquettes les plus diverses, ère durant laquelle il fut donné libre cours à la complexification adaptative croissante, heureusement filtrée par la sélection naturelle, ce qui a évité la prolifération exponentielle qui aurait certainement mené à la catastrophe. Quant à la quatrième étape, qui va particulièrement retenir notre attention, c'est précisément celle, tout à fait à part, qui a conduit au cerveau humain.

Considérons donc l'histoire qui peut être extraite des fossiles. Relativement abondants pour ce qui concerne les préhominiens, ils sont plus rares, sinon absents, pour les précurseurs et plus particulièrement pour l'éventuel ancêtre commun. Malgré les grandes incertitudes qui en résultent, en particulier la manière dont se sont effectuées les principales transitions ayant jalonné le passage de l'animal à l'homme, la plupart des spécialistes sont cependant à peu près d'accord sur un certain nombre de points. C'est ainsi qu'ils attribuent au genre homo, dont Homo sapiens est aujourd'hui la seule espèce vivante, une origine ancestrale commune appartenant à l'ordre des primates. Ils estiment que cet ordre est apparu il y a environ 60 à 70 millions d'années. Les simiens, sous-ordre des primates, ont dû s'en détacher il y a une quarantaine de millions d'années, avant de se diviser en trois catégories dont l'une, celle des anthropoïdes, aurait conduit il y a environ 4 millions d'années à la famille des hominidés.

Si l'on ignore les causes de ces transformations, probablement multiples mais relativement rapides, on sait cependant que cette époque connut de très importants bouleversements, aussi bien climatiques que géologiques. Un long cycle de refroidissements conduisit à une période de fortes glaciations, notamment en Europe qui vit sa flore et sa faune complètement perturbées. Une grande sécheresse entraîna un recul de la forêt tropicale qui abritait des préhominiens. Ils se trouvèrent ainsi confrontés à de profondes modifications de la végétation et du milieu. Ce fut également une ère de bouleversements géologiques puisque c'est au néogène (− 25 à − 1 million d'années) que se séparèrent les continents et que se développa l'orogenèse. Cette époque d'importantes et rapides transformations ne fut certainement pas sans lourdes conséquences sur les conditions de survie et d'adaptation des ancêtres lointains, mais on en connaît mal les détails.

Une autre donnée peu discutée concerne le rôle capital du développement conjoint du cerveau et de la main. Ce qui suppose que l'œil ait atteint un haut degré de performances, dont la vision en relief et en couleurs, capacités qui exigent également des structures cérébrales très évoluées. Cette phase d'acquisition aurait été le fait des primates arboricoles et des simiens, ainsi que l'apparition d'un pouce opposable aux autres doigts de ce qui n'est pas encore tout à fait une main. Ces éléments sont, en effet, indispensables pour assurer une préhension efficace permettant, en particulier, la saisie des branches et une quête plus abondante de nourriture. Ils favorisent aussi l'estimation des distances et l'équilibre dans des situations instables de la vie arboricole. La station verticale est à coup sûr une autre condition avantageant puissamment l'encéphalisation puisqu'elle libère les mains tout en favorisant le développement de la boîte crânienne et de la vision. Elle permet aussi des changements morphologiques importants.

Pour ce qui concerne les développements du cerveau, le problème est plus complexe puisque les fossiles ont généralement des boîtes crâniennes nécessitant des études morphologiques et l'interprétation des empreintes. La première information étant le volume cérébral, nombre d'analyses comparatives portent sur les lignées primitives et parallèles, ce qui permet de suivre l'évolution de l'encéphalisation.

Avant d'en voir les principales étapes, précisons qu'une certaine prudence est nécessaire dans les études comparatives des volumes cérébraux d'un *même* phylum. En effet, malgré l'introduction de facteurs correctifs, ce paramètre est trop global pour être véritablement caractéristique. Ainsi, dans la lignée humaine, les variations peuvent être considérables sans que l'on observe d'effets réellement pertinents [11]. Car l'autoréférentialité de

---

11. La baleine possède le plus gros cerveau connu puisqu'il pèse de l'ordre d'une dizaine de kilogrammes, soit un volume d'une dizaine de litres. Cependant, rapporté à la masse totale, son indice d'encéphalisation est 200 fois plus faible que celui de l'homme. Chez celui-ci, on observe des variations du simple à près du triple sans effets réellement significatifs, des réussites exemplaires étant connues aux deux extrêmes telles que, par exemple, celles de A. France et L. Gambetta (~ 1 000 cm³) ou celles de L. Byron et O. Cromwell (~ 2 300 cm³).

l'intelligence rendant impossible sa définition rationnelle, sa mesure ne peut être que conventionnelle, c'est-à-dire subjective. C'est pourquoi la recherche de relations *individuelles* entre le volume cérébral et les capacités intellectuelles ne peut pas être significative. En revanche, ce n'est plus le cas pour les études *collectives* qui permettent de définir des corrélations entre un volume cérébral moyen d'une espèce, qui lui est propre, et l'ensemble de ses activités. Si les documents fossiles sont suffisants pour conduire à une estimation de ces deux paramètres, les études comparatives inter-espèces sont alors pertinentes. C'est à peu près le cas pour les séries hominiennes, les activités étant déterminées à partir des traces laissées dont les outils, les foyers et habitats, les sépultures, les arts pariétaux... Les résultats que l'on peut extraire de ces études mettent clairement en évidence des corrélations entre ces données et la valeur moyenne des volumes cérébraux, ce qui en montre la cohérecus et la pertinence.

Cette restriction étant faite, les informations fossiles jointes à l'anatomie comparée montrent que le cerveau est l'organe qui a subi, et de loin, les plus fortes transformations à travers les séries préhominiennes puis ancestrales. En moins de 3 millions d'années, son volume moyen a triplé alors que celui du corps variait relativement peu. En effet, apparu il y a environ 5 à 7 millions d'années et considéré comme pouvant être l'ancêtre du genre Homo, l'australopithèque (Australopithecus africanus) possédait un volume cérébral faible puisqu'il était de l'ordre de 450 cm^3 par rapport à une moyenne de 1 350 cm^3 pour Homo sapiens sapiens. On retrouve encore aujourd'hui le même écart entre ce dernier et celui du chimpanzé qui est notre cousin le plus proche. Puis l'accélération a commencé avec Homo habilis (dont l'appartenance au genre Homo reste contestée, mais c'est un maillon primitif) il y a un peu plus de 2 millions d'années. Une étape majeure fut ensuite franchie, il y a environ 1,5 million d'années avec Homo erectus, dont le volume cérébral atteignait près de 900 cm^3, il a même dépassé 1 000 cm^3 chez les fossiles chinois (Homo erectus pekinensis), qui sont cependant plus tardifs, l'espèce ne s'étant éteinte qu'il y a environ 200 000 ans.

C'est le début de la phase de macro-encéphalisation qui va durer plusieurs centaines de milliers d'années. Il apparaît donc que si la pression sélective n'a pas empêché ce formidable développement cérébral, c'est que celui-ci s'est accompagné de l'acquisition d'avantages considérables, tant au plan individuel que collectif avec l'apparition d'un début de socialisation et d'activités culturelles. En effet, malgré sa microcéphalie, c'est l'australopithèque qui pourrait avoir été à l'origine de l'outil le plus primitif, bien qu'il n'existe que des indices de preuves indirectes. Comme en témoigne l'industrie d'Olduvaï, la véritable invention de l'outil de pierre taillée est attribuée à Homo habilis, raison pour laquelle il a ainsi été qualifié. C'est également chez lui que sont détectées les premières tendances artistiques ayant subsisté sous forme de traces d'ocre rouge représentant des signes symboliques.

L'industrie acheuléenne est associée à Homo erectus qui invente une technique particulière de taille de pierre, dite débitage Levallois, impliquant la prévision de la forme de l'outil, donc la nécessité d'une modélisation cérébrale. Il se répand largement sur la planète où il commence à établir des camps comportant déjà quelques structures spécialisées comme les ateliers de taille d'outils de pierre. Si l'on admet que c'est le début d'une forme très rudimentaire de culture, qui est indiscutablement liée au doublement du volume cérébral, on constate qu'elle doit représenter un acquis majeur des hominiens puisque non seulement ceux-ci ne s'en sépareront plus, mais ils s'en serviront sans relâche pour accélérer, puis ultérieurement modifier à leur profit le cours de l'évolution en assurant leur domination.

C'est probablement Homo erectus qui a d'abord conduit aux présapiens, ensuite aux prénéandertaliens ayant finalement donné naissance soit à nos ancêtres Homo sapiens sapiens, soit à la lignée Homo sapiens neanderthalensis. Ces derniers ont laissé des traces de − 80 000 à − 35 000 ans en Europe. Leur capacité crânienne atteignit 1 700 cm^3. L'industrie moustérienne, qui consistait en débitages Levallois et en travail sur éclats, leur est associée. Ce sont les premiers hominidés enterrant leurs morts ainsi que des animaux. Il semblerait qu'il y ait eu métissage entre les deux sous-espèces, comme le montreraient quelques éléments fossiles présentant des caractères intermédiaires. Homo sapiens sapiens serait apparu il y a très approximativement 50 000 ans, les premières traces actuellement connues ayant été trouvées au Proche-Orient. Cependant les documents fossiles manquent pour comprendre comment s'est effectué le passage d'Homo erectus à Homo sapiens sapiens.

Ces conclusions sont confirmées par d'autres données. Ainsi, fait des plus importants, il n'y a pas continuité anatomique, il s'en faut de beaucoup, entre le cerveau humain et celui du chimpanzé. En effet, de nombreuses spécificités les différencient, ce qui conduit à penser que notre encéphale dériverait d'un modèle antérieur plus primitif. D'autant que le chimpanzé a, lui aussi, évolué. De plus, on ne peut pas formellement prouver que des ensembles de circuits neuraux anatomiquement correspondants ont des analogies fonctionnelles, malgré les techniques neuro-physiologiques les plus récentes. On connaît, en effet, des correspondances qui ont subi des mutations ou des per-turbations par suite de l'émergence de propriétés nouvelles, le cas le plus significatif étant celui du langage articulé qui fait intervenir des aires spécialisées, donc caractéristiques du cerveau humain.

La biologie moléculaire et génétique, qui étudie les compo-sants biochimiques, en particulier les structures des protéines, des lignées animales et humaines, permet de suivre les trans-formations des chromosomes et de faire des comparaisons inter-espèces. Elles montrent qu'il y a une évolution chromosomique. L'histoire du patrimoine génétique dépend des conditions du milieu dans lequel s'est développée l'espèce qui a dû s'y adapter sous l'action de la pression sélective. La différence fondamentale qui caractérise l'homme tient au fait qu'il est devenu capable de se constituer un milieu artificiel où prédomine la culture sur la nature, parfois aujourd'hui avec excès! On peut également mettre en évidence des analogies et des divergences permettant de retrouver des parentés, ou des bifurcations, liées à l'évolution. Par exemple, malgré les énormes différences qui nous séparent, en particulier au niveau des organes de la phonation, on constate que le chimpanzé possède 99 % de son matériel génétique en commun avec le nôtre. Mais apparemment nous sommes les seuls à le savoir!

L'émergence du cerveau humain selon notre hypothèse de l'ecpédèse [12], ou métamutation informationnelle

On ne saura *jamais avec certitude* dans quelles circonstances et en quel lieu, c'est-à-dire *comment* est né l'homme car, quelle que soit la richesse future des données fossiles, une preuve rationnelle des origines n'est pas rationnellement concevable. Comment pourrait-on, en effet, être sûr que les premières traces, les premiers vestiges ou les premiers fossiles n'ont pas disparu, hypothèse bien plus probable que celle de leur conservation. Cette apparition a-t-elle été soudaine et unique? Ou a-t-elle eu lieu en plusieurs phases et en différents endroits? A quelle époque et sur quel intervalle de temps? A toutes ces questions, il est très probable que l'on ne pourra pas répondre de manière incontestable! D'autant que l'irrationnel, au sens où nous l'avons défini dans l'introduction, est rarement absent des propositions qui, jusqu'à présent, ont été avancées. En revanche, on peut tenter de concevoir des scénarios conduisant à cette émergence à partir de conditions initiales et de facteurs spécifiques qui res-

---

12. Ce néologisme, issu du grec «ec» (hors de) et «pédô» (sauter), correspond à l'hypothèse d'apparition d'une discontinuité, ici une *métamutation*, dans un système évolutionnel à la suite d'une suraccumulation de certains facteurs induisant un effet de seuil. C'est-à-dire que, au-delà d'une certaine densité critique de ces facteurs, il y a mutation par effet de masse critique de certaines propriétés de l'ensemble du système résultant. Elles deviennent différentes de la somme initiale des propriétés des constituants. Nous supposons que, dans le cas du vivant, c'est l'accroissement de la densité d'informations consécutive à un surdéveloppement du névraxe, par suite de la complexification croissante, qui aurait provoqué une ecpédèse cérébrale dans la série préhominienne, se traduisant par une transition irréversible vers Homo sapiens sapiens. Elle se serait manifestée par l'apparition de fonctions nouvelles, en particulier psychiques. Pour le vivant, l'ecpédèse serait donc une conséquence de la complexification adaptative croissante.

Cette hypothèse de l'ecpédèse est généralisable, par exemple au modèle du big bang ou pour l'apparition de la vie qui peuvent également être expliqués en termes de densité critique, d'énergie dans le premier cas, d'autocomplexité moléculaire dans le second.

Nota : pour l'euphonie, et comme la tradition nous y invite, nous avons préféré mettre un accent aigu sur la deuxième voyelle comme, par exemple, dans les mots *éphémère* ou *héros*.

tent à définir et dont la pertinence doit être évaluée. Ce qui peut être fait en fonction des données à notre disposition, d'autant que les résultats de la biologie moléculaire et de la génétique, qui sont en constant progrès, permettent d'affiner les probabilités relatives aux différentes possibilités envisagées.

Nous allons développer notre thèse concernant le caractère unique de l'intelligence active[13] dans l'univers, c'est-à-dire celle de la solitude de l'homme, à partir de l'hypothèse d'une *métamutation* ou *ecpédèse* («saut hors de», comme l'indique la définition de la note 12, p. 171) qui, dans le cas du vivant, se serait produite dans le mésocosme. Nous allons commencer par en exposer le principe avant d'en examiner les conséquences.

Notre hypothèse de l'ecpédèse part de l'observation suivante : les documents à notre disposition montrent sans ambiguïté que, sur des intervalles de temps géologiques, l'évolution du vivant se fait par la multiplication et la diversification des structures organiques et des fonctions qui leur sont associées. C'est le principe de la complexification croissante adaptative qui, bien sûr, dépend largement des espèces et des fonctions organiques concernées. Dans tous les cas, il en résulte nécessairement une prolifération de l'information[14] que doit gérer tout organisme soumis à l'évolution, prolifération d'autant plus intense que l'espèce est évoluée. C'est pourquoi si, au-delà d'un certain seuil, cette expansion informationnelle n'était pas contrôlée et régulée, elle finirait inéluctablement par conduire à l'inflation puis au chaos. Les études comparatives de l'évolution de l'œil ou de la main en sont des exemples significatifs. De plus, la démultiplication de l'information ne servirait à rien si, de manière concomitante, ne se développaient pas les moyens de son exploitation et de sa régulation. Ce qui est précisément la fonction première du névraxe. Ainsi l'information, qui est équivalente à un principe d'organisation, et sa gestion doivent-elles connaître une expansion corrélée au principe de complexification adaptative. Au-

---

13. Voir la note 1, p. 186.

14. La notion de complexification est intrinsèquement liée à celle d'information. Ici, c'est pour des questions de dynamique du vivant ainsi que de stabilité et d'ordre, mais également d'efficacité, que la complexification adaptative fait nécessairement intervenir de manière fondamentale la dimension informationnelle qui peut être *multiforme*. Par exemple, dans le cas du névraxe, l'information est à la fois électrique *et* chimique, à la différence des supercalculateurs.

trement dit l'évolution de la vie, elle aussi fondée sur l'organisation, dépend d'abord de l'accroissement des moyens nécessaires pour exploiter l'information auxquels elle est crucialement subordonnée. D'autant que, pour des questions de survie, le vivant engendre et maintient un ordre qui lui est lié et qu'il est capable de reconnaître, ce qui exige qu'il en ait les facultés.

Or la théorie darwinienne, même dans ses extensions les plus récentes, ne prend pas directement en compte la dimension informationnelle dans les processus de sélection naturelle et de complexification adaptative. Cette dimension est certainement négligeable par rapport aux niveaux microscopique (génome) et macroscopique (environnemental) tant que le stade de développement organique reste élémentaire. Mais au-delà d'un certain seuil de complexité, ce ne peut certainement plus être le cas par suite de l'amplification rapide de la densité informationnelle qui doit être gérée. C'est pourquoi le cerveau, en tant que maître d'œuvre de l'ensemble du système nerveux central, doit certainement jouer un rôle fonctionnel tout à fait particulier. C'est ainsi que, au cours de son développement dans la série préhominienne, une densité critique aurait été atteinte provoquant l'ecpédèse, ou métamutation, qui aurait conduit à l'apparition d'Homo sapiens sapiens.

De manière plus précise, notre hypothèse peut être formulée selon un scénario comportant trois phases. La *première* correspond à l'apparition d'un niveau sélectif supplémentaire, de nature informationnelle [15] puisqu'il s'agit du névraxe et plus particulièrement du cerveau. Résultant de la multiplication et de la complexification organique et structurelle, ce niveau supplémentaire est lié à l'ordre nouveau ainsi engendré, aussi est-il intermédiaire entre ceux que constituent le génome et le milieu environnant. La *deuxième* phase consiste en une remise en cause de l'importance relative de certains modes d'expression de la pression sélective entre ces trois niveaux, en fonction du déve-

---

15. En fonction du développement cérébral, il y a également redistribution dans le thesaurus informationnel global entre la part provenant du génome et le flux qui est collecté dans le milieu extérieur par l'ensemble des capteurs organiques sensoriels (qui dépendent du génome). La pensée rationnelle de l'homme lui permet d'amplifier de manière quasi permanente ses moyens d'exploration et d'action sur le milieu par le développement des outils puis des techniques. Ceux-ci dépendent de la connaissance générale acquise par l'espèce qui ne fait que se développer.

loppement du névraxe et à son profit. Par exemple, les progrès de l'outil et de ses utilisations permettent d'amplifier les moyens d'action de son détenteur sur le milieu, sur son peuplement et sur les adversaires. Enfin, *troisième* et dernière phase, au-delà d'une certaine densité critique d'informations, c'est-à-dire de développement du névraxe, il se produit une ecpédèse se traduisant par une discontinuité dans ses capacités fonctionnelles.

Deux conséquences fondamentales en résultent. En premier lieu, l'ecpédèse crée une inversion dans l'intensité de l'action de la pression sélective s'exerçant sur chacun de ces trois niveaux. Inversion qui a lieu au profit du cerveau lequel finira par s'imposer aux deux autres : avant l'homme s'adapte, après c'est lui qui adapte ! Par exemple, pour lutter contre le froid il est autrement plus rapide et efficace de se chauffer et de se vêtir que d'attendre une hypothétique sélection naturelle de gènes adéquats. *L'ecpédèse se traduit donc par une stabilisation de l'espèce* : le génome et le cerveau de l'homme du troisième millénaire sont semblables à ceux de son ancêtre du paléolithique. Ce sont ses connaissances, c'est-à-dire son contenu informationnel cérébral, qui diffèrent.

En second lieu, l'ecpédèse implique l'apparition de potentialités totalement originales consécutives aux nouvelles capacités ainsi engendrées. Celles-ci seraient le résultat d'une profonde restructuration du système nerveux central se traduisant, en particulier, par l'émergence et le développement de nouvelles aires cérébrales associées à des fonctions entièrement inédites, par exemple celles régissant le langage articulé. C'est ainsi que seraient apparues la conscience, l'intelligence active puis la pensée rationnelle. Non seulement il en serait résulté une redistribution mais également une véritable remise en cause des modes d'expression de la sélection naturelle. En effet, certaines lois de l'évolution et des règles de sélection auraient subi un transfert du milieu externe vers le biopsychique. Cependant, comme on ne connaît pas les rapports existant entre le cerveau et le génome, il n'est actuellement pas possible de connaître les effets de la traduction de cette complexification sur ce dernier.

Dans le prochain chapitre nous verrons que la socialisation, induite par la rationalité et le langage organisant le groupe, a donné une nouvelle dimension de nature collective à l'espèce humaine, démultipliant ainsi considérablement les possibilités de l'évolution qui s'est dégagée des extrêmes lenteurs du seul champ génétique pour atteindre, au moyen de la technologie, un horizon culturel à variations rapides. C'est pourquoi, comme le montre sans ambiguïté l'histoire des cultures et des civilisations, ce sont maintenant nos sociétés qui sont devenues l'une des cibles principales de la sélection naturelle. Par l'ampleur de ses conséquences, en particulier par l'action de l'homme sur le milieu, c'est véritablement au niveau de la biosphère que se situe la singularité ecpédétique. C'est ce qui la rend totalement différente de celles qui sont considérées dans la théorie néo-darwinienne. *A ce titre, elle appartient donc à la fois à l'ontogenèse et à la phylogenèse.*

La reconstitution des péripéties du développement des mammifères comparée à celle de l'histoire de l'encéphalisation des ancêtres préhominiens et à l'apparition de l'homme, du moins selon ce que l'on en sait, en fournit la preuve. Une première bifurcation a probablement eu lieu avec la perception du temps qui s'est d'abord traduite par la conservation des outils. Leur développement implique la conception d'un plan de fabrication et d'utilisation, donc la faculté d'anticipation et de projection dans le futur, même à l'état le plus rudimentaire. Si la vie en groupe n'est pas spécifique des préhominiens, il s'en faut, les traces qu'ils ont laissées montrent cependant qu'ils semblaient organisés selon des modes laissant percevoir une sorte de pré-rationalité. C'est finalement tout un ensemble de facteurs protohistoriques associés à des données fossiles pertinentes qui constitue un argumentaire annonciateur de l'ecpédèse, dont est finalement issu Homo sapiens sapiens.

Ce qui précède peut encore s'exprimer sous une autre forme. Si, à notre échelle, aussi bien l'espèce humaine qu'une notable partie du règne animal *mésoscopique* paraissent localement biologiquement stabilisées, il y a au moins une propriété fondamentale qui les différencie : c'est le développement psychique permanent de la première. En effet, et contrairement au second qui de ce point de vue est stationnaire, par le moyen de l'apprentissage, de la culture et de la mémoire collective, qui sont de nature intellectuelle, le développement de l'humanité est permanent et continu. C'est une propriété bien curieuse, conséquence des fonctions cérébrales supérieures d'Homo sapiens sapiens, qui prouve également qu'il existe bien un troisième niveau sélectif de nature informationnelle. Et que ce niveau est capable d'inverser les facteurs sélectifs, comme le montre l'incessant développement technologique !

Pour terminer ce bref aperçu de l'ecpédèse, insistons encore sur une autre de ses particularités fondamentales :

dès qu'elle aurait eu lieu, elle jouerait le rôle de filtre sélectif absolu en éliminant impitoyablement la concurrence par suite de son caractère dominant consécutif à une expansion ultra-rapide impliquant son appropriation et son asservissement du milieu.

Car, comme l'affirme sans ambiguïté toute son histoire, le caractère fondamentalement conquérant et expansionniste de la vie ne peut être fondé que sur l'agressivité. Sans cette dernière, le vivant aurait été incapable de perdurer, ne serait-ce que par suite de l'hostilité permanente et aveugle du milieu naturel. De plus, les conditions de son développement et l'évolution vers la pensée rationnelle ont été infiniment trop précaires pour que celle-ci puisse accepter le moindre risque, dont celui dû à la concurrence. D'autant qu'elle sait parfaitement que si le principe de base de la sélection naturelle est universel, il doit nécessairement s'appliquer à l'intelligence. Aussi semble-t-il extrêmement improbable que puissent coexister en paix deux espèces différentes dotées d'intelligences actives, *qui pourraient interagir.* Sinon il n'y aurait évidemment pas de problème. Mais communiquer c'est déjà interagir !

Il existe au moins deux raisons fortes étayant cette incompatibilité. D'une part, les conditions de survie exigeraient que chacune d'elles maîtrise le milieu et se saisisse de ses ressources pour le façonner selon ses besoins propres, lesquels auraient une chance quasi nulle d'être respectivement conciliables ou complémentaires. En effet, les matières de base et les sources d'énergie sont communes. Et nous verrons que, malgré son immensité, les réserves de la galaxie sont finalement vite épuisables. D'autre part, comme *elles ne penseraient pas de la même manière* (sinon par quoi se distingueraient-elles ?), on ne voit pas comment pourrait être évitée une confrontation puisqu'il y aurait divergence d'appréciation, donc mille et une raisons pour qu'il en soit ainsi ! Si une telle civilisation était techniquement plus développée, cela prouverait qu'elle aurait dû dépenser beaucoup d'énergie et d'efforts pour en arriver là, mais aussi qu'elle serait puissamment motivée et sélective. Et comme toute sélection re-vient à une élimination, c'est-à-dire finalement à une agression, elle serait certainement largement pourvue de pugnacité et de combativité. Pourquoi alors prendrait-elle le risque stupide de nous faire partager gratuitement son savoir? Toutes les raisons altruistes qui pourraient être invoquées ne sont strictement fon-dées sur absolument rien; ce ne sont que des élucubrations tota-lement irrationnelles. Ainsi, à l'évidence, il y en aurait inéluc-tablement une de trop.

Tout ce que l'on sait du développement de la vie sur Terre le confirme abondamment: s'il y a concurrence vitale, alors il y a lutte jusqu'à l'élimination au seul profit du plus apte. D'ailleurs le monde humain, bien que constitué d'une seule et même es-pèce, en fournit lui-même journellement la démonstration. Et il est commun de constater que c'est la violence qui domine son histoire. C'est pourquoi, en quelques dizaines de millénaires [16], les facultés cérébrales nouvelles dont est doté Homo sapiens sa-piens lui ont permis, et de plus en plus rapidement, d'acquérir les moyens d'assujettir l'ensemble de la planète, et cela d'une ma-nière tellement efficace que d'éventuels adversaires (dont on ne perçoit d'ailleurs nulle trace malgré tous les fantasmes de la litté-rature de fiction) n'auraient bientôt plus eu aucune chance de réussite.

Raison de plus pour supposer que, dans l'éventualité d'une confrontation inter-espèces sidérales pour l'appropriation d'un milieu de survie quel qu'il soit, c'est-à-dire pour la domination de l'espace vital et des ressources énergétiques, les enjeux de l'affrontement n'ayant plus du tout les mêmes dimensions, la na-ture d'un tel conflit n'aurait plus rien à voir avec nos modestes compétitions terrestres, quelles qu'elles aient été. Plus encore dans ce cas que sur notre planète, la seule arme absolue devient

---

16. Ce qui est extraordinairement rapide à l'échelle des temps géologiques, et qui ne fait que s'accélérer avec le progrès technologique. Si la question devait se poser ailleurs dans le cosmos, il serait paradoxal qu'un tel mode d'évolution soit spécifiquement terrestre. Dans ce cas, si le contact pouvait avoir lieu (contact qui n'aurait pas nécessairement besoin d'être strictement physique), il est très probable que l'affrontement devrait finir par se produire. Car, outre des questions de survie et de sécurité, on ne peut exclure d'autres causes telles que, par exemple, des am-bitions d'appropriation, de domination, voire d'asservissement...! En effet, on re-marque que l'accroissement du savoir terrestre ne semble véritablement pas rendre les humains plus pacifiques ou moins agressifs, ni plus tolérants...!

finalement l'intelligence rationnelle, donc le cerveau, par technologie et stratégie interposées. C'est pourquoi, dans une possible gigantomachie cosmique pour la domination physique, car tel serait le défi, il ne pourrait y avoir qu'un, *et un seul,* vainqueur possible! C'est d'ailleurs ce qui est observé en permanence dans la biosphère terrestre, et strictement rien ne justifierait l'exception. Ce qui ne signifie naturellement pas que le triomphateur doive éliminer tout le reste, d'autant qu'il est peu probable qu'il puisse vivre seul, mais seulement qu'il pourrait asservir qui bon lui semblerait, au gré de ses intérêts voire de sa fantaisie! Car la réflexion montre que la découverte d'une autre intelligence extraterrestre risquerait d'être bien plus porteuse de maléfices que de bénéfices. Et si c'était le cas, un tel danger pourrait très bien exister dans l'univers malgré son apparente immensité! En effet, le seul argument rationnel opposable à la confrontation d'éventuelles intelligences extraterrestres est celui de la distance qui pourrait les séparer, ce qui, comme nous allons en discuter, est tout de même... un peu court!

Les conséquences de l'encéphalisation

En bouleversant la trajectoire de la cérébralisation et les modalités d'action de la sélection naturelle, la pensée rationnelle et le langage articulé ont profondément modifié l'ensemble des conditions de la vie terrestre. Ce fut, en effet, une véritable révolution puisque, pour être porteur de sens[17], un tel langage doit être structuré, ce qui implique l'existence d'une rationalité, au moins à l'état élémentaire, chez les interlocuteurs. Une condition préalable a donc été que le développement du névraxe et le niveau psychique aient atteint un niveau suffisant pour qu'apparaisse une sémantique. Car le langage signifiant ne peut être que le fruit du cerveau. Bien qu'il ne soit pas possible d'en déterminer les circonstances, il est probable que, au cours de l'encéphalisation, c'est bien une discontinuité qui en fut à

---

17. Il s'agit d'une émission de sons correspondant à une codification munie d'une syntaxe et d'une sémantique. Cela nécessite, outre la pensée coordonnée et cohérente, un ensemble d'organes spécifiques et un milieu transmetteur.

l'origine, ce qui correspond précisément à notre hypothèse de l'ecpédèse. Ce fait est confirmé par les études d'anatomie comparée concernant l'homme et le chimpanzé. Elles montrent qu'il n'y a pas continuité dans le développement des organes de la phonation (bouche, langue, palais, gorge, larynx) et des structures cérébrales associées. Il en va de même pour les séries voisines. Concernant les ancêtres hominiens, les avis divergent car les éléments permettant d'en juger sont discutables.

Le langage articulé, qui est indispensable pour la transmission de la culture et des traditions, est rapidement devenu le plus puissant moyen de survie puis de domination de l'espèce Homo sapiens sapiens, *qui est la seule à le posséder*. Car c'est un vecteur primordial pour le développement de l'intelligence rationnelle qui correspond à une nouvelle phase de l'évolution. La pression sélective et l'adaptation changent de forme pour se déplacer vers d'autres niveaux, en particulier psychiques, culturels et technologiques, mais aussi sociologiques et organisationnels. Elles sont devenues d'autant plus subtiles et multiformes qu'elles tendent à s'affranchir de plus en plus des contraintes du milieu. La mémorisation consécutive à l'invention de l'écriture, puis de l'informatique, permet l'accumulation des connaissances au profit des générations nouvelles qui, par l'éducation, n'ont plus tout à redécouvrir. C'est le moteur principal du progrès. Outre le gain de temps, il se crée ainsi une nouvelle forme d'hérédité culturelle dont on ne distingue pas de limites. Car elle est autrement plus riche, performante et rapide que l'hérédité biologique et c'est pourquoi elle en a changé la nature, en particulier en acquérant une dimension collective rationnelle, comme nous en discuterons au prochain chapitre. Cependant ces deux types d'hérédité sont plus complémentaires que concurrents puisqu'ils contribuent, chacun dans son domaine, à accroître l'efficacité de l'espèce humaine dans son ensemble. C'est un fabuleux avantage qui est le privilège inestimable de l'homme.

Il n'en demeure pas moins que le problème des relations entre le génome et le cerveau reste posé. Et, pour des questions de principe, il n'est pas évident qu'il puisse être résolu. On peut, en effet, ramener à un problème informationnel (et non informatique) la théorie générale de l'évolution de Darwin et de ses successeurs ainsi que les mécanismes associés. Selon le concept central de l'évolution, qui est celui de l'ancêtre primitif commun, il doit être possible, du moins en théorie, de soumettre un code caractéristique d'un acide nucléique donné à un groupe de transformations spécifiques permettant d'aboutir à n'importe quel autre acide nucléique de la même classe. Mais il faut trouver de telles transformations, les justifier et les interpréter. Là sont en fait les difficultés. Il s'agit ici d'un problème général de codage et d'interprétation, et non d'une procédure mécanique de type algorithmique. Car il n'y a pas de mécanisme physique ou chimique ou de signification spécifique attachés à l'algorithme. Un langage symbolique ou formel de type mathématique ne possède pas de sémantique intrinsèque car celle-ci dépend d'un système de référence et d'interprétation que ne fournit pas la nature [18]. C'est la difficulté de principe de la prétendue «intelligence artificielle» qui, étant dans ce cas, ne peut donc pas posséder de référentiel propre autre que celui programmé par l'homme. Elle est également dépourvue d'intentionnalité. C'est l'une des causes des déboires de la machine à traduire universelle. Dans le génome le problème est analogue en ce sens que le mode de codage des acides nucléiques est compris par le cerveau mais pas sa sémantique, pour autant d'ailleurs que ce terme conserve encore ici son sens. Or c'est ce concept qui doit traduire les relations existant entre le code génétique et le cerveau, ou plus exactement les principes de base du fonctionnement cérébral. En d'autres termes, il devrait exister un échelon intermédiaire inconnu. Et l'autoréférentialité de cette question pourrait bien conduire à son indétermination.

Observons encore que cette manière de poser le problème du codage informationnel des acides nucléiques (ou d'un autre support comparable) devrait avoir un caractère invariant conformément au principe d'universalité des lois de la nature. Aussi devrait-il s'exprimer de manière équivalente (mais non nécessairement identique) dans tout l'univers et correspondre à des processus analogues pour toute éventuelle vie extraterrestre. Mais,

---

18. La mathématique est un langage sans sémantique, contrairement à certaines affirmations qui sont d'ordre irrationnel, et même *métaphysique*. Il en va de même pour tout langage ou code formel. Remarquons que connaître une loi n'est pas nécessairement élucider le phénomène qui lui est associé. On peut, par exemple, savoir énoncer une formule théorique sans la comprendre ni en interpréter le sens. Ou lire et assembler des mots dans une langue inconnue pour former des phrases et groupements pouvant avoir un sens, sans savoir lequel puisque la grammaire (c'est-à-dire quelques règles d'assemblage) y suffit ! («Chambre chinoise » de J.R. Searle).

en vertu de leur universalité, les processus de la sélection naturelle devraient également s'y appliquer, d'abord localement puis globalement. C'est-à-dire que finalement, sur des intervalles de temps suffisamment longs, *l'ensemble d'un éventuel vivant cosmique devrait également leur être soumis.* Ce qui devrait donc impliquer quelques conséquences non banales, à condition bien sûr, et c'est là toute la question, qu'il existe d'autres formes de vie extraterrestre!

Pour autant, tout est-il clair?

Finalement, la majorité des spécialistes s'accordent sur le principe de l'évolution mais pas nécessairement sur ses mécanismes. Quoi qu'il en soit, il n'en reste pas moins que le cerveau d'Homo sapiens sapiens est l'extraordinaire résultat d'une formidablement longue chaîne évolutive puisqu'elle a duré près de quatre milliards d'années. Le processus d'encéphalisation a débuté il y a quelque quinze millions d'années, et il n'a fait que s'accélérer [19], comme l'indiquent les principales étapes que nous avons vues. La sélection naturelle et la complexification adaptative suffisent-elles pour expliquer l'émergence de la conscience, de l'intelligence rationnelle et de la cognition? Ce sont certainement des conditions nécessaires, comme le montre sans ambiguïté l'ensemble des documents à notre disposition. Mais sont-elles suffisantes?

Conformément au principe d'objectivité de la nature, c'est précisément l'objet de l'ecpédèse que de répondre par l'affirmative de sorte qu'aucune autre hypothèse que la métamutation due à l'information et à l'organisation correspondante ne soit nécessaire. Elle préserve le principe de l'évolution en y introduisant une discontinuité qui n'est plus strictement bio-

---

19. Entre les débuts de la vie et l'hominisation (4 milliards et 15 millions d'années), il y a sensiblement le même rapport temporel qu'entre celle-ci et l'apparition de l'homme (50 000 ans). Il a commencé la conquête de la planète il y a environ 10 000 ans, grâce au développement des outils puis, beaucoup plus tard, des techniques. Les prémices de la technologie (science des techniques) sont apparues au cours du XIXe siècle... et celle-ci n'est encore que dans sa prime enfance, malgré l'accélération observée!

logique et organique, mais également fonctionnelle et structu-relle. C'est-à-dire qu'il y a aussi évolution dans le champ propre des mutations néo-darwiniennes.

En fait, au niveau génétique toute mutation est de nature informationnelle puisqu'elle concerne le codage des acides nucléiques. Donc tout le processus évolutionnel doit s'y rapporter. Ainsi est-il logique de supposer qu'il y existe une distribution relative aux différents types plausibles de mutations avec possibilité, sous certaines circonstances, d'effets cumulatifs.

A partir d'une certaine densité critique d'informations correspondant à un seuil, celle-ci doit acquérir la capacité d'engendrer une métamutation, c'est-à-dire l'ecpédèse. L'intérêt est que la discontinuité des effets s'explique en conservant la continuité de la cause. Autrement dit, celle du principe d'évolution rapporté à l'information.

Le cerveau humain apparaît, en effet, difficilement explicable par le seul processus d'accumulation de mutations de type néo-darwinienne. Si, à la limite, les séries hominiennes peuvent y satisfaire, les documents fossiles indiquant une semi-continuité, ce ne semble plus le cas pour le passage à l'homme. Car la discontinuité organique et fonctionnelle est alors trop grande pour qu'elle puisse être de même nature. Aussi est-il logique d'introduire un autre type de mécanisme. Il y a indiscutablement eu une bifurcation avec la perception du temps, l'apparition du langage articulé et l'émergence de l'intelligence rationnelle.

Mais c'est la prise de conscience du «moi», ou autoconscience [20], *qui fait toute la différence avec le reste de l'ensemble du règne animal. Et, problème troublant, la possession de cette capacité n'est pas communicable à ceux qui ne l'ont pas ! Donc aux prédécesseurs ou aux contemporains puisque le cerveau est, ou n'est pas conscient. Il y a là une authentique et irréductible discontinuité. Aussi peut-on se demander comment a été franchi ce cap décisif. C'est là que se situe la véritable ecpédèse, avec pour conséquence l'apparition de l'intelligence humaine et de la rationalité.*

En résumé, ce qui est extraordinaire, dans toute cette prodigieuse histoire de l'univers ayant conduit à la pensée et à la rai-

---

20. L'autoconscience peut être définie par l'expression : «je sais que je sais». Étant fondamentalement autoréférentielle, *elle n'est pas rationnellement définissable.*

son, c'est que précisément la méthode rationnelle soit capable de l'expliquer sans que rien n'ait eu besoin d'être programmé ni déterminé au départ, moyennant, certes, l'introduction de prémisses fondatrices exigées par l'autoréférentialité, comme le montre clairement le raisonnement ci-dessus. Rappelons le rôle primordial du hasard en tant que condition initiale nécessaire, d'une part en raison de ses propriétés génératives qui sont capables d'initier les différents processus en cause, d'autre part parce que lui seul étant non perfectible, il n'est pas soumis à l'évolution. Ensuite, ce sont des lois et principes généraux associés à des règles de sélection qui ont façonné l'univers, dans son ensemble comme dans ses détails. Puis la physico-chimie a conduit à la vie terrestre. Les mécanismes de diversification, la sélection naturelle, la complexification adaptative croissante et la lutte pour la vie ont fait que nombre de directions ont dû être explorées. L'impitoyable processus d'élimination physique de l'inadapté a évité l'expansion combinatoire qui aurait inévitablement mené au chaos. L'extrême lenteur des mécanismes de l'évolution et la multiplicité des essais ont naturellement exigé des intervalles de temps de dimensions cosmiques. Mais le résultat est là, et le chaînage explicatif est cohérent, même si tout n'est pas clair, ni entièrement satisfaisant!

Une remarque importante est la suivante : un examen sommaire de toute cette théorie pourrait laisser une *fausse* impression de *choix* dans les mécanismes de sélection naturelle ; ce n'est cependant qu'une illusion car nous verrons que le résultat ne peut apparaître qu'a posteriori. C'est pourquoi rien n'est évident a priori car rien ne peut être prévu! Les lois de la physique et de la chimie fixent les bornes du champ des possibles, mais celui-ci n'est qu'un terrain vague entouré d'un mur de règles de sélection. Tout y est théoriquement concevable, mais pratiquement celles-ci, et elles seules, déterminent la probabilité, c'est-à-dire l'occurrence de chaque événement. Ce fut le cas aussi bien pour le big bang que pour l'apparition de la vie ou pour celle de l'intelligence qui constituent les trois étapes déterminantes de l'histoire de l'univers. Car le surgissement au sein de la sphère animale de la raison et de la réflexion fut certainement un événement aussi révolutionnaire que les deux précédents. D'autant que ce sont ces deux spécificités humaines qui tentent de leur donner un sens, comme d'ailleurs à tout le reste!

L'homme, seul détenteur terrestre de la rationalité, a fait un progrès immense en conquérant la méthode rationnelle d'utilisation de la raison. C'est-à-dire en inventant la démarche scientifique. Il est ainsi devenu potentiellement capable de s'affranchir de la plupart des contraintes du milieu et de remettre profondément en cause différentes lois de l'évolution à son profit, donc le devenir de l'ensemble du vivant. Il s'est doté d'une prodigieuse puissance de conquête dont on n'observe encore que les prémices. Cependant il domine déjà et exploite les richesses animales, végétales et naturelles de la planète. Il commence à contrôler la biosphère et à décider pour elle, en décimant, en éliminant ou en parvenant à modifier le vivant avec les débuts du génie génétique. Sa technologie lui permet déjà d'explorer l'espace proche alors qu'elle en est à peine aux balbutiements. Il apparaît donc à l'évidence que presque tous les éléments de base sont à peu près réunis pour effectuer un puissant bond en avant. Aussi ne voit-on pas pour quelle obscure raison ce prodigieux potentiel de domination s'arrêterait aux frontières de la planète Terre ? Car l'histoire des sciences, des techniques et de la technologie, ou l'évolution de la démographie, montrent que ses capacités d'expansion connaissent une croissance exponentielle dont pourraient résulter quelques conséquences pour le reste de l'univers, malgré son apparente immensité ! Par le développement de l'intelligence rationnelle dont le moteur principal est devenu le *défi*, l'homme est proche de pouvoir commencer une autre phase de l'évolution. Mais laquelle, et pour quoi faire ? Là est précisément toute la question !

CHAPITRE 5

La solitude de l'homme dans l'univers

Si l'évolution de la vie terrestre s'était arrêtée juste avant l'apparition de l'homme, c'est-à-dire aux chimpanzés et autres grands singes anthropoïdes, le problème de l'existence d'*intelligences extraterrestres* ne se poserait pas... du moins pour nous! Mais puisque ce n'est pas le cas, cette énigmatique question mérite un examen approfondi en raison des enjeux considérables dont elle pourrait être l'objet. En effet, aussi bien pour des questions psychologiques et culturelles que technologiques, une telle éventualité pourrait conduire à une remise en cause du devenir et de la sécurité à long terme de l'espèce. Et très certainement à celle de sa place dans l'univers. C'est pourquoi, en raison de ses possibles conséquences, il serait inconcevable qu'une telle énigme puisse laisser indifférente une civilisation technologiquement avancée, comme prétend déjà l'être la nôtre qui se veut responsable de son destin. A l'évidence, la difficulté provient du fait que seule une réponse formellement positive pourrait résoudre ce problème. Aussi faudrait-il disposer de preuves scientifiques indiscutables pour en décider, ce qui n'est absolument pas le cas aujourd'hui! Et il se trouve que, comme nous l'avons mentionné à plusieurs reprises, c'est précisément la thèse inverse, c'est-à-dire celle de la solitude cosmique de l'homme, que nous nous proposons de soutenir, pour des raisons qui vont être développées dans la suite. Car une analyse rationnelle des données du problème, et certains arguments issus des théories actuelles, fondant aussi bien le modèle standard de l'univers que les origines de la vie et de l'intelligence, autorisent à émettre des conjectures dont la plausibilité peut être estimée dès lors qu'elles sont scientifiquement acceptables. De plus, l'examen des éléments de base de la méthode scientifique permet de cerner les contours du champ des possibles alors que certaines hypothèses conduisent à en étendre l'horizon, comme nous allons en discuter. Toutefois on ne peut rationnellement pas espérer en déduire autre chose qu'une probabilité, ici la plus pertinente possible.

Précisons une fois encore qu'il n'est pas question de contester la possibilité d'émergence de complexes moléculaires auto-réplicatifs extraterrestres pouvant être équivalents à une forme de vie, si les conditions locales le permettent. Mais il s'agit de discuter la possibilité de leur évolution jusqu'à une structure physique équivalente au cerveau humain. C'est-à-dire qui soit d'une sophistication telle qu'elle puisse être capable de générer puis de traiter et de maîtriser d'énormes flux d'informations selon des processus qui correspondraient à une sorte d'«intelligence» analogue à la nôtre. En d'autres termes, il s'agit d'évaluer l'occurrence d'apparition d'une «espèce» qui aurait subi l'ecpédèse impliquant, entre autres propriétés, l'émergence de l'autoconscience et de la rationalité. Bien qu'un contre-argument puisse immédiatement venir à l'esprit : «pourquoi sur Terre et pas ailleurs ?», il suscite une réponse pour le moins aussi étrange que troublante. A l'heure actuelle, on a déjà recensé de l'ordre de 1,8 million d'espèces différentes vivant sur notre planète ; on en a identifié une douzaine de millions ; l'estimation totale la plus probable est voisine de la centaine de millions (principalement des insectes). Ces données conduisent alors de manière tout à fait logique à la question suivante : «pourquoi, dans l'abondance et la diversité d'une telle collection d'espèces terrestres, n'y en a-t-il qu'une, *et une seule*, qui soit dotée d'intelligence rationnelle *active* [1] ?». Car cette question est bien de même nature ! De même que celle qui suit : «si la vie est un phénomène naturel, pourquoi la génération spontanée est-elle déclarée impossible sans qu'il y ait paradoxe ?» Bien sûr, on aperçoit tout de suite ici le rôle essentiel du temps et de l'immensité des intervalles nécessaires

---

1. Nous précisons bien : *«intelligence active»*, c'est-à-dire capable de prendre conscience du *«moi»*. Car s'il est évident que nombre d'animaux sont pourvus d'une certaine forme d'intelligence, en particulier nos cousins hominidés, ou les dauphins et les animaux domestiques, celle-ci est cependant purement *passive* et intrinsèquement différente de la nôtre.

pour y parvenir. Mais personne ne semble sérieusement envisager qu'il puisse actuellement exister sur Terre quelque série prébiotique en train d'essayer de converger! De plus, parmi d'autres éléments, rien ne permet de rejeter l'hypothèse tout à fait rationnelle d'existence de facteurs de blocage qui pourraient, selon nous et comme nous en discuterons, être dus à des effets collectifs consécutifs à l'ecpédèse.

Observons encore que, jusqu'à ce jour, *il n'existe strictement aucun argument scientifique pertinent de nature expérimentale en faveur de l'existence d'intelligences extraterrestres.* En particulier les polémiques sur les OVNI (Objets Volants Non Identifiés) restent, jusqu'à *preuve scientifique* du contraire, fondées sur des discours non rationnels, voire carrément irrationnels. C'est un exemple caractéristique, parmi d'autres tels que l'astrologie ou l'ésotérisme, illustrant une tentative d'utilisation irrationnelle de la raison. Car il ne faut pas confondre une possible observation, même collective, toujours empreinte de subjectivité et d'émotivité, d'autant qu'elle est généralement accidentelle donc surprenante, avec un fait scientifique avéré ou une démonstration qui doivent *obéir à de stricts critères* pour pouvoir être qualifiés de tels. Ce qui fait que l'on ne possède aucune preuve indiscutable d'existence de la moindre trace de vie extraterrestre. Il est même presque certain qu'elle est absente du système solaire, bien qu'il soit possible que quelques tentatives aient eu lieu, en particulier sur Mars, mais qui auraient avorté pour des raisons que nous avons indiquées. En d'autres termes, si la question de l'existence d'éventuelles intelligences extraterrestres se pose, c'est précisément parce que l'on ne dispose d'aucun élément scientifique pour y répondre! Cela signifie qu'il n'y a aucune certitude dans cette discussion mais seulement des hypothèses et des probabilités qui, pour être crédibles, ne peuvent être fondées que sur la méthode scientifique. C'est la raison pour laquelle nous allons commencer par en rappeler sommairement quelques données de base.

Avant, faisons une remarque qu'il convient de ne pas perdre de vue dans toute discussion de cette nature. Malgré le désir de Planck, célèbre physicien dont certains travaux furent à l'origine de la théorie quantique, par suite de la contrainte autoréférentielle l'homme ne voit, et ne peut voir qu'à travers ses «lunettes anthropocentriques» qui, fâcheusement, peuvent être déformantes et même dans certains cas opaques. En effet, quel que soit ce qu'il observe il doit utiliser son cerveau, c'est-à-dire un élément de l'univers, pour scruter et étudier l'univers. Problème qui se pose ici puisqu'il s'agit, pour l'intelligence terrestre, d'étudier l'éventualité d'une autre forme d'intelligence qui serait extraterrestre. Et les difficultés ne font que s'accumuler si l'on en vient à considérer que ce n'est pas nécessairement pour lui-même, mais primordialement pour le cerveau, que l'univers doit posséder un sens! Même si l'on n'adopte pas nécessairement la position du redoutable évêque G. Berkeley qui a péremptoirement déclaré (1710), d'ailleurs non sans raison : «le monde est ma représentation». Finalement, toutes les fois que sont rencontrées des questions d'interprétation mettant en cause le système lui-même, on ne peut que se heurter à ce type de sujétions qui constituent indiscutablement des limites imposées à la connaissance.

La méthode scientifique appliquée au problème de l'intelligence extraterrestre

Sans entrer dans les détails et les données techniques, ni prétendre à l'exhaustivité, il nous faut cependant rappeler quelques éléments essentiels de la méthode scientifique pour les raisons que nous venons d'indiquer. Nous allons commencer par exposer brièvement les principaux présupposés de base du modèle standard tels qu'ils sont acceptés aujourd'hui. Puis nous discuterons certains aspects de quelques-unes de leurs conséquences qui ne sont pas neutres dans notre problème.

La méthode scientifique est fondée sur un discours logique complexe et permanent, mais itératif, entre des modèles théoriques explicatifs et des résultats expérimentaux justificatifs, les deux étant en constante interaction. L'une de ses caractéristiques essentielles tient au fait qu'elle est nécessairement fondée sur des axiomes, des postulats et des principes[2], c'est-à-dire sur des

---

2. *Axiome* : proposition tenue pour évidente (mais qui ne l'est pas toujours, comme le montre, par exemple, la remise en cause de certains des 15 axiomes explicités fondant la géométrie d'Euclide), donc admise comme donnée de base.

hypothèses de départ indispensables pour élaborer ses théories et ses modèles permettant d'interpréter les observations et les expérimentations, et de faire des prévisions. Pour cela, il est également nécessaire de connaître les conditions initiales puisque ce sont elles qui déterminent les valeurs numériques extraites des lois théoriques.

Ainsi que nous l'avons déjà dit, le premier principe, qui justifie tout le reste, consiste à admettre que le fonctionnement *rationnellement connaissable* de l'univers, et de tout ce qu'il contient, est entièrement explicable par les seules lois de la nature, en particulier celles de la physique, de la chimie et de la biologie. Ce qui signifie que toutes ces lois, ainsi que la formulation mathématique qui leur est généralement associée, doivent être applicables à tout instant et en tout lieu du cosmos, quels qu'ils soient (principe cosmologique du chapitre 2). C'est le *principe fondamental de rationalité* attestant l'universalité de la *connaissance rationnelle fondée sur celle de la méthode scientifique*. Jusqu'ici, ce principe n'a jamais été contredit, aussi bien par l'observation que par l'expérimentation, alors qu'il est parfaitement vérifié par l'ensemble de ses conséquences connues, ce qui représente un nombre considérable de résultats, mais qui sont le plus souvent locaux. Ce sont les connaissances issues de cette méthode qui permettent de comprendre et de maîtriser, puis d'exploiter les processus naturels en fonction du développement des différentes disciplines et des techniques qui peuvent en être dérivées. De plus, ce principe possède l'énorme avantage de la simplicité dans sa formulation, ce qui n'est pas nécessairement le cas dans ses applications.

Le *postulat d'objectivité de la nature* qui, comme nous l'avons

---

Exemple : le point géométrique est sans dimension.

Postulat : proposition non démontrable mais admise en raison de son caractère plausible pour établir un raisonnement. Exemple : la constance de la vitesse de la lumière, postulat de base de la théorie de la relativité restreinte. Étant conjectural, le postulat peut être modifié ou changé si les conditions l'exigent.

Principe : proposition de base ayant un caractère général et servant à développer un ordre logique de connaissances. Exemple : le principe de conservation de l'énergie, l'un des fondements de la physique. Il doit être justifié par l'ensemble de ses conséquences. Si l'une d'elles l'infirme, alors il faut soit modifier soit changer le principe, ce qui fut plusieurs fois le cas en science (exemple : le principe de la force vitale dans l'explication du vivant).

La différence entre une *loi* et une *règle* est la suivante : la première traduit une nécessité alors que la seconde est conditionnelle.

vu, déclare que l'évolution du vivant n'est tributaire d'aucun finalisme, en est une conséquence nécessaire puisque, d'une part, si ce n'était pas le cas il y aurait incompatibilité avec le principe de rationalité impliquant l'impossibilité de sa justification. D'autre part, l'introduction du hasard en tant que condition initiale et élément moteur de l'évolution assure la cohérence du raisonnement car, étant invariant par essence, lui seul ne la subit pas, garantissant ainsi la pérennité du processus. C'est-à-dire qu'il est déjà parfaitement adapté dès les origines.

Le principe de rationalité implique également que la Terre et le système solaire ne sont dotés d'aucune propriété particulière par rapport au reste de l'univers. Ils sont donc tout à fait banalisés, condition indispensable pour que la recherche des lois cosmiques puisse avoir lieu à partir de notre planète sans restreindre leur universalité, compte tenu, bien sûr, de la nature des phénomènes étudiés et de leur généralité. Ainsi, la connaissance rationnelle des lois terrestres ou les extrapolations faites à partir d'observations célestes permettent-elles de déduire un certain nombre d'informations scientifiques pertinentes concernant le fonctionnement de l'univers et certaines propriétés de ce qu'il peut contenir.

Cette connaissance doit tout autant concerner l'ensemble que ses parties. Ce doit donc également être le cas pour le problème de la vie et de l'intelligence, qu'elles soient ou ne soient pas terrestres, puisque ces phénomènes doivent respecter les grands principes scientifiques dont celui de rationalité. De plus, le postulat d'objectivité implique qu'ils ne peuvent être que l'aboutissement de processus exclusivement naturels. Ainsi, à condition de disposer d'informations scientifiques pertinentes et suffisantes, notamment sur la biologie moléculaire, sur les neurosciences et leurs rapports avec l'information, ainsi que sur les origines de la vie terrestre et quelques autres questions connexes, il doit être légitime d'en inférer des extensions et généralisations sous réserve de les justifier rationnellement. Mais il est évident que cette manière de procéder ne sous-entend ni n'implique aucunement que les solutions correspondantes soient uniques. C'est-à-dire que d'hypothétiques formes possibles de vie ou d'intelligences extraterrestres ne devraient pas nécessairement être identiques aux nôtres : elles obéiraient aux mêmes principes et lois, et c'est tout !

Toutefois l'évolution convergente peut susciter l'interrogation puisque sur Terre, les problèmes similaires sont résolus de manière similaire. C'est, par exemple, le cas pour l'œil, la bouche ou le principe du névraxe, et il en existe quantité d'autres. Ce qui incite à supposer que les types de relations terrestres observées entre l'information et son support chimique, c'est-à-dire les propriétés des molécules complexes, pourraient, le cas échéant, avoir un caractère universel. Mais ce ne peut naturellement être qu'une hypothèse, pour autant d'ailleurs que ce problème soit à résoudre !

Cela étant dit, il se pose une question essentielle : toutes les lois fondamentales de l'univers sont-elles connues ? Une réponse est évidemment impossible bien que la négative soit extrêmement probable ! Cependant, sous cette forme, le problème est mal formulé car il existe une hiérarchie, certaines d'entre elles étant plus primordiales (au sens de « premières ») que d'autres (par exemple le principe de rationalité, ou la loi de variation de l'entropie — voir note 23, p. 228) alors que la complexification croissante ou l'organisation peuvent en générer de nouvelles. En fait, la vraie question concerne la manière dont les différents mécanismes de la nature permettent la création du *nouveau*. Sur ce difficile problème, les connaissances restent peu abondantes et fragmentaires, et c'est probablement l'un des grands sujets du futur. Par exemple, et bien que leurs éventuelles applications aux problèmes de la vie ne soient pas évidentes, les études sur les états chaotiques et turbulents laissent percevoir, sous certaines conditions, des propriétés génératives. Le big bang pourrait vraisemblablement en faire son profit. Que sont ces propriétés et quelles pourraient être leurs applications ? On l'ignore mais la connaissance des lois correspondantes serait certainement du plus haut intérêt.

Pour le problème de la vie, c'est peut-être la question de l'information qui pourrait réserver quelques surprises, notamment à cause des ambiguïtés dans sa définition dont corrélativement certaines des propriétés qui s'en déduisent ne sont pas exemptes, ce qui en limite les applications. Il en va de même pour sa signification pouvant conduire à des interprétations abusives. Par exemple un système physique n'étant pas doté de la faculté de « connaître », l'information le concernant ne peut donc avoir aucun sens pour lui, ce qui signifie que stricto sensu il n'en détient pas. Aussi est-ce un abus de langage que d'attribuer un contenu informationnel, par exemple au code génétique. Car dans son acception consensuelle (mais il y en a d'autres) ce concept ne peut prendre de sens que par rapport à un récepteur qui, en l'occurrence, est le cerveau humain. Sa sémantique est donc empreinte de relativisme. Pour lever de telles difficultés, il faudrait probablement reformuler ce problème sur des bases nouvelles et beaucoup plus larges. Or ce n'est assurément pas une tâche facile, il s'en faut! Les premiers travaux sérieux sur l'information (C. Shannon — 1940 — puis L. Brillouin — 1948) ne pouvaient que lui donner un sens tout à fait restrictif qui, fâcheusement, n'a pratiquement guère été étendu depuis, malgré une généralisation parfois inconsidérée de ses usages. C'est pourquoi il résulte bien des confusions à propos de sa mesure, ou plus précisément sur ce que l'on mesure, donc sur les interprétations correspondantes. De plus l'identification entre information et entropie ne facilite pas les choses. Elle n'est d'ailleurs pas unanimement acceptée puisque, étant fondée sur une analogie de formulation, elle est source d'ambiguïté (voir note 23, p. 228).

En dépit de ces restrictions, il existe cependant une théorie mathématique satisfaisante dans ses applications informatiques et physiques, bien que son champ reste limité. Car si le développement des supercalculateurs permet de plus en plus la simulation numérique, rien ne garantit que tous les processus mis en œuvre par la nature puissent l'être, ce qui est pourtant très souvent implicitement postulé. Pour ce qui concerne les sciences du vivant, les quelques travaux qui ont été menés à partir de l'information en biologie, en génétique ou dans le fonctionnement du cerveau et de l'intelligence restent plutôt décevants. En effet ces processus, en particulier ceux de nature psychique, sont puissamment associés à l'information chimique laquelle est difficile à traiter, que ce soit celle du névraxe ou celle qui est responsable de nombre de mécanismes du vivant. Toutes ces raisons incitent à pronostiquer que le réexamen de cette théorie constituera vraisemblablement un sujet majeur des sciences du prochain siècle.

A ce propos, on peut remarquer que, malgré ses progrès considérables et les multiples applications auxquelles elle donne déjà lieu, la biologie moderne n'a pas conduit à une découverte fondamentale *sur le plan des principes.* Cela paraît tout de même curieux s'agissant d'un domaine aussi important que celui du vivant. Peut-être emprunte-t-elle de trop près les méthodes de la physique qui ne sont pas nécessairement sous des formes les mieux adaptées à ses recherches. Ce qui pourrait expliquer que de grandes synthèses, en particulier sur les questions qui nous occupent, restent à faire. Et c'est précisément du côté de l'information que pourrait peut-être survenir la nouveauté ?

Pour ce qui concerne notre problème, c'est-à-dire l'étude de l'intelligence extraterrestre, le principe de rationalité qui déclare que l'univers est rationnellement connaissable, et le postulat d'objectivité qui atteste le caractère strictement naturel de la vie et de l'évolution ayant abouti à l'homme, autorisent et justifient pleinement l'application de la méthode scientifique. Bien que certaines données concernant cette difficile question restent encore fragmentaires, l'ensemble des résultats déjà acquis permet cependant d'en faire une analyse rationnelle portant, en particulier, sur certaines hypothèses liées à la modélisation et à leurs conséquences, comme nous allons le voir.

Un bref commentaire de la méthode scientifique : le cœur du problème

La méthode scientifique a fourni un nombre considérable de résultats se répartissant selon une hiérarchie qui correspond à l'ordre d'importance, à la nature et aux applications des connaissances rationnelles qui en sont issues. Compte tenu de son rôle primordial dans l'évolution du monde actuel, il est pour le moins nécessaire de s'interroger sur les raisons pour lesquelles cette méthode « marche » ? Le principe de simplicité (où *rasoir d'Occam*), qui déclare que l'explication la plus simple est toujours la plus satisfaisante, conduit à la réponse suivante : pour la perception qu'en a notre cerveau [3], il existe, ou du moins tout se

---

3. On est ici en plein problème autoréférentiel. Toutefois le cerveau, objet de la nature, doit être construit selon les lois de la nature, donc en être le reflet, dans l'hypothèse où celles-ci existent ! C'est pourquoi, *par effet de résonance,* il doit être capable de les percevoir et, dans la limite de l'autoréférentialité, de les « comprendre » car celle-ci est compatible avec le principe de rationalité fondé sur une existence « en soi » : celle de la raison ; elle l'est également avec la méthode

passe comme s'il existait des lois dans la nature. A l'évidence, c'est un postulat directement lié au principe de rationalité, postulat jusqu'ici parfaitement vérifié par l'ensemble de ses conséquences, en particulier par les prévisions qui peuvent en être extraites. Il est donc pratiquement admis sans discussion, ce qui n'exclut cependant pas que la question puisse être posée !

La prise de conscience par la communauté scientifique du caractère universel de ces lois et de leur applicabilité à l'ensemble du cosmos, y compris à lui-même s'il est considéré en tant qu'objet physique, fut particulièrement longue et laborieuse. En effet, il aura fallu attendre notre siècle pour que soit enfin reconnu le caractère *rationnel et mesurable de l'univers*, ce qui est une autre expression du principe de rationalité. Car, pour des motivations essentiellement irrationnelles, ce concept est l'un des plus difficiles à accepter puisqu'il est le plus lourd de conséquences métaphysiques et religieuses. Ce qui fait qu'il est encore bien loin d'être admis par tout le monde, il s'en faut ! Remarquons que la portée de ce principe tient au fait que ces mesures sont rationnellement possibles et non à nos capacités de les réaliser effectivement. Par exemple, la définition d'un temps universel compatible avec les lois de la relativité et avec la géométrie riemannienne n'est pas une opération simple. Mais une fois acquise, dans la première moitié du siècle, elle a permis de découvrir que l'univers a un âge, c'est-à-dire qu'il possède une origine et n'est donc pas éternel, et qu'il est en expansion contrairement à ce qui était admis jusque-là, d'ailleurs sur la seule présomption des apparences. En d'autres termes, il évolue et possède une histoire comportant un commencement et probablement une fin. Ce qui n'est certainement pas une découverte banale puisque, *moyennant certaines hypothèses,* cette histoire devrait pouvoir être reconstituée. D'où son intérêt majeur car il s'agit aussi de l'histoire de la vie, c'est-à-dire de la nôtre et de notre devenir !

Il faut alors recourir à la modélisation et à la simulation,

---

scientifique. En revanche, la raison étudiant la raison est une question indécidable. D'un autre côté, s'il n'existait véritablement aucune loi, rigoureusement rien ne serait prévisible ni compréhensible, en particulier aussi bien l'existence du cerveau que celle de la raison, et l'on serait alors confronté aux paradoxes de l'incohérence et de l'inexplicabilité ! Notons que postuler le seul hasard comme unique condition initiale, c'est-à-dire admettre qu' « il n'y a pas de loi à l'origine », permet, comme on en a discuté au chapitre 4 (on y reviendra), de générer des structures explicatives a posteriori.

opérations qui possèdent des limites dont l'interprétation doit tenir compte, ce qui n'est pas toujours évident. En effet, un modèle n'est qu'une représentation symbolique d'un phénomène exigeant le choix d'un cadre de référence dont la justification reste problématique. Comme il doit être suffisamment simple pour permettre les calculs, des approximations sont inévitables, surtout dans des problèmes complexes tels que, par exemple, ceux rencontrés en dynamique stellaire ou dans l'évolution des galaxies. De toute manière, on finit toujours par se heurter aux limites de la calculabilité, aussi bien celles des théories que celles de l'informatique. A ce propos, il faut se souvenir que dans tout raisonnement rationnel, un seul terme qui ne le serait pas détruirait la rationalité de l'ensemble. D'autre part, dans tout modèle cosmologique les expériences directes étant impossibles, on ne peut recourir qu'aux observations et aux simulations. Et comme on ne dispose que d'un seul exemplaire d'univers, les comparaisons sont impossibles, ce qui restreint les critères de vraisemblance. Il en va de même pour les problèmes concernant les origines et l'évolution du vivant où l'on doit recourir à des moyens indirects tels que, par exemple, les fossiles dont les séries ne sont pratiquement jamais complètes, ou l'étude des séquences génétiques. Quant aux simulations, elles exigent également quelques précautions d'interprétation car elles fournissent des sortes d'images, un peu à la manière d'un film, qui ne correspondent pas nécessairement aux phénomènes étudiés : ce n'est pas parce que je simule un orage que je suis mouillé ou foudroyé ! On peut aussi rencontrer des problèmes de limites, que ce soit celles des théories ou celles des modèles

Ces restrictions faites, revenons aux données générales nécessaires pour notre étude. L'universalité des lois implique que le *cosmos forme un tout unique, équivalent à un objet physique* qui est postulé homogène et cohérent, contrairement à l'opinion qui régnait depuis Platon et surtout Aristote. Cela n'exclut naturellement pas les inhomogénéités et singularités locales. Cette propriété est strictement indispensable pour justifier l'extrapolation des connaissances terrestres aux problèmes de la vie et de l'intelligence extraterrestre. De plus, comme on l'a dit, la cohérence exige des conditions initiales parfaitement adaptées dès le départ, conditions que seul le hasard paraît à même de remplir.

La *science forme également un tout* puisqu'elle est finalement fondée sur une même méthode, celle de la rationalité. Aussi ce qui précède montre que certains de ses présupposés, ou certaines de ses hypothèses de base, peuvent être discutés. Sans prétendre les remettre fondamentalement en cause, c'est ce que nous allons faire à propos de quelques données de physique en examinant certains de leurs aspects restrictifs. Ce sera le cas pour la limite constituée par la vitesse de la lumière, ou pour les méthodes de mesure des distances intergalactiques lesquelles nécessitent des hypothèses lourdes, ainsi que pour les modèles d'univers car aucun n'est encore réellement satisfaisant. D'autres questions seront également envisagées, par exemple les possibilités de transmission superluminale de l'information consécutives à la non-localité quantique.

Car, finalement, le cœur de notre problème est le suivant : la principale, et même la seule objection sérieuse opposable à l'hypothèse de la solitude cosmique de l'homme est celle du temps nécessaire pour franchir les énormes distances supposées séparer les différentes parties de l'univers, compte tenu du postulat relativiste déclarant que la vitesse de la lumière est une limite infranchissable pour la matière-énergie.

Est-on alors rationnellement certain que, soit ces distances, soit cette vitesse, soit les deux, représentent irréversiblement des données intransgressibles? Si l'on se réfère à nos connaissances actuelles qui, jusqu'à présent, ne peuvent provenir que de notre très local et très précaire observatoire terrestre, et de nos infinitésimaux moyens d'observations spatiales, la réponse est affirmative. Mais pas totalement ni sans restrictions puisque, d'une part, aucune preuve *positive* indiscutable ne peut être produite en faveur de la validité de certaines hypothèses indispensables pour aboutir à cette conclusion. Elles sont, en effet, généralement fondées sur des résultats négatifs. D'autre part, les interprétations théoriques de différentes observations microscopiques et mégascopiques peuvent laisser planer un sérieux doute[4]. Car, outre le fait que l'on ne possède pas de modèle d'univers réellement satisfaisant, il se pose des problèmes fondamentaux de compatibilité à propos des théories nécessaires

---

4. Car, en science comme dans toute activité humaine, il existe des écoles de pensée souvent prêtes à se transformer en groupes de pression ne se privant pas de jouer de leur l'influence dès lors qu'elles contrôlent les technologies lourdes, les centres de décision et de financement ainsi que les moyens d'information...!

pour ces interprétations, à savoir entre la relativité et la physique quantique qui sont incommensurables (les postulats de l'une ne peuvent pas être formulés dans le langage de base de l'autre, et réciproquement). Tant que ces difficultés ne seront pas résolues, toute affirmation reste prématurée. Si, par quelque moyen rationnel que ce soit, il était possible de remettre en cause l'énormité du temps nécessaire pour parcourir l'univers, d'ailleurs non nécessairement pour l'homme mais tout autant pour l'information, il est certain que le problème de l'intelligence extraterrestre se poserait en termes autrement favorables à notre thèse. Ne serait-ce que par suite des effets collectifs spécifiques associés à toute intelligence, terrestre ou non, susceptibles d'induire et de transmettre des effets de blocage.

Après avoir précisé la trame de notre argumentation, nous allons discuter ces différents points plus en détail, tout en évitant le plus possible de recourir aux analyses techniques.

Les effets collectifs de l'intelligence

Puisqu'elle est fondée sur la chimie qui gouverne le mésocosme, la vie induit des effets collectifs d'ailleurs aussi bien dans le règne animal et végétal que dans le milieu. Ils dépendent des relations entre les différents organismes et des interactions entre ceux-ci et leur environnement. Ainsi peuvent-ils parfois prendre une ampleur planétaire comme ce fut, par exemple, le cas pour l'atmosphère dont la composition chimique a été entièrement modifiée par les conséquences de la photosynthèse. Ou tout simplement comme on peut maintenant l'observer sur la quasi-totalité de la surface terrestre. Il faut remarquer que les modifications résultantes ne dépendent pas nécessairement de l'état de développement des êtres vivants qui en sont responsables. Par exemple les stromatolites ont laissé des traces profondes alors que si l'évolution s'était arrêtée aux chimpanzés, ceux-ci n'auraient guère laissé de vestiges de leur passage, sinon quelques fossiles. Malgré leur profonde ressemblance génétique avec nous, pour eux il ne se serait rien passé au niveau *collectif*, c'est-à-dire à celui de l'*ensemble* des populations. Il ne fait en effet aucun doute qu'ils ne peuvent se doter d'un minimum de moyens permettant la mise en œuvre d'une entreprise matérielle collective, si modeste soit-elle. Ce ne sont ni la vie en bande, ni la chasse, ni leurs moyens rudimentaires de communication qui peuvent y pourvoir. *Car, différence fondamentale qui nous sépare irrémédiablement, l'espèce chimpanzé est incapable d'évoluer psychiquement.* Du moins sur des intervalles de temps à portée de nos observations. Ainsi, et contrairement à nous, faute des capacités cérébrales indispensables pour s'adapter en cas de nécessité, ils auraient inexorablement disparu. Ce qui ne serait finalement qu'un cas banal parmi d'autres puisque probablement plus de 99 % des espèces ayant existé ont subi le même sort, et pour les mêmes raisons !

En revanche, les conditions de la progression de l'espèce humaine sont profondément différentes du fait de l'autoconscience et de l'intelligence rationnelle qui impliquent l'évolution psychique. Elle se traduit par de très amples et puissants effets collectifs raisonnés qui sont directement induits par la rationalité. En effet, le hasard cède la place à un intense courant déterministe sous-tendu par une intentionnalité aux multiples facettes, ce qui change fondamentalement les données du problème de l'évolution. C'est une véritable révolution qui va se manifester par toute une série de conséquences collectives que l'on peut regrouper sous l'appellation générique de socialisation [5]. Il est clair que celle-ci est d'abord le résultat de la pensée raisonnante et de sa propagation par le langage articulé qui est précisément le premier vecteur de base des effets collectifs induits. La socialisation est donc une conséquence directe de la transmission de l'information qui passe du plan individuel au niveau collectif, ce que sont incapables de faire les autres espèces, quelles qu'elles soient, car leurs possibilités d'échanges sont infiniment trop rudimentaires, même chez les plus performantes. *Comme l'évolution psychique, les effets collectifs raisonnés, directement liés à l'information, sont aussi une conséquence de*

---

5. Bien qu'il existe nombre d'espèces animales dites « socialisées », telles que les abeilles où les fourmis, aucune comparaison n'est cependant rationnellement possible avec le cas humain. En effet, leurs rudimentaires organisations ne résultant que d'effets génétiques rigides, elles sont entièrement figées. A un point tel que tout changement impliquerait leur disparition. C'est à peu près l'inverse pour l'homme puisque sa socialisation est d'abord le fruit de son psychisme. Ainsi le même terme ne désigne-t-il absolument pas des processus de même nature dans chaque cas.

l'ecpédèse. L'histoire montre de manière indiscutable qu'ils sont très rapidement devenus dominants.

Il faut cependant remarquer que ce type d'évolution mentale exige que le complexe organique qui en est le siège, c'est-à-dire aussi bien le cerveau que l'ensemble du névraxe, ait atteint un très haut degré d'organisation et de fonctionnalité. Cela pose une impressionnante série de redoutables problèmes de stabilité et d'optimisation des mécanismes responsables de son fonctionnement, problèmes le plus souvent liés à l'information dont la plupart restent inconnus. La question de son approvisionnement énergétique est également critique puisque près du tiers de la consommation totale de l'organisme lui est dévolu. Ce qui, joint à d'autres raisons concernant la sécurité et la pérennité des aires cérébrales et des circuits neuraux associés, implique qu'il est vain de croire, et trompeur de faire croire, qu'il est, ou sera, possible d'accroître le rendement fonctionnel du cerveau que certains, on ne sait d'ailleurs trop comment [6], estiment n'être que de l'ordre du pour cent de ses potentialités...!

Cela étant dit, la socialisation est, elle aussi, soumise à la sélection. Au fil du temps, elle a pris tout son sens à travers un vaste ensemble de réalisations concrètes, tant individuelles que collectives, qui ont d'abord été rendues possibles par l'invention des outils et par la vie en groupes organisés, eux-mêmes évolutifs. Puis, il y a une dizaine de millénaires, l'homme a acquis les premiers moyens rudimentaires de domination de la nature, notamment avec ses activités agro-pastorales et les nécessités d'organisation associées qui ont favorisé les débuts du développement culturel. L'écriture, invention radicalement révolutionnaire, a permis la constitution d'une mémoire collective cumulative rassemblant l'ensemble de la connaissance qui, au moyen de l'éducation, a rapidement joué le rôle d'une redoutable hérédité culturelle dont on perçoit de plus en plus les effets, en particulier sélectifs! C'est le plus précieux thesaurus de l'espèce qui,

---

6. L'activité électrique équivalente des neurones est de l'ordre de 25 watts. L'évaluation du rendement (voisine de 2 %) est extraite de manière simpliste d'une estimation de la densité de bits informationnels que peut globalement traiter le cerveau comparativement à ses potentialités synaptiques. Mais que vaut un tel calcul qui ne tient pas compte de l'activité et des contraintes neurales propres? D'autant que ce sont les connexions internes qui contribuent le plus à la qualité du traitement de l'information, c'est-à-dire à l'intelligence.

au fil du temps, est devenu l'un des moteurs du progrès. Ainsi, avec le développement technologique, ces fonctions spécifiquement humaines remettent profondément en cause les modalités d'action de la sélection naturelle. D'autant que l'homme dispose déjà de quelques moyens d'action sur le génome, c'est-à-dire sur le niveau sélectif microscopique. Et ce n'est que le début! Ces fonctions nouvelles sont, elles aussi, porteuses de mutation puisqu'elles permettent d'ouvrir de nouveaux champs à l'évolution : c'est un autre horizon qui est ainsi accessible à l'homme, horizon qui présente la remarquable propriété d'être, lui aussi, évolutif! Cela montre sans ambiguïté que c'est effectivement le cerveau, donc le niveau sélectif informationnel mésoscopique, qui a réalisé à son profit une inversion des déterminants d'une sélection qui n'est plus tout à fait naturelle!

Ainsi, dans un intervalle de temps exceptionnellement bref par rapport à ceux qu'exige l'évolution, c'est-à-dire en quelques millénaires, le développement des techniques a supplanté le niveau sélectif de l'environnement. Plus récemment, il s'est finalement produit une sorte de «coagulation» se traduisant par la prise de conscience de l'unité de l'espèce humaine. Actuellement, et de plus en plus, un certain nombre de structures tendent à devenir mondiales, certes de façon encore maladroite mais ce n'est qu'un début. Cependant, pour différentes raisons liées aussi bien à la génétique qu'à la géographie et aux climats, la diversité reste préservée. On la retrouve d'ailleurs également dans les cultures et organisations humaines lesquelles présentent, elles aussi, une grande variété. Outre le fait que c'est un facteur de sécurité, la multiplicité individuelle dans l'unité collective est indispensable aussi bien pour cette nouvelle forme d'évolution que pour la survie.

Un point caractéristique est cependant le suivant : si Homo sapiens sapiens disparaissait, il est certain que nombre de traces de sa technologie resteraient indélébiles, à moins qu'un événement d'ampleur cosmique ne vienne bouleverser l'ensemble de la surface terrestre. Cela pour attester qu'aujourd'hui l'homme a réellement acquis les moyens d'agir au niveau de l'ensemble de la planète, et même au-delà, et que très probablement nous devrions être proches d'une nouvelle phase d'expansion comme le laissent prévoir différents indices. L'un des plus significatifs est le suivant : depuis le milieu du siècle, quatre technologies majeures ont complètement modifié notre horizon à moyen terme. Il s'agit de l'énergie nucléaire[7], de l'informatique et des super-calculateurs, des lanceurs spatiaux opérationnels[8] et du génie génétique. A elles seules, ces quatre technologies révolutionnaires, *fruits exclusifs des effets collectifs de l'intelligence*, sont *potentiellement capables* de fournir la clé de l'espace à l'humanité[9]. Mais jusqu'où l'homme pourrait-il espérer mener ses explorations? Assurément pas très loin si l'on s'en tient aux connaissances scientifiques et aux technologies actuelles. Bien qu'il existe quelques palliatifs exotiques, pour l'instant leur mise en œuvre semblerait pour le moins fantaisiste! Il pourrait s'agir, par exemple, de la congélation des équipages ou des machines auto-réplicatives, ce qui laisse sceptique. Mais tout est-il dit? Ou plus exactement tout est-il connu? Et rien de ce qui l'est n'est-il susceptible de remise en cause? Nous verrons qu'il existe quelques indices qui permettent d'en douter! D'autant que quarante millénaires de progrès continus de l'humanité devraient plutôt inciter à la réflexion. Et que va révéler demain l'innovation technologique dont l'accélération est évidente depuis le début du siècle? Si, par exemple, le 3 octobre 1957, veille du lancement du premier satellite artificiel, on avait fait un sondage public à propos de la date plausible du premier pas de l'homme sur la Lune, les réponses auraient été distribuées entre la fin du siècle, pour un nombre restreint d'optimistes, et plusieurs centaines d'années, voire le millénaire... sinon jamais. Or la bonne réponse était douze ans!

Remarquons que, indépendamment de la vie, les effets collectifs sont également dominants dans la nature puisque l'orga-

---

7. L'énergie nucléaire n'est pas encore sous sa forme optimale qui est la fusion et non la fission. Remarquons que toute civilisation est toujours fondée sur *trois* piliers primordiaux qui sont les matières de base (ressources alimentaires et matières premières), l'ensemble des technologies dont elle dispose, enfin l'énergie nécessaire pour son fonctionnement. Ces quatre technologies renouvellent entièrement ces trois piliers.

8. C'est en 1983 que la première sonde spatiale, Pioneer 10, a quitté le système solaire. En 1993 la sonde Voyager-1 a été capable de donner des informations alors qu'elle était distante de près de 8 milliards de kilomètres du Soleil. Ces explorations ont montré que la vie est hautement improbable dans le système solaire.

9. C'est, par exemple, ce qui fait leur différence avec nombre de techniques nouvelles telles que le laser : il est évident que les applications de ce merveilleux outil sont considérables mais, du moins pour l'instant, on n'y distingue ni les potentialités, ni l'ampleur du champ des applications que présentent les quatre technologies citées plus haut.

nisation de l'univers, avec l'interaction gravitationnelle, ainsi que sa composition, grâce à la synthèse des éléments lourds dans les étoiles, en dépendent directement. Ils interviennent également dans le fonctionnement de celles-ci car le milieu qui les compose, ou plasma, est dominé par l'interaction électromagnétique. En conséquence *la vie possède nécessairement une dimension cosmique résultant de tout un ensemble d'effets collectifs universels.* Cette dimension est d'ailleurs beaucoup plus complexe qu'il n'y paraît, par exemple à travers l'ensemble de son cycle de l'énergie. Il ne serait donc aucunement surprenant qu'une autre forme d'effets collectifs puisse se manifester, qui seraient directement liés au concept d'information, ou plus précisément à la transmission de celle-ci. Comme on l'a dit, elle est finalement à la base de tous les processus alors que nos connaissances la concernant restent partielles et limitées.

Il est donc tout à fait plausible d'émettre l'hypothèse suivante, qui n'est qu'un prolongement de l'ecpédèse :

les effets collectifs de l'intelligence, c'est-à-dire la densité correspondante des flux d'informations, subissent comme elle l'évolution qui, comme pour le vivant, se produit par étapes pouvant conduire à des situations de saturation et finalement de blocage.

On vient de dire que c'est la technologie, mais aussi les structures et organisations qu'elle permet, qui traduisent le plus concrètement ces effets collectifs rationnels. L'histoire du développement des civilisations, et des techniques qui en sont largement responsables, le montre de manière évidente. Quant aux effets de saturation, la meilleure illustration est probablement fournie par l'inquiétant problème de l'accélération de l'expansion démographique — résultat des applications du progrès général des connaissances dont celles de la médecine. Il préfigure certainement une situation de blocage. En effet, au rythme actuel de croissance de la population mondiale, et si rien ne vient l'entraver, un tel état de fait devrait être atteint vers le milieu du prochain siècle. Sous une forme quelconque, il faudra nécessairement trouver un moyen d'y porter remède! D'autant que, conjointement, la prolifération technologique et les modifications, voire les perturbations, de la surface planétaire et de la biosphère consécutives à cette expansion posent de nombreux problèmes qu'il sera tout aussi indispensable de résoudre.

Comme un arrêt de la progression de l'humanité, pour autant d'ailleurs qu'il soit possible, serait un élément totalement inédit dans son histoire, il paraît difficile d'en apprécier les conséquences. Cependant l'expérience indique que le plus souvent, dans ce cas, il s'ensuit nombre de perturbations et une régression dont on ne sait où elle peut mener ! Ce pourrait donc être la pire des situations. Le spectre des solutions semble particulièrement réduit mais puisqu'il comporte l'expansion extraplanétaire, nécessairement cette question se posera !

Quant à la question des effets de blocage du développement d'éventuelles intelligences extraterrestres, c'est également un autre aspect de l'existence des interactions collectives. On en a indiqué les principales raisons et conséquences à la fin du précédent chapitre. Toutefois, sous la condition que l'éloignement ne représente pas un obstacle insurmontable, l'argument fondamental avancé en faveur de la solitude cosmique de l'homme est le suivant :

le principe de rationalité impliquant l'universalité des processus de sélection naturelle, ceux-ci doivent donc s'appliquer à l'ensemble du cosmos.

Avec toutes les conséquences qui ne peuvent qu'en résulter. La règle de base étant finalement l'élimination, la confrontation pourrait prendre bien des formes dont certaines nous sont probablement totalement inconnues. Comme l'enjeu déterminant ne peut être que la domination intellectuelle et technologique, c'est leur association qui doit être indispensable pour la survie ! C'est pourquoi l'intelligence est finalement l'arme la plus efficace pour la pérennité de l'espèce qui la possède, que ce soit la nôtre ou une autre. Bien que l'on puisse moralement le déplorer, c'est cependant la seule solution au problème posé, du moins en l'état actuel de nos connaissances. Car ce sont les moyens que le cerveau est capable d'inventer, et eux seuls, qui conditionnent l'appropriation des ressources naturelles dont l'indispensable énergie, question d'autant plus vitale que leur énormité cosmique pourrait n'être qu'apparente. En effet, selon N. Kardashev [10], une augmentation annuelle de 1 % de l'énergie consommée par l'humanité (sa croissance a été de quelques pour

---

10. Données citées par J. Heidmann dans *Intelligences extraterrestres, op. cit.,* p. 127.

cent depuis le début du siècle) exigerait la puissance totale rayonnée par le Soleil dans à peine trois mille deux cents ans et, dans cinq mille huit cents ans, celle émise par toute la galaxie! Au taux de croissance de 4 % l'an, dans deux mille ans l'ensemble de la population consommerait une masse totale de matière première équivalente à celle de dix millions de galaxies. Bien sûr, ce ne sont que des projections tout à fait hypothétiques mais qui présentent un intérêt certain : celui de clairement montrer que la saturation pourrait survenir sur des intervalles de temps inférieurs à ceux qui nous séparent de nos premières civilisations. Elles laissent également entrevoir que l'espèce humaine possède des potentialités nécessaires d'expansion en cas de besoin.

Le mythe d'Euclide et quelques présupposés de la méthode scientifique

Le mythe d'Euclide consiste à *postuler l'existence de vérités premières sur la nature, évidentes en soi, absolues et immuables et directement accessibles à l'homme.* Comme les propositions de base fondant sa géométrie étaient précisément supposées remplir parfaitement ces conditions, il aurait été impensable de les discuter! Ce que d'ailleurs personne n'a songé à faire pendant plus de deux millénaires! C'est Aristote qui appela de tels énoncés absolus des *axiomes,* terme qui n'a plus tout à fait le même sens aujourd'hui. Il fallut attendre le XIXe siècle pour que l'on finisse par prendre conscience de ce mythe à la suite de différents résultats expérimentaux ayant conduit à des interrogations sur la signification de ces présupposés qui ne semblaient plus véritablement aller de soi de manière aussi évidente que par le passé. Car, depuis les grecs, la géométrie présentait la caractéristique tout à fait insolite de prétendre être, d'une part, une représentation «exacte» de l'espace physique perceptible à cause du contenu de ses axiomes et, d'autre part, une construction logico-déductive abstraite puisque sa méthode de démonstration n'a pas à recourir aux propriétés du monde réel. Malgré cette ambivalence pour le moins logiquement suspecte, un temps considérable fut nécessaire pour s'apercevoir qu'une telle représentation, comme d'ailleurs les autres, ne pouvait finalement pas être autre chose qu'un *modèle théorique de valeur descriptive intrinsèquement relative* puisque ne dépendant que du contenu de ses hypothèses de base. Peu après, une étude plus générale conduisit au concept mathématique de système axiomatique, ou système formel (D. Hilbert), dont précisément la relativité représentative et interprétative est une propriété essentielle. Mais la longévité de la géométrie euclidienne et son immense succès tiennent au fait qu'elle est intuitivement bien adaptée à la représentation du mésocosme, c'est-à-dire du monde quotidien tel que nos sens le perçoivent. Aujourd'hui, cette ambivalence a disparu pour nombre de scientifiques, d'autant que la représentativité physique de la géométrie prête largement à contestation. Mais elle perdure pour la plupart de nos contemporains, ce qui est une source fâcheuse d'erreurs d'interprétations.

En fait, puisque chaque énoncé produit par la géométrie euclidienne est soit vrai, soit réfutable dans son axiomatique, *et dans elle seule*, il n'est pas possible d'affirmer sa « vérité naturelle » sans contradiction, ce qui est le propre d'une théorie *catégorique*. On le sait d'autant mieux qu'il existe aujourd'hui d'autres géométries, dites non euclidiennes, les premiers travaux les concernant ayant eu lieu vers 1826 (voir note 4, p. 57). Leur découverte, en remettant en cause « la connaissance parfaite » que représentait la géométrie euclidienne, ébranla profondément et irréversiblement le concept de « vérité scientifique » au sens de « vérité absolue ». Car jusque-là, l'unité rigoureuse et intransgressible de toute la connaissance scientifique, précisément fondée sur celle de l'absolu de cette géométrie, était implicitement postulée, et il ne serait venu à personne l'idée d'en débattre ! A un point tel qu'en 1869 un mathématicien de premier plan, J.J. Sylvester, déclara devant une société savante britannique que les géométries non euclidiennes constituaient une grave menace contre l'autorité et l'unité de la connaissance. Ainsi cette époque fut-elle marquée par les débuts d'un débat sur la signification et la valeur de la science alors que les mathématiques entraient en crise. C'est également celle de la publication des travaux de C. Darwin mais aussi de K. Marx qui ne se priva pas de lui emprunter quelques concepts ! La fin de l'hégémonisme des absolus de la géométrie a entraîné, d'une part, l'établissement d'une hiérarchie des connaissances (déjà amorcée par A. Comte dans son *Cours de philosophie positive*) et, d'autre part, une dissociation et une séparation, en principe définitive (mais en principe seulement...!), du champ des sciences proprement dites de ceux de la morale, de la religion et de la psychologie. Peu après sont apparues d'autres disciplines telles que la psychanalyse (S. Freud) ou différentes doctrines associées. C'est ainsi que le carrefour du siècle vit déferler une prodigieuse onde de choc sur pratiquement tout le savoir classique dont les fondements allaient être bouleversés quelques décennies plus tard, d'abord par la relativité d'Einstein puis, un peu plus tard, par la physique quantique de Bohr, de Broglie et Schrödinger.

Cette vaste et profonde remise en question des bases de la connaissance rationnelle, et des interprétations qui s'en déduisent, montre qu'il n'existe pas, et qu'*il ne peut pas exister de connaissance absolue*. Toute opinion contraire n'est, au mieux, qu'une croyance, mais au pire c'est une superstition.

Cela signifie donc que, quelle que soit la méthode utilisée, toute connaissance ne peut être que *relative* pour la raison suivante : l'homme ne dispose formellement d'aucun moyen rationnel lui permettant d'obtenir une quelconque *référence absolue* (une *vérité* stricto sensu) sur la nature, et cela quelle que soit l'échelle d'observation. Or précisément pour qu'elle soit absolue, toute connaissance nécessiterait un étalon absolu. Comme le montre le cas de la géométrie, ce ne sont ni l'«évidence» de l'observation ou du raisonnement, ni nos sens qui peuvent nous fournir un tel étalon puisque toute l'histoire de la science montre combien ceux-ci sont trompeurs. Il en va de même pour l'expérimentation qui exige l'interprétation, c'est-à-dire une théorie. Pas plus la logique que les mathématiques ne sont capables de nous fournir la moindre des *vérités* sur l'univers [11],

---

11. L'auteur a traité ce problème complexe dans un ouvrage technique intitulé *Le modèle géométrique de la physique. L'espace et le problème de l'interprétation en relativité et en physique quantique* (Éd. Masson, 1992), en particulier dans le chapitre 5. Il y est également montré que les concepts de «vérité» et de «réel» ne sont pas formellement définissables, donc que leur signification est incertaine. Sans entrer ici dans les détails, le but est de souligner qu'il faut nécessairement des hypothèses à la base de toute théorie scientifique (qui, pour mériter ce titre, doit être *réfutable* au sens de Popper), ce qui fait qu'elles peuvent toujours être remises en cause, quelles qu'elles soient. D'autant qu'elles ne sont pas fournies par la nature. Ces hypothèses doivent seulement vérifier certaines conditions de compatibilité et de cohérence ainsi que de complétude et de plausibilité, condition toujours difficile à apprécier. Mais, comme l'indique le texte, il n'existe aucun moyen rationnel

même la plus élémentaire. Car si ces disciplines peuvent produire des raisonnements rigoureux à partir d'hypothèses posées a priori et vérifiant certaines conditions (référence de la note ci-dessus), on ne dispose cependant d'aucun moyen rationnel permettant d'apprécier leur *degré de vérité*, en particulier celui des conclusions. Ce sont, en effet, des langages sans sémantique [12] avec pour conséquence que *le fait d'« être rigoureux » n'implique aucunement celui d'« être vrai »*, au sens des sciences exactes, dont la physique. On pourrait considérer que la vérification expérimentale suffit, ce qui est totalement erroné, comme le montrent les nombreux accidents jalonnant l'histoire de la physique, de la chimie et des sciences de la nature. D'autant que l'on ignore ce que demain pourrait apporter comme résultats nouveaux, le cas échéant incompatibles avec ceux qui précèdent, ainsi que ce fut plusieurs fois le cas! Ces différentes contraintes font que toute théorie scientifique repose *impérativement* sur un choix préalable d'hypothèses de départ, que nous avons appelées prémisses fondatrices, dont le caractère de vraisemblance ne peut être estimé qu'a posteriori par l'ensemble des conséquences qui s'en déduisent, et par elles seules. Il en résulte que l'on ne peut jamais démontrer qu'une théorie est vraie, mais seulement qu'elle est fausse, condition indispensable pour que puisse lui être attribué le qualificatif de «scientifique». C'est pourquoi toute connaissance rationnelle a nécessairement un caractère relatif, le cas échéant provisoire et, en tout cas, discutable. Il n'en va naturellement pas de même pour toutes les pratiques qui ne remplissent pas ces conditions, d'ailleurs nécessaires mais non suffisantes! Remarquons encore que le concept d'interprétation n'a de sens que par rapport à un observateur.

Quoi qu'il en soit, sur le plan philosophique cette incapacité fondamentale d'obtenir *rationnellement* le moindre repère absolu constitue, à la fois, la grandeur et la faiblesse de l'homme. Grandeur car c'est le *fondement* de sa liberté, mais faiblesse puisque toute certitude est inaccessible à sa raison. Ce qu'il a naturellement tendance à ignorer ou à oublier!

---

permettant de connaître leur degré de «vérité». Fait qui est encore lié à l'autoréférentialité!

12. Malgré quelques discussions oiseuses de laudateurs particulièrement zélés, et pas toujours objectifs ni désintéressés, à propos d'une prétendue «intelligence artificielle», comme nous le verrons au chapitre 6.

Dans cette optique, pourrait-on concevoir qu'une telle révolution puisse de nouveau avoir lieu? Bien que la réponse soit nécessairement tout à fait incertaine, quelques hypothèses peuvent cependant être émises. Il y a des savoirs scientifiques, par exemple certains effets quantiques ou relativistes tels que l'équivalence de la masse et de l'énergie, ou l'universalité du noyau et de l'atome, comme celle de la cellule vivante, qui ne le seront vraisemblablement pas. Il en va de même pour certains grands principes, quant au fond sinon dans leur forme. Du moins sur le plan terrestre et, plus généralement, au niveau galactique local, car au-delà? Mais il est nécessaire de distinguer les acquis expérimentaux en fonction de leur échelle, et il en va naturellement de même pour les interprétations théoriques. C'est pourquoi il est préférable de considérer à part la question du mésocosme puisqu'il correspond à notre monde quotidien.

Dans ce cas, le recul et l'accumulation d'une énorme quantité de résultats les plus divers le concernant paraissent maintenant suffisants pour laisser supposer que si nombre de découvertes restent à y faire, elles ne devraient pas induire de rupture irréversible [13]. Ce qui n'exclut aucunement la possibilité de révolutions mais qui devraient plutôt correspondre soit à l'ouverture de champs nouveaux, soit à des extensions et des généralisations prolongeant les acquis sans nécessairement remettre fondamentalement en cause les bases actuelles de la connaissance que nous en avons, du moins au niveau de la planète. Tout au plus pourraient-elles les infléchir, les diversifier ou les compléter. Par exemple des découvertes telles que celles du laser, du transistor, du microprocesseur ou des supraconducteurs à haute température n'ont pas provoqué de crise, pas plus que celle de l'universalité du code génétique. Il existe également des champs plus porteurs que d'autres. Il se pourrait

---

13. Entendons-nous bien : il existe, à coup sûr, une infinité de choses nouvelles à découvrir ou à imaginer dans le *mésocosme* et ailleurs. Peut-être (et, à notre avis, plutôt probablement...) l'univers recèle-t-il encore quelques grands principes inconnus? Mais si c'est le cas, soit ils sont totalement nouveaux, donc complémentaires de ceux que nous possédons déjà, soit ils sont plus généraux, auquel cas, en englobant les autres ils ne peuvent que s'y substituer en les complétant. Car il est peu probable qu'ils puissent leur être contradictoires, compte tenu de l'ampleur et de la profondeur des investigations faites depuis trois siècles. Mais «peu probable» ne signifie pas «impossible» puisque ce cas s'est produit à plusieurs reprises...!

que ce soit, par exemple, le cas avec la théorie biologique de l'information qui est à la fois mésoscopique avec le névraxe, et microscopique avec le génome. Beaucoup de nouveautés pourraient en résulter !

En revanche, il est certain que nombre de découvertes restent à faire dans le microcosme et dans le mégacosme car les connaissances que nous en avons sont aussi hypothétiques que précaires. D'abord, dans les deux cas, on n'a ni le recul nécessaire ni une masse critique suffisante de données et de résultats fiables autorisant des extrapolations pertinentes et significatives. Ensuite, différence capitale avec le mésocosme, pour interpréter les données prétendument expérimentales mais qui ne le sont pratiquement jamais directement[14], il est indispensable de recourir à des modèles fondés sur des hypothèses théoriques plus ou moins justifiées, ce qui fait que l'ensemble fonctionne par itérations successives. On en arrive alors à la situation du «tout se passe comme si...» qui ne peut, au mieux, que mettre en évidence une convergence mais en aucun cas une «réalité» laquelle est, de toute manière, *inaccessible* à l'homme, comme le montrent les nombreuses discussions concernant l'interprétation de la théorie quantique. Le fond du problème est toujours l'autoréférentialité impliquant l'indécidabilité. Personne n'a jamais vu (au sens physiologique propre du terme et non à la suite d'une quelconque manifestation instrumentale secondaire toujours contestable dans sa signification) un électron et personne ne pourra jamais en parler de visu. Qui peut rationnellement imaginer de facto une représentation de ce concept censé être un micro-objet devant être à la fois ponctuel pour la théorie, mais dimensionné pour ses propriétés physiques ! D'autant qu'il est impossible de prouver qu'il n'existe pas d'autres types d'explications cohérentes des phénomènes microscopiques concernés. Pareillement, qui peut dire ce que sous-tend le concept de photon, ou celui de quark ? Enfin, et ce n'est pas le moindre, les théories nécessaires,

---

14. Surtout dans le microcosme où toutes les mesures sont indirectes et généralement réalisées avec un appareillage compliqué fournissant des informations nécessitant un traitement complexe et une interprétation à base de théorie. On se heurte nécessairement à l'autoréférentialité puisque les instruments sont finalement constitués d'éléments qui observent d'autres éléments équivalents. D'où résulte *l'indécidabilité du concept général de «réel» qui n'est d'ailleurs pas rationnellement définissable*. Répétons encore que la question n'a pas lieu de se poser dans le mésocosme par suite de la consensualité dont est empreint le quotidien.

c'est-à-dire la relativité générale et la physique quantique, sont incommensurables, ce qui fait que l'on ne dispose pas de modèle réellement satisfaisant. Tout cela, complété par d'autres arguments plus techniques, conduit à penser que de profonds bouleversements devraient très probablement survenir dans ces deux domaines. Que seront-ils ? Il est plus facile de dire ce qu'ils ne seront pas que ce qu'ils pourraient être ! Nous allons cependant discuter quelques points qui concernent notre problème.

Discussion de certaines hypothèses scientifiques

Compte tenu de la discussion qui précède, on ne peut exclure qu'il y ait des données et des interprétations, aussi bien expérimentales que théoriques, en particulier dans le micro et le mégacosme, pouvant prêter à discussion. Ne serait-ce que pour en analyser le bien-fondé. D'autant que certaines théories physiques de base sont établies à partir de postulats induits par des expériences négatives [15]. Celles-ci sont d'ailleurs pratiquement toujours locales, à l'exception des informations ondulatoires et corpusculaires provenant de l'univers lesquelles nécessitent, de ce fait, des hypothèses théoriques parfois lourdes pour être interprétées. Il n'est donc nullement illégitime de soulever certaines questions, pas plus qu'il n'est iconoclaste d'examiner quelques aspects de ces théories et des interprétations auxquelles elles conduisent, en particulier celles qui ont pour objet notre connaissance de l'univers et de ses propriétés. Nous allons donc nous livrer à un examen critique de quelques données qui sont les plus déterminantes dans notre problème, c'est-à-dire dans la question de l'évaluation des distances cosmiques et des temps nécessaires pour les parcourir. Car, encore une fois, c'est à ce niveau que se situe une partie essentielle de notre argumentation.

---

15. Par exemple celle de Michelson, qui est à l'origine de la relativité restreinte (voir note 5, p. 58). La différence avec une expérience positive tient au fait que la première ne prouve rien, contrairement à cette dernière.

La vitesse de la lumière

La lumière fait partie de la classe des phénomènes physiques électromagnétiques. Ils représentent une limite, aussi bien dans leurs modes de propagation que dans leurs mécanismes d'interactions. Ils furent, à la fois et à peu de temps d'intervalle, à l'origine des deux grandes théories du XXe siècle que sont la relativité et la physique quantique. C'est pourquoi il est surprenant de constater que, malgré cette origine commune, on ne soit pas encore parvenu à les unifier de manière cohérente et indiscutable, ce qui a pour conséquence que toutes les connaissances qui en sont déduites, dont celle de l'univers lui-même, restent nécessairement empreintes d'incertitude. Même si les résultats acquis incitent à admettre que là ou ils le sont, c'est-à-dire au niveau local, celle-ci devrait être faible. Mais objectivement rien ne permet d'étendre une telle conclusion à l'échelle galactique ou cosmique.

Quoi qu'il en soit, l'un des deux postulats de base de la relativité restreinte déclare que la vitesse de la lumière est une constante absolue et universelle ayant pour valeur 300 000 kilomètres par seconde (voir chapitre 2). Selon cette théorie, celle-ci constitue une limite infranchissable pour la matière-énergie car, pour l'atteindre, un élément matériel, quel qu'il soit, devrait être doté d'une énergie infinie, condition évidemment dépourvue de sens physique. Autrement dit, en vertu de ce postulat rien ne peut dépasser la vitesse de la lumière, ce qui limite singulièrement la portée effective des actions humaines au-delà du système solaire !

La première remarque qui vient à l'esprit est la suivante : si la valeur numérique de cette vitesse paraît énorme dans le mésocosme, en revanche elle est extraordinairement faible au regard du mégacosme. Alors pourquoi existerait-il une telle limite ne ressemblant à rien autant qu'à une anomalie ? Et comment la justifier ? A la première question, on ne connaît pas de réponse. On ne peut qu'émettre la conjecture que, peut-être, quelque phénomène reste à découvrir ? Quant à la seconde, elle résulte de déterminations expérimentales. Mais qui ne peuvent pas être exemptes de réserves puisque dans le cas de mesures locales, elles ne peuvent avoir qu'une valeur démonstrative locale, et si elles ne le sont pas, il faut alors introduire certaines hypothèses toujours discutables, notamment à propos des conditions de propagation et, par exemple, dans celles d'observation des étoiles doubles. En d'autres termes, il n'existe aucune preuve expérimentale *directe* de la constance de la vitesse de la lumière, ni de moyen permettant de mesurer sa valeur *instantanée*. Aucun résultat local ne semblant remettre en cause ce postulat au niveau du système solaire, cette restriction n'y paraît pas essentielle, mais rien n'indique qu'il doit en aller de même pour la galaxie ou pour l'univers! Car la relativité générale ne peut pas faire globalement, mais seulement localement, une telle hypothèse d'autant qu'il existerait des difficultés de mesure de temps et de longueur dans certains modèles d'univers qui ne sont pas euclidiens! De toute manière, aucune donnée effective positive ne permet d'affirmer, ni d'ailleurs d'infirmer, le caractère absolu et immuable de la constance de la vitesse de la lumière dans l'ensemble de l'univers. La seule affirmation expérimentale qui peut finalement être faite est que la vitesse de la lumière mesurée dans un référentiel conserve la même valeur pour un observateur situé dans un autre référentiel galiléen (qui se déplace à vitesse constante par rapport au premier). C'est la symétrie des observateurs qui est en cause. Et c'est tout! De plus, la connaissance de la seule valeur moyenne de cette vitesse élimine la possibilité d'analyse d'éventuels effets transitoires, donc l'étude de possibles mécanismes spécifiques susceptibles de modifier sa propagation.

La non-séparabilité

Un paradoxe imaginé par Einstein et deux de ses collaborateurs (dit «paradoxe EPR», initiales des trois auteurs, les deux autres étant B. Podolski et N. Rosen) conduit au problème suivant : soit deux petits objets physiques locaux, l'un étant situé sur Terre alors que l'autre est à l'opposé de la galaxie (ou du cosmos, seul le temps de parcours intervenant); si le premier subit une interaction locale, le second peut-il en ressentir *instantané-*

ment quelque effet? Ce qui revient à demander s'il existe des interactions, au moins de type corrélationnel, se propageant plus vite que la vitesse de la lumière.

Que répond la physique actuelle?

Pour la théorie de la relativité restreinte l'impossibilité est catégorique puisque cette éventualité serait en formelle contradiction avec les conséquences de son postulat déclarant le caractère absolu et invariable de la vitesse de la lumière.

En revanche, et sous certaines conditions, la théorie quantique déclare que cette perspective ne peut pas être purement et simplement rejetée.

Auquel cas la physique est manifestement confrontée à un problème de cohérence interne qui doit provenir de la modélisation, c'est-à-dire soit de l'espace, soit du temps... ou peut-être des deux! De toute manière, c'est finalement une question de compatibilité entre ces deux théories qui est posée.

Sans entrer dans les détails techniques, la question mérite cependant un examen plus attentif. Dans certaines expériences délicates [16] ayant pour objet de tester la théorie quantique sont apparues des difficultés d'interprétation impliquant que la relativité restreinte, la physique quantique et la *localité* ne peuvent pas être toutes les trois simultanément compatibles. Cependant, malgré de nombreuses discussions, en l'état actuel de nos connaissances le problème reste obscur de sorte que toute conclusion demeure incertaine, empêchant de déterminer où est la faille. Ce qui laisse la possibilité d'une remise en cause de certains résultats relativistes, dont la transmission de relations causales à des vitesses superluminales s'il n'y a pas transport d'énergie. Il a également été suggéré que des éléments matériels ayant interagi selon certains processus dans le passé, ce qui pourrait être le cas des composants de l'univers dans l'hypothèse du big bang, ne peuvent plus être complètement indépendants, ou séparables, dans le futur: «ces parties doivent être reliées d'une manière qui dépasse l'idée familière que les connexions causales se propagent seulement dans la partie du cône de lumière qui correspond au futur [17]». Une certaine forme d'interaction

---

16. Il s'agit du théorème de Bell qui est exposé et discuté dans la référence de la note 11, p. 206.

17. D'après le physicien H.P. Stapp (1979). Ce qui signifie que la non-localité

perdurerait donc quel que soit leur éloignement. La physique théorique connaît bien certains de ces problèmes d'«ondes avancées et retardées» qui peuvent d'ailleurs conduire à des paradoxes si l'on n'y est pas très attentif! De toute manière, on ignore quels pourraient être les mécanismes physiques concernés. Une image instructive de la non-séparabilité peut, selon le physicien D. Bohm, être simulée par un hologramme dont chaque fragment, tout en représentant une partie, contient cependant des informations sur l'ensemble de la représentation. Quoi qu'il en soit, ce type de question pose un problème de fond à la physique théorique actuelle, donc aux interprétations qui en résultent.

Transposée à notre problème, une réponse positive à la question posée pourrait impliquer la possibilité de transmissions interplanétaires, à des vitesses superluminales, de certains types d'effets terrestres. Et réciproquement, des réceptions équivalentes en provenance de sources externes seraient tout autant plausibles. Quels types d'effets? Aujourd'hui nous n'en savons à peu près rien puisque, apparemment, nous ne possédons aucun élément objectif pour en décider. *Mais, avantage considérable, notre hypothèse de possibilité de transmission interstellaire superluminale d'effets collectifs serait alors cohérente avec les données de la connaissance rationnelle.* Ainsi, puisque l'existence d'effets de blocage de développement d'autres catégories d'intelligences analogues à celle d'Homo sapiens sapiens est indiscutablement observée dans la biosphère terrestre, une extrapolation extraterrestre de tels processus ne présente aucune incompatibilité avec la rationalité logique. Quant à la nature des processus impliqués, pour l'instant on l'ignore, mais jusqu'ici la question n'a pas encore été posée!

Les modèles d'univers et la mesure des distances interstellaires

Bien que la relativité générale ait pour objet la gravitation, c'est d'abord une théorie de l'univers, mais qui appelle deux

---

repose la question des interactions causales qui pourraient se propager dans les deux sens du temps, hypothèse déjà utilisée en théorie des particules.

restrictions. D'une part, ce n'est pas la seule même si, à ce jour, elle reste la plus satisfaisante. D'autre part elle se traduit par un groupe de relations mathématiques, les équations d'Einstein, dont on ne connaît pas de solution générale (voir note 9, p. 61)! *Ce qui veut dire, en termes clairs, que l'on ignore ce qu'est l'objet appelé « univers »! On sait cependant qu'il existe en tant qu'objet physique.* Ainsi de nombreux modèles sont-ils possibles, certains étant plus plausibles que d'autres... malheureusement on ne peut construire quelques univers pour vérifier lequel est préférable! On dispose cependant de puissants moyens d'analyse théorique qui peuvent mettre en évidence, selon les cas envisagés, d'importantes difficultés physiques telles que, par exemple, la mesure des longueurs ou des temps, c'est-à-dire celle des vitesses, paramètres sans lesquels la dynamique, donc la géométrie, perd tout intérêt. Il peut, en effet, ne pas être évident d'y définir des étalons [18], dont des horloges qui doivent être synchronisées, or ces instruments sont indispensables pour l'expérimentation. On peut d'ailleurs légitimement s'interroger sur la représentativité de certains modèles qui ne sont que des expressions mathématiques ne représentant finalement rien d'autre qu'elles-mêmes. Afin de pallier ces difficultés, on choisit de préférence les modèles les plus simples permettant de définir un temps universel, tout en étant compatibles avec les résultats expérimentaux à interpréter en fonction de la référence que constitue le modèle standard, d'où son utilité. Ce qui ne va pas toujours de soi puisque ceux-ci s'accumulent avec le progrès technologique alors que l'exploration spatiale n'en est qu'à sa protohistoire. Aussi ne peut-on pas être assuré qu'une donnée nouvelle ne viendra pas remettre en question quelque base de l'édifice. Puisque cette situation s'est produite à plusieurs reprises, notamment avec la révolution de l'expansion consécutive aux travaux de Hubble, il est tout à fait légitime de s'interroger sur la solidité des concepts actuels, en particulier sur le cadre de référence que constitue l'espace-temps. D'autant que demeurent d'importants problèmes comme, par exemple, l'incertitude

---

18. Dans un espace de Riemann il faut introduire une hypothèse sur l'invariance de l'étalon de longueur (invariance de jauge). Comme il existe des espaces n'y satisfaisant pas, la mesure des longueurs n'y a pas formellement de sens physique. A ce sujet, on peut remarquer que l'inexistence, du moins à notre connaissance, d'un étalon absolu de longueur est un phénomène pour le moins curieux!

concernant le nombre de dimensions ou de constantes fondamentales nécessaires pour définir un univers physique, la justification de l'échelle des masses élémentaires, les étranges propriétés du vide quantique... exemples qui ne représentent d'ailleurs que quelques cas d'espèce !

Une autre question, directement corrélée à la précédente, concerne la mesure des distances interstellaires. C'est toujours une opération difficile puisque, vu de la Terre, le ciel paraît n'avoir que deux dimensions alors que c'est précisément la troisième qu'il s'agit de déterminer. On doit donc recourir à certaines hypothèses techniques, en particulier à propos de la luminosité des étoiles dans les régions proches, et il en faut quelques autres non triviales pour aller au-delà ! Car il est évident que plus on s'éloigne et plus les difficultés s'accumulent, exigeant des extrapolations de moins en moins fiables. De sorte que les incertitudes croissant, il devient rapidement difficile de déterminer le degré de précision des résultats. De plus, on a dit que certains types d'univers ne permettraient pas la mesure. D'une manière générale, on peut considérer que notre galaxie est à peu près correctement connue tant dans sa structure que dans son arpentage, certes à quelques approximations près mais qui ne semblent pas critiques. En revanche, il n'en va pas de même pour les galaxies et autres objets célestes au fur et à mesure qu'ils s'éloignent, par exemple les quasars, car les méthodes utilisées ne sont pas exemptes de certains maillons faibles. Dans le modèle standard on s'accommode de ces approximations, mais cette représentation de l'univers peut être contestée, d'autant que se posent quelques problèmes comme, par exemple, ceux de la constante cosmologique et du principe de Mach (voir notes 8, p. 60 et 10, p. 63) qui déclare que la structure de l'univers dépend de ce qu'il contient.

C'est tellement vrai que, parmi différentes possibilités, deux astrophysiciens russes, Sokolov et Schvartsman, ont émis l'hypothèse d'un mini-univers hypertorique (tore à trois dimensions) ne contenant qu'une seule galaxie, la nôtre, mais de structure telle que la lumière émise se réfléchirait en offrant l'illusion de groupes, d'amas, de super-amas... analogues à ceux qui sont observés. Il n'est pas facile de réfuter ce modèle car l'instabilité gravitationnelle pourrait être compensée par une valeur adaptée de la constante cosmologique. Il présente d'ailleurs l'avantage de permettre la résolution de certaines difficultés rencontrées dans les modèles standards, dont l'intégration du principe de Mach. On doit encore remarquer que si une telle solution n'est pas vraiment du goût des astrophysiciens, c'est finalement plus pour des raisons psychologiques que scientifiques. A ce propos il n'est pas inutile de rappeler que quelques-uns d'entre eux, et non des moindres, contestent le modèle du big bang et l'expansion de l'univers, attribuant le décalage spectral non à l'effet Doppler mais à un phénomène de vieillissement de la lumière, ce qui conduit à une interprétation totalement différente des observations. Et l'on ne dispose d'aucun argument rationnel concret et suffisamment pertinent pour trancher entre ces positions extrêmes. Simplement, il se trouve que le big bang est psychologiquement plus satisfaisant... mais c'est une donnée qui n'a assurément rien de rationnel!

Quelques concepts exotiques

Tout en nous efforçant de rester dans les limites de la rationalité, on ne peut cependant pas exclure quelques éventualités, certes aujourd'hui des plus hypothétiques, mais dont certaines pourraient peut-être devenir effectives dans un avenir plus ou moins lointain. Nous allons nous contenter d'un examen rapide de quelques données nous paraissant les moins improbables... mais peut-on avoir la moindre certitude s'agissant de telles conjectures?

Commençons par envisager une possible réponse à la question concernant l'anomalie de la faiblesse de la vitesse de la lumière par rapport aux dimensions du cosmos, pour autant d'ailleurs que celles-ci soient justifiées! Outre le fait que des «éléments de réalité» non encore identifiés puissent cependant être susceptibles d'exister (ce pourrait par exemple être le cas de la matière sombre), il n'est pas non plus irréaliste de supposer que pourraient également intervenir certains phénomènes physiques aujourd'hui inconnus, mais qui auraient la capacité de pallier cette difficulté. Parmi d'autres, l'existence d'hypothétiques particules superluminales appelées tachyons (du grec $\tau\alpha\chi\upsilon\varsigma$: rapide) n'est pas à exclure en raison d'un *principe de symétrie* impliquant une certaine forme de complémentarité entre la théorie les concernant et celle des constituants élémentaires de notre univers qui sont des bradyons (du grec βραδυς: lent). Il s'agirait de corpuscules qui posséderaient une vitesse *toujours* supérieure à celle de la lumière [19] et constitueraient une sorte d'univers qui, d'une certaine manière, prolongerait le nôtre. Sans entrer dans les détails, indiquons que ces deux mondes, en fait bien différents l'un de l'autre, seraient séparés par une barrière théoriquement infranchissable, celle de la vitesse limite. Mais dans la pratique cette étanchéité pourrait n'être que relative, comme c'est par exemple le cas avec ce qui est appelé l'«effet tunnel» lequel est bien connu en physique quantique et conduit déjà à différentes applications, notamment en électronique. Ainsi certains types de communications et d'échanges seraient probablement possibles avec des effets totalement insoupçonnés. Ces particules hypothétiques ont été relativement bien étudiées sur le plan théorique mais, jusqu'à présent, la preuve de leur existence, qui n'est pas évidente, reste à fournir. Il se pourrait que des trous noirs puissent en émettre, pour autant que les hypothèses les concernant soient elles-mêmes vérifiées.

Si l'on se place à une autre échelle, hors du mésocosme, la question déterminante est assurément celle des moyens d'action. Le problème est ici d'obtenir les plus hautes densités et les plus grandes quantités possibles d'énergie de façon à pouvoir les utiliser pour modifier les conditions de l'environnement et de la propagation des effets dynamiques, et autres, associés. Car si l'univers est un objet physique, comme tout ce qui précède semble l'indiquer, et si les lois qui le régissent sont connues et utilisables, il doit donc être rationnellement possible d'agir sur lui à condition de disposer de sources d'énergie suffisamment puissantes. Or on en connaît au moins une qui est à la dimension, c'est le trou noir, bien que l'on ne dispose que de preuves indirectes de son existence. Ce qui n'est déjà pas négligeable. Apparemment, ces curieux objets devraient être abondants, et si

---

19. Les principes de symétrie jouent un rôle fondamental en physique théorique contemporaine. Une extension de la relativité attribuerait aux tachyons une masse imaginaire ; ils constitueraient une sorte d'univers complémentaire à la fois du nôtre et de celui des antiparticules. Rappelons que celles-ci ont été prévues théoriquement par le physicien P.A.M. Dirac avant d'être découvertes, ce qui était manifestement plus facile que pour les tachyons, pour autant que ceux-ci existent!

l'on n'a encore aucune idée sur la manière de les domestiquer, souvenons-nous qu'il en fut de même pour l'énergie contenue dans le noyau, quelques hautes autorités scientifiques ayant même déclaré qu'elle serait à jamais inaccessible! Et pourtant... Notons que des faisceaux de micro-trous noirs, qui ne devraient pas être conceptuellement hors de portée d'une technologie future, offriraient peut-être une possibilité d'action sur la gravité. Mais avec des potentialités qui sont difficiles à apprécier, quoique possiblement non négligeables.

Dans un autre ordre d'idées, et de manière plus hypothétique, on peut citer les effets collectifs de l'énergie d'annihilation d'ensembles de particules-antiparticules ou l'utilisation de certains types de champs de bosons qui sont des particules d'interaction quantique, certains d'entre eux étant supposés à l'origine du big bang, ce qui montre leur capacité d'action. Peut-être existerait-il quelque propriété inattendue de l'étrange vide quantique qui pourrait tout autant réserver quelques surprises? Sur un mode encore plus incertain peuvent être cités les arcs et cordes cosmiques, et certaines structures de champs associés[20] dont on ne sait pas encore grand-chose, sinon qu'elles confirment que l'univers est véritablement une prodigieuse éponge énergétique. Aussi à très long terme, bien que de manière tout à fait problématique, n'est-il pas nécessairement impossible d'espérer en extraire quelque effet inattendu. On peut aussi envisager de nouveaux types de matière tels que les plasmas quarkoniques ou les atomes mésiques, ou autres, qui faciliteraient l'énergie de fusion... Et il existe encore d'autres perspectives, par exemple la dématérialisation avec propagation associée, ou l'utilisation de la virtualité des ondes rétrogrades... Mais en ces domaines rien, ou presque, n'est acquis ou même connu, et un certain folklore n'est pas exclu, d'où l'«exotisme» du propos. Le principal intérêt d'une telle énumération, qui n'est pas exhaustive, est finalement de montrer que ce ne sont pas les pistes qui manquent et que des horizons nouveaux sont susceptibles de se dégager. Cependant, pour l'instant, on ne peut guère en espérer grand-chose de plus.

---

20. Il semble exister des objets étranges, appelés «jets galactiques», qui transporteraient des énergies phénoménales ($\sim 10^{54}$ joules) sur des distances de l'ordre du million d'années-lumière. Ce seraient les plus grandes structures recensées dans l'univers connu.

Super exotisme

Terminons, pour le seul plaisir de l'imagination, par ce qui n'est encore qu'une excentricité topologique liée à l'espace-temps. Mais sait-on jamais? Le problème de la dimensionalité de l'espace est d'autant plus critique que certaines théories physiques semblent la multiplier comme à plaisir! Mais celles qui ont un sens physique, donc qui nous sont perceptibles, sont au nombre de trois, et de trois seulement, comme chacun de nous le sait d'instinct et de fait dans le mésocosme. Pourquoi trois? Une réponse exotique due à la topologie est la suivante : parce qu'il n'y a que dans un espace à trois dimensions qu'un nœud [21] est indéfaisable... c'est-à-dire stable! Quel est le rapport avec notre problème? Il est le suivant : les théoriciens n'ont évidemment pas pu s'empêcher de faire le rapprochement avec la structure des particules élémentaires, ce qui a conduit à un modèle physique d'espace-temps tel que chaque particule y soit caractérisée par son nœud! Celui-ci engendrerait une distorsion locale capable de se propager, d'où les interactions.

Avec un peu d'imagination et de théorie en plus, on peut tourmenter plus brutalement la géométrie d'espace-temps et y inclure des traces de ces interactions qui constitueraient des sortes de micro-canaux, ou «trous de ver», ouvrant des communications entre différents lieux susceptibles d'être très éloignés. La symétrie temporelle des équations des trous noirs conduit à prévoir des trous blancs, sortes d'anti-trous noirs d'où jaillirait la matière au lieu d'y disparaître. Il existerait des sortes de tunnels d'espace-temps reliant un trou noir à un trou blanc, ce qui mettrait causalement en relation deux régions très éloignées de l'espace-temps. Une théorie des supercordes, objets très curieux, prévoit même l'existence d'une nouvelle forme de matière, dite fantôme car elle ne serait sensible qu'à la gravitation, qui pour-

---

21. On appelle nœud un objet géométrique constitué d'un ruban replié sur lui-même dont les deux extrémités sont raccordées de sorte qu'il ne puisse pas être défait. On montre mathématiquement que ce n'est possible que dans un espace à trois dimensions, ce qui est une propriété remarquable de ce type d'espace.

rait constituer la masse manquante, problème bien connu en cosmologie. Ainsi, moyennant quelques élucubrations adéquates revenant finalement à torturer la topologie de manière appropriée, peut-être ne serait-il pas impossible de trouver une solution, pas nécessairement crédible d'ailleurs, au problème de la distance. La question de fond est finalement la suivante : la géométrie est-elle capable de représenter tout objet et tout phénomène physique? La réponse, qui n'est pourtant pas mathématiquement évidente, est cependant toujours supposée positive. Or elle paraît de plus en plus contestable !

Discussion

C'est d'abord la question des distances cosmiques, c'est-à-dire celle du temps, qui représente l'obstacle principal à notre connaissance détaillée de l'univers si l'on admet que la vitesse de la lumière constitue une limite infranchissable. Ce qui revient à *postuler* l'exactitude de la relativité. Or nous venons de voir que, d'une part, il existe un problème de compatibilité entre cette théorie et la physique quantique alors que les deux sont indispensables pour élaborer le modèle standard de l'univers. Aussi est-il évident qu'un tel défaut de cohérence ne saurait perdurer. Toutefois, l'état actuel des connaissances ne permet pas d'en prévoir l'issue, pas plus d'ailleurs que les conséquences qui pourraient en résulter bien que des surprises soient possibles, et même probables! D'autre part, l'analyse de la non-localité laisse entrevoir une perspective nouvelle qui mérite attention. De plus, comme le montre la discussion qui précède, ce ne sont pas les possibilités qui manquent pour apporter quelques solutions à ce problème même si, parmi celles qui viennent d'être évoquées, certaines peuvent laisser place à la perplexité, sinon au doute. Tout pronostic reste cependant hasardeux, aussi bien pour ce qui concerne les délais nécessaires que pour la voie susceptible d'être la plus féconde. Quoi qu'il en soit, cet ensemble de données montre que l'objection principale opposable à la solitude cosmique de l'homme, celle de l'étendue de l'univers, n'est pas forcément rédhibitoire.

C'est ensuite la question des technologies nécessaires pour de telles explorations qui se pose. Aujourd'hui, leur développement est largement suffisant pour envisager l'avenir avec optimisme. L'exploration spatiale a déjà fourni un résultat essentiel, qui n'était pas évident a priori, en démontrant que l'homme est physiquement capable de dépasser les limites de sa planète. C'est un *acquis majeur de l'humanité* même si ses possibilités actuelles restent infinitésimales au regard des nécessités galactiques, mais on n'en est encore qu'aux protodéveloppements. En moins de trois décennies, des engins automatiques ont déjà été capables d'explorer les confins du système solaire. Et c'est une prouesse remarquable si l'on tient compte du fait que ces recherches ne sont pas prioritaires. Comme pour l'estimation de la date du premier débarquement lunaire, ou pour les débuts de l'aviation ainsi que pour toute percée technique réellement nouvelle, il est impossible de prévoir quels seront les développement futurs des systèmes d'exploration et de communications extraterrestres. Et il se prépare toute une panoplie de technologies et de moyens révolutionnaires qui devraient ouvrir des perspectives totalement insoupçonnables aujourd'hui! D'une manière plus générale, il est quasi certain que les questions spatiales feront partie des grandes préoccupations du prochain siècle, ainsi que les questions relatives aux communications et à l'information. Remarquons que les activités électromagnétiques humaines laissent déjà un important halo fossile autour de la trajectoire cosmique de la Terre.

C'est enfin la question des possibilités d'existence d'une éventuelle intelligence extraterrestre qui se pose. Si la vie est, comme nous l'avons vu, un phénomène cosmique, elle exige cependant des conditions physiques d'une criticité telle, pour son développement, que la probabilité pour qu'elles soient satisfaites est certainement extrêmement faible. Mais non nulle puisque nous sommes là! Car, comme nous en avons discuté, ce n'est pas tant son apparition qui pose problème que les multiples modalités requises pour qu'elle se maintienne et évolue sur des temps considérables exigés par la complexification adaptative croissante. En effet, le principe de rationalité implique que celles-ci devraient sensiblement être partout les mêmes, aux fluctuations et spécificités locales près. A partir des données physiques et biologiques dont nous disposons, plusieurs recherches ont été entreprises pour tenter d'estimer une telle probabilité susceptible d'aboutir à l'intelligence. Cependant le nombre de paramètres est si élevé et les données tellement complexes et incertaines que les approximations nécessaires pour mener à bien les calculs conduisent à des résultats n'ayant plus guère de sens autre qu'idéologique! Quoi qu'il en soit, le seul bilan des données physiques favorables et de celles qui ne le sont pas incite plutôt au pessimisme, bien que cette approche reste subjective.

En supposant cependant qu'une espèce extraterrestre intelligente puisse exister, que pourrait-on en dire? Qu'elle devrait nécessairement s'être dotée de moyens d'action sur son environnement, aussi bien pour survivre que pour se développer et progresser. Et l'on concevrait mal qu'elle puisse vivre isolée et solitaire dans son milieu puisqu'elle devrait être, elle aussi, l'aboutissement d'une série évolutive. A moins qu'elle ait acquis des moyens de domination quasi absolus et qu'elle ait décidé d'éliminer tout le reste... ce qui serait pour le moins insolite, et certainement des plus inquiétant! Si ce n'était pas le cas, elle serait confrontée à la concurrence des autres espèces de sa propre biosphère, à laquelle elle aurait donc à faire face. Mais surtout, quelle qu'elle soit et pour mériter ce qualificatif, une espèce intelligente ne pourrait être dissociée de puissants effets collectifs induits par ses facultés cérébrales, aussi bien pour démultiplier ses capacités d'action en mettant ses ressources en commun que pour changer les conditions de la sélection naturelle. Elle ne pourrait pas non plus se passer de mémoire collective, indispensable pour l'évolution psychique et culturelle. Toutes ces conditions reviennent finalement à dire que, nécessairement, elle devrait avoir inventé une technologie et des moyens de traitement de l'information. Mais quelle technologie? Si, selon le principe de rationalité, les lois de la nature sont partout les mêmes, en particulier celles de la physique et de la chimie, ainsi que la constitution du milieu, aux abondances atomiques relatives près, alors il doit en être de même pour les données du problème quelles que soient les conditions dans lesquelles il se pose. C'est donc aussi le cas pour la question toujours critique de l'énergie puisqu'elle est à la base de tout le reste alors que les sources primaires sont communes. Cependant si le concept de technologie est universel, il n'en résulte pas nécessairement que les possibilités de sa mise en œuvre et de ses applications doivent être partout les mêmes, bien au contraire puisque, précisément, ce sont les conditions locales qui sont déterminantes. C'est-à-dire que rien ne s'oppose à ce que les techniques soient les plus originales et les plus diversifiées possibles, et il peut se poser la question des connaissances nécessaires pour en favoriser et, peut-être, en accélérer les développements.

Pourrait-on concevoir une civilisation technologiquement plus évoluée que la nôtre? Le problème clé est encore une fois celui du temps. Les mutations, les bifurcations, les catastrophes et les accidents divers, qui sont généralement fortuits, correspondent à des échelles temporelles brèves par rapport aux temps géologiques. Ces facteurs sont distribués selon un spectre impliquant l'existence d'une hiérarchie des transformations possibles, naturellement liée à celle des vitesses d'évolution. Malheureusement nos connaissances, par exemple celle de leur loi de distribution, sont trop précaires pour espérer en tirer une quelconque information. D'un autre côté, pour différentes questions dépendant du fonctionnement global de la machine univers, si l'on admet que quelque filière vivante ait pu se développer ailleurs, la convergence vers des fonctions intellectuelles supérieures n'aurait pas dû être sensiblement différente de la nôtre, certes à un certain décalage près. On peut montrer qu'un développement par étapes pseudo-alternées, comme ce fut le cas pour l'hominisation, est beaucoup plus probable, rapide et efficace qu'une croissance linéaire à partir des origines. Il semble donc que l'intervalle de temps nécessaire pour aboutir à l'ecpédèse terrestre ait été optimisé. De sorte qu'un décalage extraterrestre positif devrait avoir une probabilité faible, celui-ci devant d'ailleurs être modeste compte tenu des nombreuses et quelques très difficiles étapes à franchir. De toute manière, si ce n'était pas le cas et si l'évolution technologique avait suivi ailleurs une trajectoire plus rapide que la nôtre, soit on devrait en voir rationnellement et concrètement les effets (c'est-à-dire autrement que par des on-dit), soit on ne devrait peut-être même plus être là pour en parler. Si ce décalage était petit mais positif, ou si la distance de séparation était très grande, la situation serait indécidable. Toutefois une telle éventualité résulterait d'un tel concours de circonstances particulières que sa probabilité paraît devoir être infinitésimale.

Pour terminer, rappelons que c'est le célèbre physicien nucléaire E. Fermi qui, peu après la fin de la guerre, demandait non sans ironie à quelques volubiles partisans des extraterrestres : «Où sont-ils ?» Les arguments que nous venons d'exposer incitent plutôt sérieusement à répondre ce qu'il attendait, c'est-à-dire : «Nulle part !» Même si, à l'évidence, aucun d'eux ne peut être invoqué de manière définitive.

Quelques données intéressantes à considérer

Finalement, la question que nous avons posée peut opportunément se réduire à la suivante : l'homme est-il un accident dans l'univers ? Comme on ne dispose d'aucune preuve *rationnelle* tangible et *incontestable* fournissant une indication contraire, il n'est pas rationnellement possible de répondre. Autrement dit, et en l'état actuel des données, c'est une question indécidable. Pour autant, ce n'est certainement pas une raison pour ne pas en débattre puisque c'est précisément lorsque les limites de la connaissance sont atteintes que commence véritablement la recherche. Mais encore faudrait-il que celle-ci soit fondée sur un ensemble de faits observationnels indiscutables et contrôlables, et de données cohérentes et pertinentes, tant expérimentales que théoriques, remplissant les conditions nécessairement requises par l'extrapolation scientifique. Ce qui exclut, en particulier, tout le folklore «ovnique» uniquement fondé sur des impressions et des rumeurs, ainsi que tout le fatras des fantasmes irrationnels des astrologismes et des visions magiques de l'univers !

En revanche, ces conditions sont indiscutablement remplies pour les éléments de connaissance rationnelle dont nous disposons actuellement sur l'univers et qui fondent le modèle standard, même si celui-ci n'est pas unanimement accepté par tous les spécialistes. En effet, il est incontestable que d'autres interprétations sont concevables, en dépit du fait qu'elles ne sont apparemment pas aussi globalement satisfaisantes. Mais comme on ne connaît pas d'argument décisif qui soit susceptible de mettre un terme au débat, le problème ne peut que rester posé. Aussi n'est-il pas sans intérêt d'en discuter quelques particularités pour étayer notre propos.

Commençons par rappeler l'insistance avec laquelle nous attribuons un rôle déterminant au hasard en tant que condition initiale *rationnellement nécessaire*, aussi bien pour l'univers que pour la vie. Insistance qui est d'abord due au fait que lui seul s'avère parfaitement adapté dès le départ puisque, n'étant pas perfectible, il est totalement insensible à l'évolution, ou plus exactement il ne lui est pas soumis. Ensuite, autre avantage considérable, lui seul évite la question indécidable de l'origine d'une quelconque loi primordiale, ce qui permet de s'affranchir de toute implication métaphysique des causes, laquelle serait nécessairement associée à une quelconque finalité. Elle serait d'ailleurs contraire au principe de rationalité et au postulat d'objectivité de la nature. De plus, aucune donnée rationnelle ne l'exige ou ne la justifie, en dépit de l'hypothèse hasardeuse d'un supposé principe anthropique [22] (B. Carter, 1973) selon lequel : «l'univers est ce qu'il est pour que les observateurs puissent y apparaître». Assertion qui, particulièrement sous sa forme forte, implique un téléologisme ne pouvant se départir d'un relent de théologisme, quel que soit le sens ou le contenu attribuable à ce terme. Ce qui est pour le moins fâcheux, sinon rédhibitoire, pour un principe qui se voudrait scientifique, c'est-à-dire rationnel! Enfin, et c'est une propriété tout à fait essentielle, nous verrons que le hasard est également doté de propriétés génératives qui ne semblent pas avoir été exploitées jusqu'ici. Et c'est précisément sur celles-ci que va se fonder le concept anthropocosmique que nous allons proposer.

Il paraît clair que, pour se manifester, ces surprenantes propriétés génératives doivent exiger des intervalles de temps extraordinairement longs, compte tenu de leur infinitésimale probabilité de réalisation. Or il se trouve que le modèle standard associé à la théorie de l'évolution justifie pleinement le fait que de tels intervalles temporels sont indispensables pour passer du big bang à la vie, puis de celle-ci à l'intelligence. On en a vu les dé-

---

22. Ce principe existe sous deux formes. L'une, dite *faible*, déclare que c'est parce qu'il existe des observateurs que certaines contraintes de l'univers (les constantes fondamentales) ont des valeurs numériques particulières plutôt que d'autres. L'autre, qualifiée de *forte*, postule que l'univers *doit* être adapté pour permettre l'apparition d'observateurs. On voit que la première forme n'est qu'une constatation, sinon un truisme, alors que la seconde est une injonction téléologique. En raison de leur caractère ad hoc, les arguments avancés pour en justifier les causes ne sont en rien convaincants quant aux mécanismes physiques qu'ils sont conduits à supposer.

tails, mais rappelons que la raison profonde est la nécessité de passer du chaos primordial à l'*ordre chimique organique* correspondant à la molécule dont la plus complexe, celle d'ADN, fonde la vie. Car il fallait d'abord commencer par disposer des éléments de base et de tout un ensemble de conditions qui n'étaient pas données a priori. Et c'est justement cette remarquable complémentarité combinatoire du hasard et de l'immensité des intervalles de temps qui en est la justification. Remarquons cependant qu'il en irait exactement de même si l'on avait affaire avec une densité extraordinairement élevée d'événements interactionnels dans des intervalles de temps brefs. C'est par exemple le cas du big bang au voisinage de l'origine. De tels processus pourraient-ils être accélérés ou remplacés par d'autres plus rapides? Pour différentes raisons physiques et chimiques telles que les conditions bien particulières qu'exigent aussi bien les synthèses nucléaires que la dynamique et la stabilité des transformations stellaires, ou l'évolution des chaînes prébiotiques, ce modèle fournit une réponse négative, d'ailleurs en parfaite cohérence avec les spécificités impliquées par les propriétés génératives du hasard.

Pour ce qui concerne notre problème, l'universalité des lois de la nature implique que, le cas échéant, ces données ne pourraient que s'appliquer à toute éventuelle vie extraterrestre et à toute intelligence qui en serait issue. Et, bien que l'on ne connaisse aucune contrainte d'où résulterait l'obligation, pour les processus qui en seraient responsables, de se dérouler de manière identique, ceux-ci devraient cependant correspondre à des séquences analogues ou équivalentes puisque, selon ce que l'on en sait, on concevrait mal une autre forme de vie qui ne serait pas fondée sur les propriétés de la molécule, même si l'architecture de celle-ci n'était pas à base de carbone. Ni un autre type d'intelligence qui ne serait pas le fruit de l'évolution et qui ne se rapporterait pas au traitement de l'information, quelles qu'en soient par ailleurs la nature et la forme. Il paraît donc irréaliste d'envisager l'existence de phénomènes vitaux qui auraient pu se dérouler et évoluer en de multiples lieux de l'univers de manière totalement indépendante les uns des autres, et qui se seraient affranchis des différents types de contraintes identifiées dans le cas de la vie terrestre. En d'autres termes, si d'autres processus vitaux existaient, ils devraient être soumis à un ensemble universel de lois et de règles de sélection analogues à celles que nous connaissons, impliquant que finalement ils obéiraient à une sorte de logique évolutionnelle universelle ne permettant pas une diversification anarchique. Laquelle serait de toute manière contrainte par les exigences de l'adaptation évolutive.

Cette remarque nous conduit également à observer que le développement de la vie, c'est-à-dire l'ordre local qu'elle engendre par le principe de complexification adaptative croissante, pose un problème relativement à l'entropie[23]. En effet, en vertu du deuxième principe de la thermodynamique, l'évolution générale de l'univers doit aller vers la croissance du désordre puisque, selon Clausius, «l'entropie de l'univers tend vers un maximum». Ce qui n'est manifestement pas le cas de l'ensemble du vivant quel qu'il soit. L'ordre est même l'une de ses caractéristiques principales. La thermodynamique est capable d'en fournir une justification mais celle-ci est un peu trop mécaniste en ce sens qu'elle n'évite pas deux questions. La première concerne les *causes profondes* (et non les arguments énergétiques qui n'en sont que les manifestations) pour lesquelles *localement* le second principe peut connaître de telles exceptions. On ignore d'ailleurs quelles peuvent en être les limites. Quant à la seconde, elle est relative à la cohérence des principes généraux d'évolution puisqu'il en existe deux, l'un pour l'entropie et l'autre pour la complexification du vivant, qui curieusement varient temporellement en sens inverse l'un de l'autre alors que tous les deux concernent finalement l'information. C'est, pour le moins, une dissymétrie surprenante. Ce qui est un motif supplémentaire incitant à penser que la théorie de l'information est là encore en cause!

Compte tenu de ces différentes raisons, mais aussi de l'ensemble des arguments que nous avons développés tout au

---

23. L'entropie est une fonction thermodynamique qui caractérise l'accroissement du désordre interne d'un système physique, traduisant ainsi la dégradation de l'énergie en chaleur. Le *deuxième principe de la thermodynamique* déclare qu'un système physique isolé évolue irréversiblement à entropie croissante. Celle-ci ne peut rester constante que si les transformations subies sont réversibles. Pour L. Brillouin (1948), l'information est assimilable à l'entropie, la liaison étant le fait d'une certaine constante de proportionnalité. Celle-ci est telle que s'il est énergétiquement facile d'extraire de l'information d'un système, c'est-à-dire de le soumettre à la mesure, en revanche il est beaucoup plus difficile d'agir sur lui, c'est-à-dire de lui faire subir des transformations. Il faut cependant remarquer que cette assimilation reste controversée.

long de notre analyse, nous allons nous placer à un autre point de vue en partant de l'observation suivante. Il est pour le moins curieux de constater que l'homme, si infinitésimal soit-il au regard de l'univers, puisse cependant être capable d'en prendre conscience et d'en percevoir différents mécanismes! Particularité qui peut se traduire par un aphorisme déclarant que si l'univers contient matériellement le cerveau, le cerveau contient informationnellement l'univers. Même si ce n'est qu'à titre tout à fait partiel, cette connaissance n'est formellement due qu'à ses seules performances. Toutefois l'existence de cette dualité réflexive, ou plutôt sa raison d'être, laisse tout de même perplexe. Et il est étrange que l'homme occupe une position si particulière puisqu'il représente une sorte de point de convergence, ou plutôt de synthèse entre le microcosme, le mésocosme et le mégacosme.

Ces données sont-elles fortuites? C'est tout à fait possible! Mais si, selon le modèle standard, il est plausible de considérer que la pensée rationnelle et l'intelligence d'Homo sapiens sapiens résultent d'une très longue série de transformations faisant largement appel à l'aléatoire et dont l'*origine* est finalement due au seul hasard du big bang en tant que *donnée a priori*, il apparaît pour le moins curieux que la convergence de cette étrange chaîne, jointe aux propriétés génératives du hasard, n'implique rien de plus! C'est-à-dire *aucune conséquence a posteriori*. Et que cette rationalité, qui lui permet de comprendre, au moins partiellement, la gigantesque et prodigieuse machine univers à laquelle il doit la vie et la survie, ne soit destinée qu'à se dissoudre dans le néant futur d'un océan de contingence non signifiante. Encore une fois, rien ne s'oppose à ce qu'il en soit ainsi, mais rien n'y incite non plus! Cependant, cette rationalité émergeant du chaos pour s'empresser d'y retourner, c'est-à-dire pour n'aboutir nulle part, crée une discontinuité, ou plutôt une singularité évolutionnelle de l'information rationnelle qui est logiquement... illogique! Et même suspecte! Elle irait à l'encontre de la préservation des grandes lois et des propriétés essentielles de symétrie indispensables pour la stabilité et l'interprétation de l'univers observable, du moins telles que notre rationalité en perçoit et en comprend l'ordonnancement. Cependant il faut bien admettre que si de telles remarques sont empreintes de fortes présomptions, elles ne constituent en rien une démonstration en raison même de leur caractère ontologique indiscutablement non rationnel. D'où l'idée d'en concrétiser le contenu sous la forme d'un concept, et non d'un principe, afin d'éviter toute interprétation métaphysique, ce qui serait exactement à l'opposé de notre point de vue!

Le concept anthropocosmique

Revenons sur le hasard qui, considéré sur le plan mathématique, ne présente pas exactement les mêmes spécificités que dans ses manifestations physiques. Et c'est ce qui les distingue l'un de l'autre, aussi bien dans leurs potentialités que dans leurs fonctions. Dans le premier cas c'est un processus qui, par définition, n'est identifiable que s'il ne se manifeste par aucune régularité, aucun ordre ni aucune structure remarquable dans le déroulement des séquences mathématiques en cause, qui sont en général des suites numériques. De sorte que stricto sensu rien n'est prévisible puisque, par principe, il n'y a pas de loi. Mais, pour le savoir, il faudrait poursuivre les investigations jusqu'à l'infini, ce qui n'est pas opératoire. C'est l'inconvénient de toute définition négative. *Ainsi ce qui caractérise ce hasard c'est bien le fait qu'il n'est doté d'aucune générativité propre.* Ou, en d'autres termes, il n'est pas constructif, c'est-à-dire qu'il ne crée strictement rien. Et c'est précisément ce qui le distingue du hasard physique. Celui-ci correspond toujours à des événements indépendants et équiprobables (comme l'exige la théorie mathématique des jeux) mais qui, contrairement au précédent, se traduisent par des manifestations physiques observables. C'est ainsi que l'on constate l'existence effective d'une discontinuité caractéristique séparant ce qui lui est soumis de ce qui ne l'est pas. Discontinuité qui correspond précisément aux limites du réductionnisme. Les séquences d'événements physiques sont telles qu'elles manifestent une dynamique de renouvellement permanent et de diversification impliquant l'utilisation de la statistique car c'est elle qui semble la mieux adaptée pour les représenter. Ces phénomènes sont observés aussi bien dans le microcosme, avec les effets quantiques et leurs multiples applications, que dans l'évolution du mégacosme, par exemple dans la génération stellaire ou dans l'évolution des galaxies. Dans le mésocosme, la survenue d'événements aléatoires est monnaie courante.

Comme la caractéristique principale de ce hasard physique est l'*opportunisme*, c'est-à-dire la concrétisation de ses potentialités de résonances créatrices en fonction des propriétés des éléments qui lui sont soumis et des circonstances locales, il en résulte qu'il peut être génératif, c'est-à-dire constructeur, conformément, par exemple, aux impératifs liés à l'évolution du vivant ou à ses développements. La raison profonde est due au fait que, soit des surdensités énormes d'événements durant des temps brefs (cas du big bang), soit des phénomènes lents évoluant pendant des intervalles de temps extrêmement longs (cas des séquences prébiotiques) peuvent conduire des séries physiques aléatoires à générer de manière aléatoire des corrélations qui ne le sont plus par suite de l'existence d'*interactions physiques collectives*[24]. Ce que sont naturellement incapables de faire des séries mathématiques qui sont insensibles à de tels processus : les événements aléatoires physiques ont certaines propriétés spécifiques (par exemple des paramètres électromagnétiques) dont sont dépourvus les nombres. Les règles de sélection imposées par le milieu et les circonstances font le reste. Il existe donc une différence profonde entre le hasard mathématique et le hasard physique, différence qui est probablement due à une définition trop restrictive du premier. D'autant que, dans la nature, seuls des ensembles discrets peuvent être soumis à des processus aléatoires.

C'est pourquoi nous avons attribué un rôle déterminant au hasard physique, aussi bien dans la genèse de l'univers que dans celle de la vie, mais également dans certaines caractéristiques de leurs évolutions respectives, dont l'apparition de l'intelligence. Ainsi paraît-il tout à fait logique de rechercher une formulation qui en exprimerait aussi bien les potentialités que les implications en les généralisant. C'est la raison pour laquelle nous allons introduire la notion de *concept anthropocosmique* dont la

---

24. Par exemple un gaz moléculaire électroniquement neutre ne subit pas d'effets collectifs. Si par hasard des interactions ionisantes y prennent naissance, des charges sont créées engendrant des effets collectifs qui se manifestent par des propriétés nouvelles, telles que la génération ou la propagation d'ondes électromagnétiques. Autre exemple : l'effet dynamique des corrélations collisionnelles multiples dans les interactions moléculaires explique l'irréversibilité macroscopique du temps (théorème H de Boltzmann).

signification plus profonde et quelques spécificités seront précisées au prochain chapitre (une version plus générale est donnée p. 249). Avant d'en analyser le contenu, nous pouvons le formuler de la manière suivante :

si les propriétés génératives du hasard physique ont constitué le déterminant majeur de l'évolution générale de l'univers depuis ses origines, l'apparition de la vie ayant abouti à l'intelligence rationnelle correspond à un événement susceptible d'en modifier le cours par ses potentialités propres d'action.

Avant d'en discuter le contenu, précisons sans ambiguïté que *ce concept a pour objet les relations entre les capacités génératives du hasard physique et les propriétés spécifiques du biologique en général, et qu'il ne s'agit que de cela.* Et de rien de plus. En particulier, il n'a pas pour rôle de suggérer quoi que ce soit sur le futur des capacités humaines ni sur un quelconque rôle à venir d'Homo sapiens sapiens qui finirait par se prendre pour ce qu'il ne peut pas être. Sa formulation ne permet d'ailleurs pas d'en inférer de telles spéculations. Sa fonction consiste à généraliser aussi bien nos observations sur le hasard physique que nos connaissances sur l'ensemble de l'évolution du vivant, ainsi que leurs conséquences au niveau terrestre. C'est d'abord et essentiellement un *concept heuristique.*

Si, dans sa formulation, il est fait référence à l'intelligence et à la rationalité, qui sont aujourd'hui des spécificités humaines, cela ne préjuge en rien de la suite de l'évolution. Car, comme tout le reste, l'intelligence la subit également mais sous une forme qui lui est tout à fait spécifique. En effet, si celle-ci est organiquement liée au névraxe qui paraît stabilisé depuis plusieurs dizaines, voire quelques centaines de milliers d'années (ce qui ne prouve rien quant à l'avenir), elle dépend aussi, et de plus en plus, de l'accroissement des connaissances. Lequel ne fait que s'accélérer avec l'amplification des capacités d'acquisition, de stockage et d'exploitation de l'information sous toutes ses formes, qui est devenue l'une des fonctions principales d'Homo sapiens sapiens. Et si ces capacités dépendent directement du progrès technologique, celui-ci est tout aussi directement tributaire des possibilités d'exploitation de ces connaissances nouvelles, donc des avancées des disciplines théoriques. En bref, on pourrait encore exprimer ce concept sous la forme suivante : *si l'intelligence humaine est née d'un univers gouverné par le hasard, l'évolution n'a pas pour fonction principale de l'y maintenir entièrement soumise* bien que cette formulation soit plus restrictive.

Revenons au contenu du concept anthropocosmique. Pourquoi le qualifier de tel? Parce que nous avons vu que l'intelligence rationnelle d'Homo sapiens sapiens, comme la vie, est inéluctablement la conséquence d'un ensemble de propriétés générales de l'univers, présentant ainsi un indiscutable caractère collectif global. En d'autres termes, selon les connaissances d'ores et déjà acquises, *rien ne s'oppose rationnellement* à la conception d'un processus entièrement naturel, certes extrêmement complexe et infiniment lent, mais parfaitement cohérent, ayant permis de passer du hasard primordial à la rationalité du cerveau humain associée à ses exceptionnelles facultés, même si toutes les étapes nécessaires n'en sont pas encore connues. On n'ignore cependant pas que cette émergence implique une participation globale du cosmos, tant par les lois et les conditions qui le gouvernent, ou par la manière dont celles-ci ont été mises en œuvre, que par l'origine et par les propriétés de l'ensemble des éléments nécessaires pour y parvenir. De toute manière, en tant qu'objet de l'univers le cerveau doit obéir à ses lois, c'est-à-dire en être le reflet.

Quelle est la signification de ce concept? Si la première partie déclare sans ambiguïté qu'il n'y a pas de but à l'origine, en revanche la seconde laisse supposer qu'il serait possible que, jointe à la rationalité, l'évolution finisse par générer une sorte de code (terme pris dans son sens le plus large, faute d'une autre dénomination plus adéquate) de transformation plus ou moins globale, sur des intervalles de temps cosmiques, qui inclurait certaines spécificités de l'intelligence. Ce qui ne serait pas autre chose que la conséquence d'une forme supérieure (de niveau supérieur) de traduction, ou plutôt d'explicitation, des propriétés des lois rationnelles gouvernant l'univers lui-même. Observons qu'il n'est aucunement nécessaire de supposer que ces lois aient été présentes dès les origines puisqu'elles pourraient, elles aussi, résulter de certains types de corrélations génératives nées de l'aléatoire du big bang et de règles de sélection engendrées par la dynamique propre du système. Cela expliquerait l'ordre matériel universel que nous percevons familièrement dans le mésocosme et dans le mégacosme visible, c'est-à-dire proche, en dépit du fait que c'est au hasard que sont attribuées les conditions initiales du big bang et des phénomènes associés. Nous sommes également devenus capables de détecter les manifestations de cet ordre aussi bien dans l'organisation générale du mégacosme que dans celle du microcosme. Ainsi est-il fondé d'en déduire l'existence d'une certaine forme logique d'organisation cosmique qui, encore une fois, n'a pas à être obligatoirement introduite dans les conditions initiales. Et qui ne possède a priori aucune signification particulière !

Il semble cependant difficile d'aller beaucoup plus loin sans rencontrer l'irrationnel, ce qui sortirait de notre propos. Aussi manque-t-on d'éléments pour tenter d'estimer aujourd'hui ce que pourrait être ce code de transformation cosmique qui n'est probablement qu'une potentialité, *mais en aucun cas un « but »*, au sens usuel du terme, puisque lui aussi *doit évoluer*. Métaphoriquement, c'est un peu comme l'évolution de l'art : il se développe à partir d'objectifs sans cesse renouvelés mais sans véritable finalité. C'est une différence capitale distinguant le concept anthropocosmique du principe anthropique puisque le premier n'inclut aucune finalité inscrite dans les conditions initiales. Autrement dit, ce code n'est ni prédéterminé ni fixé, mais généré a posteriori à partir des règles de sélection elles-mêmes produites par le système. Il est évolutif en fonction de l'état temporel local atteint par le développement cosmique. Bien sûr, dans les limites que lui imposent ses propres degrés de liberté, et compte tenu du hasard physique qui ne peut que perdurer, mais de manière plus contrainte par suite de l'évolution concomitante des interactions collectives. Toutefois, il devrait très probablement avoir des relations étroites avec l'information dont il n'est pas inutile de répéter qu'elle n'est vraisemblablement pas encore exprimée sous une forme suffisamment générale. C'est une raison pour laquelle la formulation que nous proposons du concept anthropocosmique reste suffisamment vague pour laisser place à l'interprétation car c'est d'abord l'idée qui importe, la démarche étant, comme nous l'avons dit, essentiellement heuristique. Mais on peut déjà observer qu'il pourrait signifier que la vie et l'intelligence seraient des phénomènes aux potentialités beaucoup plus vastes que celles que nous percevons aujourd'hui, donc peut-être destinées à connaître des développements considérables dans un futur probablement très lointain !

Commentaire

En résumé, et bien que les hypothèses de base ne soient discutées que dans le chapitre suivant, on peut cependant déjà schématiser le contenu du concept anthropocosmique pour en percevoir l'intérêt. Dans une première phase d'ignition, l'émergence et les caractéristiques primordiales d'un univers encore essentiellement potentiel ne mettraient en œuvre qu'une puissante source d'énergie latente et les seules propriétés génératives du hasard de ses fluctuations initiales liées aux conditions spécifiques du big bang. La densité extraordinairement élevée des événements microscopiques primordiaux est un facteur déterminant. Il n'interviendrait strictement aucune autre donnée préalable, donc aucune finalité ou intentionnalité quelles qu'elles puisent être. Nous verrons que c'est à partir de corrélations aléatoires entre des processus stochastiques que pourraient naître les quelques principes généraux et lois primitives nécessaires à l'évolution de la matière, naturellement en fonction des spécificités de la source énergétique primordiale. Au cours du big bang, par suite des interactions collectives serait déjà induite une forme primitive, mais dynamique, d'évolution qui ne serait plus totalement soumise aux seules conditions initiales. Ensuite toute une longue phase évolutive de l'univers pourrait être entièrement attribuée aux conséquences des contraintes consécutives aux lois engendrées par les propres propriétés génératives du hasard primordial — compte tenu évidemment de la nature et de la multiplicité des interactions possibles entre les innombrables systèmes physiques ou chimiques en présence. Mais ces interactions faisant également largement place à l'aléatoire, il en résulterait de vastes spectres de lois de distributions probabilistes caractéristiques des effets induits. Celles-ci étant soumises à de puissantes règles de sélection imposées par le milieu et les sujétions locales, il y aurait une élimination impitoyable favorisant certains processus physiques et chimiques. Ainsi apparaîtrait-il en un intervalle de temps très bref tout un ensemble d'éléments et de structures plus ou moins complexes et ordonnés, aux propriétés entièrement nouvelles qui finiraient par diffuser dans le système en le modifiant profondément. Celui-ci serait donc parvenu très rapidement à sécréter une sorte de protocole capable de contraindre, au moins partiellement, les effets du seul facteur évolutif que constituait initialement l'aléatoire. Si cette hypothèse est en cohérence avec les données du modèle standard, en l'état actuel des données il n'est cependant pas rationnellement possible d'en préciser plus avant les modalités.

Cependant, et toujours par le seul fait du hasard, il apparaît que, au fil du temps et dans certaines circonstances liées aux conditions locales, les événements peuvent se dérouler d'une manière particulière. C'est le cas de la Terre qui fut le siège d'un complexe processus évolutionnel de nature chimique, lequel n'a été possible qu'à la faveur des exceptionnelles conditions thermodynamiques qui y régnaient. Il en est résulté un phénomène extrêmement peu probable en raison des intervalles de temps qu'il nécessite et de sa *fragilité* : le passage de l'inerte au biologique. Toutefois il est clair que celui-ci n'est en rien spécifique de notre planète dès lors qu'il ne s'agit que de l'apparition de la vie ! En revanche, dans le cas terrestre ce processus semble avoir véritablement subi un authentique accident probabiliste avec le surgissement ecpédétique du cerveau humain. Ce qui a changé bien des données puisque, grâce à ses exceptionnelles facultés, nous avons vu qu'il est devenu capable de modifier à son profit les conditions d'application de la sélection naturelle dans son environnement propre, en particulier avec la technologie. C'est pourquoi cet organe pour le moins singulier pourrait bien finir par générer son propre code de développement, au moins partiellement et localement.

Mais, toute réflexion faite, pourquoi localement? On distingue mal, en effet, par quelles obscures entraves son expansion extraplanétaire pourrait finalement être contrainte alors que ses potentialités de multiplication sont énormes. Certes il ne peut s'agir que d'un futur lointain, et à condition que l'homme soit capable de survivre. Nous avons longuement discuté ces différents points ainsi que les raisons pour lesquelles l'ecpédèse conduisant à l'émergence de l'intelligence consciente ne peut être qu'un événement singulier. La raison principale tient au fait qu'elle est l'aboutissement d'une infiniment longue chaîne de transformations extrêmement complexes impliquant tant des conditions tout à fait spécifiques que des processus et des facteurs les plus hautement improbables. Particulièrement en raison de la fragilité de la vie et des contraintes drastiques liées à son apparition puis à son développement. De plus, circonstance aggravante, cette prodigieuse maturation doit se dérouler dans un univers généralement hostile au vivant. D'une manière plus générale, on ne voit pas comment il pourrait en aller autrement, ni ce qui pourrait s'y substituer! Quant à la suite des événements, rien ne permet rationnellement d'en préjuger puisque cette question n'est pas rationnelle!

Il serait cependant tout aussi imprudent qu'injustifié d'en tirer quelque conclusion que ce soit concernant un quelconque rôle particulier qui pourrait être dévolu à l'espèce Homo sapiens sapiens. Ou plus exactement de lui attribuer une hypothétique fonction susceptible de conditionner son devenir. Car, outre son irrationalité, une telle position irait à l'encontre des multiples scénarios envisageables, ne serait-ce que parce que la plupart des données à considérer restent inconnues... et risquent de le rester! Il est seulement plausible de supposer que le cerveau humain aurait un rôle à y jouer, ce que prévoit le concept anthropocosmique mais sous une forme suffisamment générale pour éviter la spéculation et surtout les déviations métaphysiques. Car, et c'est le piège anthropocentrique de l'anthropocosmisme, s'il n'est pas possible d'apporter une solution rationnelle au problème posé, en revanche il est extrêmement aisé d'y répondre irrationnellement et tout à fait tentant, mais fondamentalement injustifié, d'attribuer à Homo sapiens sapiens une quelconque destinée eschatologique qui n'aurait aucune raison d'être la sienne! En effet c'est assurément le hasard, et lui seul qui, comme il en fut à l'origine, demeurera le deus ex machina régentant le fonctionnement hypercomplexe de la machine univers. En d'autres termes, si rien ne s'oppose rationnellement à ce que l'homme puisse être un maillon privilégié dans cette évolution, rien n'indique non plus, ni n'infirme d'ailleurs, qu'il ne pourrait être que cela... et pas plus, ou peut-être moins. Ce qui n'est déjà pas si mal, ne serait-ce que parce qu'il est capable de poser la question, fait également curieux. Or celle-ci étant irrationnelle, ou plutôt métaphysique, on a dit que toute réponse ne peut être qu'une question de point de vue qui est, et restera totalement étrangère à la science puisqu'elle en est irrémédiablement distincte, aussi bien par principe que par méthode. Ce qui, rappelons-le, est le prix qu'Homo sapiens sapiens doit payer pour acquérir sa liberté intellectuelle.

Pour en terminer avec ces spéculations, tentons une conjecture optimiste : il serait très plausible que le cerveau ait atteint certaines limites de son développement informationnel dans le cadre des possibilités que lui offre la planète Terre. Aussi, pour accéder à une nouvelle étape de son évolution, devrait-il nécessairement conquérir de nouveaux espaces pour y découvrir de nouveaux horizons et de nouvelles potentialités. C'est alors que le concept anthropocosmique prendrait sa véritable signification dans une reformulation qui pourrait en faire un principe de portée beaucoup plus générale puisqu'il pourrait être lié à l'information, paramètre indiscutablement caractéristique mais aussi directeur de l'ensemble du vivant.

CHAPITRE 6

Discussion et réflexions

Quelle que puisse être la réponse apportée à l'énigme posée ici, celle de la solitude cosmique de l'homme, elle ne peut que conduire à une interrogation sur sa place et sur le rôle éventuel qu'il aurait à jouer dans l'univers. Pour les optimistes, il pourrait être potentiellement considérable alors que, pour les pessimistes, il serait au mieux nul, au pire sans intérêt et, dans tous les cas, certainement inopportun! Mais que valent de telles opinions? Bien que ces questions soient de nature non rationnelle, il est cependant évident que les données fondamentales nécessaires pour tenter d'y répondre le plus objectivement possible dépendent aussi bien de nos connaissances scientifiques que de la manière de les acquérir et de les exploiter. Toutefois nous avons vu que la nécessité d'introduire des hypothèses fondatrices dans toute théorie implique que les interprétations correspondantes n'en sont pratiquement jamais indépendantes. C'est pourquoi toute réponse, quelle qu'elle soit, ne peut pas d'emblée éliminer l'intervention d'une part plus ou moins importante de croyances et de convictions, c'est-à-dire d'affectivité et d'irrationnel car, précisément, ces sujets sortent des seuls champs de la raison et de la logique. Or l'enjeu est considérable puisqu'il ne s'agit rien de moins que du devenir de l'humanité, tant pour ce qui concerne ses perspectives de développement que pour sa sécurité à long terme. Sécurité qui pourrait être menacée de multiples manières, par exemple par un quelconque phénomène extérieur imprévisible, de quelque nature qu'il puisse être, ou par une pénurie peut-être consécutive à une expansion exagérée, voire par une cause totalement inconnue. Pour ce qui est relatif à son futur, c'est la question primordiale des *aires physiques de développement de l'espèce* qui est posée : va-t-elle, ou plutôt doit-elle sortir de sa planète ? Si oui, comment et pour quoi faire ? Et quelles pourraient en être les conséquences ? Vastes et difficiles problèmes auxquels sera inéluctablement confrontée l'humanité de demain.

Puisque tout dépend finalement de la technologie, il est probable que dans un avenir très proche des choix seront nécessaires car les multiples possibilités qui nous sont déjà offertes ne sauraient être toutes exploitées. Mais quels choix, comment les faire et sur quels critères ? Les enjeux sont tels que soit une réflexion collective pourra avoir lieu, ce qui impliquerait une profonde remise en cause des mentalités et des structures mondiales, soit persisteront les divisions et les problèmes actuels auquel cas la planète risque d'être confrontée à des difficultés majeures.

De toute manière, toute réflexion aussi bien technologique et sociologique que philosophique doit d'abord s'appuyer sur les données rationnelles du problème. Notamment sur celles qui ont pour objet notre connaissance de l'univers et de ses multiples constituants, ainsi que des différents processus physico-chimiques et bionomiques susceptibles de s'y produire. Il en va de même pour les possibilités d'adaptation et pour l'estimation des performances humaines dans ces nombreux milieux cosmiques hostiles, en particulier au cours de longs séjours. D'où la nécessité de poursuivre les explorations spatiales et les expériences, et d'envisager des installations sur d'autres sites tels que la Lune ou Mars. D'un autre côté, une participation publique représentative implique la diffusion de l'information scientifique la plus large et la plus objective possible, tant de la part des scientifiques que des multiples médias.

Cet ensemble de données complexes constitue un problème tout autant difficile à poser qu'à résoudre. Et il n'existe aucun précédent historique pouvant servir de référence. C'est pourquoi l'étude du développement des idées scientifiques et techniques peut y contribuer puisque la méthode rationnelle elle-même est finalement issue de cette histoire. Elle fournit les grandes tendances et des points de repère permettant des extrapolations. Celles-ci doivent cependant impérativement rester dans le champ d'application du rationnel, avec quelques possibles extensions, sous certaines conditions très strictes, au non-rationnel. Mais *jamais à l'irrationnel.* Une telle réflexion devrait également porter sur la méthode et sur ses limites, puisque nous avons vu qu'il en existe, ainsi que sur leurs possibles conséquences.

Observons encore que, par suite de leur caractère global, trois données essentielles doivent être considérées quel que soit le cadre général choisi pour toute question relative à notre problème. La première est la suivante : ainsi que nous l'avons vu de différentes manières, la vie possède une dimension cosmique, ne serait-ce que pour l'obtention de ses constituants élémentaires et pour l'universalité des processus chimiques qu'elle met en œuvre. Mais rappelons que si la base du vivant est la molécule, celle-ci ne suffit pas pour aboutir à la vie, c'est-à-dire à la cellule, puisqu'il n'y a pas de solution de continuité entre les deux, il s'en faut. Il doit donc exister une étape intermédiaire qui, pour l'instant, nous est inconnue. Il en va de même, en beaucoup plus critique, pour l'émergence de l'intelligence, ce qui a motivé notre hypothèse de l'ecpédèse. On a déjà remarqué qu'il est tout à fait curieux que l'homme soit précisément situé au carrefour du microcosme par son génome, du mésocosme par son cerveau et du mégacosme par la perception que celui-ci en a. C'est une position exceptionnellement privilégiée, tant pour l'observation et l'analyse de la situation que pour l'action. Mais aurait-il pu en être autrement ?

Comme le montre toute son histoire, la vie est partie du microcosme pour conquérir le mésocosme terrestre, ce qui est à peu près réalisé. Et après ? Car, deuxième donnée, c'est l'évolution qui constitue véritablement le moteur universel de tout changement, donc de tout progrès dans la totalité de l'univers. Mieux, c'est grâce à elle que le temps peut prendre un sens, même s'il ne peut pas être rationnellement défini en tant que tel puisque seuls les intervalles le sont ! Or il ne paraît pas scientifiquement possible de donner à l'évolution d'autre justification que celle d'une loi primordiale, ou plus exactement d'un principe universel de sélection du système considéré pour lui-même, ou plus exactement *en soi.* Finalement ce sont la loi de l'entropie et la théorie de l'information qui sont en cause, mais on a vu qu'elles ne manquent pas de soulever quelques problèmes, spécialement de cohérence.

Enfin, troisième remarque, rappelons le rôle aussi essentiel et central que curieux du hasard en tant que condition initiale et principe de base de l'évolution, aussi bien de l'univers que de la vie. Fait d'autant plus étrange que le hasard n'est précisément pas rationnellement définissable, ce qui nous a conduit à émettre une hypothèse le concernant, celle du concept anthropocosmique qui, à la différence du principe anthropique, n'impose pas de contraintes aux conditions initiales pour qu'apparaissent des observateurs dotés de rationalité.

En tout état de cause, ces différentes données constituent soit des entraves, soit des limites spécifiques relativement à nos possibilités de connaissance rationnelle de l'univers. Aussi, toute discussion et toute modélisation devraient-elles en tenir compte, ce qui n'est pas vraiment toujours le cas !

L'histoire et les idées

Il est intéressant de faire d'abord un bref retour sur l'histoire de la raison. Retour qui n'est pas inutile tant pour en mesurer les aléas que le poids au regard de l'évolution des idées. Notamment lors des périodes de crises intellectuelles qui sont des lignes de fracture d'où naissent les futurs. Avant d'esquisser rapidement les grands traits de la Renaissance en Occident dans ses rapports souvent difficiles avec les choses de l'esprit, tentons d'abord un rapprochement avec la crise de la raison du IIe siècle après J.C. dans l'Empire romain. Elle fut marquée par un changement d'attitude face au couple d'opposés rationnel-irrationnel. En dépit du triomphe de l'hellénisme avec, en particulier, la reconnaissance de la science rationnelle grecque, on peut cependant pressentir les prémices d'une mutation. En effet, à part quelques rares exceptions individuelles, les Anciens n'avaient pas découvert le rôle pourtant essentiel de l'expérimentation. C'est pourquoi la pensée rationnelle grecque devait finir par se perdre dans les sables de la spéculation. Et c'est ainsi qu'en deux siècles tout l'édifice fut mis à bas, et pour longtemps. Le plus étonnant, et le plus intéressant, est qu'il en résulta une curieuse interversion de fonction des deux pôles rationnel-irrationnel. En effet, c'est la science expérimentale qui fit l'objet de l'irrationnel sous forme de magies et d'ésotérismes de toutes sortes. A l'opposé les multiples «révélations» pythagoriciennes, esséniennes, zoroastriennes, et autres, eurent tendance à se constituer en divers corpus «rationalisants». Et il faudra attendre plus d'un millénaire pour que les choses rentrent dans l'ordre.

En effet, ce qu'il est convenu d'appeler la Renaissance correspond à un nouvel état d'esprit né en Europe vers la fin du XIVᵉ siècle, qui commence par affirmer le respect de la personnalité humaine et par postuler la certitude du progrès en sa faveur, c'est-à-dire la foi en l'avenir. Marsile Ficin, Lefèvre d'Étaples, Érasme et Pic de La Mirandole figurent parmi les principaux initiateurs de ce nouvel état d'esprit. C'est d'abord une croyance issue de l'histoire et de la tradition grecque retrouvée, qui va ensuite évoluer vers la Modernité.

L'humanisme va réellement prendre son essor avec les Encyclopédistes puis devenir un dogme, celui de la toute-puissance de la Raison (que les hébertistes, en l'an II, ont transformé en culte) et de la foi en l'irréversibilité du progrès qui fera le bonheur de l'humanité. Dogme que la Révolution affirmera haut et fort. Condorcet énonce un «principe de progrès indéfini». Lamarck s'interroge sur un possible «sens caché» de l'évolution, ce qui, un peu plus tard, ne laissera pas indifférent Darwin. Puis apparaît la Science dogmatique avec le positivisme de Comte, dont la «loi des trois états» prétend montrer que l'homme va accéder à l'âge de la rationalité, et qui devient une religion ayant pour objet l'humanité. Pour le scientisme qui en est issu, la Science devient une véritable divinité constituant l'objectif ultime de l'esprit humain. D'autant que Renan, avec sa «catégorie de l'idéal», prédit que celle-ci va tout expliquer et changer le monde, naturellement dans le sens du «bien». Ce qui implique une dimension morale à ladite Science ainsi qu'au progrès, dimension que rien, absolument rien, ne permet de justifier! Et, sur cette brillante envolée irrationnelle, Marx déclare que l'histoire et le socialisme sont d'essence scientifique. Comme pour Freud et le subconscient. Mais sait-on encore véritablement de quoi on parle? Ainsi, et tout compte fait, ces quelques siècles ont surtout contribué au changement des idoles, des croyances et des dogmatismes. De sorte que le véritable esprit scientifique, celui des interrogations, des analyses et de la réflexion rationnelles, mais aussi celui du doute et de la tolérance, n'y a guère trouvé son compte. Ce bref raccourci pourrait à la rigueur être plaisant s'il ne traduisait que des symptômes d'une maladie de jeunesse de la méthode, malheureusement on sait ce qu'il en est advenu pour l'histoire récente de l'humanité...! Cet ensemble représente une réaction tout à fait exagérée contre un naturalisme naïf considérant que la nature n'est qu'un vaste champ de bataille dans lequel s'affrontent des forces magiques, celles du «Bien» contre celles du «Mal». Finalement, l'esprit religieux ou moraliste n'a fait que changer ses références alors que la véritable difficulté était précisément de s'en affranchir.

Actuellement, et après les nombreuses vicissitudes du XXᵉ siècle dont la furieuse remise en cause des années soixante-huit, l'état d'esprit a profondément changé chez nombre de praticiens. Mais fâcheusement, par suite de la carence profonde de l'information scientifique pertinente, l'immense majorité de nos contemporains ne s'en aperçoit guère ainsi que le montrent, par exemple, l'essor et les succès des fausses «sciences» et ésoté-rismes de toutes sortes, et tout le fatras logomachique qui les accompagne.

Comme on en a discuté (voir chapitre 5), on sait maintenant qu'il existe différentes limites bornant le champ d'application de la méthode scientifique. Son universalité est de fonction mais non d'attribution puisque, par exemple, elle ne peut résoudre les questions irrationnelles et ne se prête que très localement et très prudemment à l'étude du non-rationnel. Bien que cela ne semble en rien troubler quelques-uns, toutes les utilisations ne sont donc pas permises. Aussi certaines extensions exigent-elles la plus grande prudence et beaucoup de vigilance quant à la significa-cation et à la valeur de leurs déclarations.

Ensuite, on observe de plus en plus un amalgame fâcheux entre la science proprement dite[1] et la technologie alors qu'une

---

1. C'est-à-dire la recherche des idées, des prémisses fondatrices, des principes, des théories, des modèles; la justification des hypothèses, des calculs et des approximations ainsi que celle des interprétations et des prévisions. Toutes ces phases sont *en principe* réalisées pour la compréhension des phénomènes naturels et non pour les applications pratiques. Si celles-ci existent, alors tant mieux, sinon tant pis! C'est précisément ce que n'aiment pas les décideurs politiques et finan-ciers qui préfèrent rentabiliser leurs investissements, d'où une certaine confusion pernicieusement entretenue par les chercheurs pour justifier leurs financements! D'autant que, pour des questions de prestige croient-ils, ceux-ci détestent les clas-sements en «fondamentalistes» et «appliqués». Cependant toute l'histoire des sciences montre sans ambiguïté que s'il y a indispensable complémentarité, celle-ci n'implique certainement pas l'identification, aussi bien de classification que d'attribution.

distinction s'impose indiscutablement en dépit de leurs indispensables interfécondations. Ce sont aussi bien l'état d'esprit ou les préoccupations des chercheurs que la spécificité des fonctions et des champs d'application, c'est-à-dire celle des attributions de ces deux disciplines qui fondent leurs différences lesquelles sont le plus souvent irréductibles. De plus, la première est neutre puisque, en principe, elle n'est pas concernée par les applications. Or cette confusion tend à lui attribuer certains excès dus à des proliférations de techniques parfois aberrantes auxquelles elle est totalement étrangère. Ce qui ne fait que la dévaloriser dans l'esprit public, comme dans celui des décideurs. D'un autre côté la technologie ne vaut que par l'usage que l'on en fait; la science aussi d'ailleurs, mais d'une manière tout à fait différente.

Enfin, une réflexion sur la méthode scientifique elle-même devient nécessaire, tant en ce qui concerne sa signification que ses possibilités. Il n'est en effet pas exclu que quelques-unes des difficultés actuelles puissent imposer certaines révisions et remises en cause qui pourraient d'ailleurs conduire à des extensions, voire à des surprises! Mais, là encore, les obstacles psychologiques à vaincre sont tels que l'épistémologie n'est pas vraiment une discipline à la mode, il s'en faut! Car le roi pourrait devenir nu... s'il ne l'est déjà!

L'autoréférentialité

On a défini l'autoréférentialité[2] comme étant un «discours qui se réfère à lui-même» en précisant que c'est une caractéristique fondamentale et générale de tous processus et raisonnements rationnels puisque ceux-ci ne peuvent, en définitive, que se rapporter à la connaissance rationnelle dont ils sont à l'origine, donc à eux-mêmes. Cela signifie que la logique, qui est à la base de tout raisonnement rationnel, possède des limites propres dues aussi bien aux prémisses nécessaires pour initier le raisonnement qu'aux propriétés du cadre dans lequel il doit se développer. Le logicien K. Gödel a en effet montré (1931) que tout raisonnement ayant pour sujet l'étude des propriétés spécifiques d'un

---

2. Voir la note 1, p. 9.

système axiomatisable, quel qu'il soit, possède obligatoirement des limites s'il est fait à l'intérieur de celui-ci [3]. Dans une telle situation, le système s'étudiant lui-même, c'est précisément l'autoréférentialité qui impose ces limites se traduisant par l'indécidabilité de certaines propositions concernant ses propriétés, ce qui est fâcheux! Pour éviter ce type de difficulté, il faut nécessairement sortir du système et se placer dans un métasystème. Mais alors la question des propriétés propres de ce dernier se repose à nouveau, conduisant aux mêmes difficultés qui ne peuvent être résolues que de la même manière... et ainsi de suite! On est bien là face à une limite absolue qui n'a pratiquement pas d'importance dans la vie courante, mais qui est essentielle quand on veut étudier les fondements de la connaissance rationnelle, aussi bien ceux des mathématiques que les bases correspondantes des théories physiques associées. Dans ce dernier cas, les interprétations ou les justifications peuvent en dépendre, et il existe obligatoirement des propositions rationnellement indécidables, par exemple à propos des conditions d'initiation du big bang. Ou en théorie des particules élémentaires et dans différentes questions de physique fondamentale. Exemples qui ne sont d'ailleurs en rien exhaustifs!

Mais il y a plus. C'est le langage lui-même, alors qu'il est le support de toute communication, qui pose le problème de l'*effet lexique* : tout mot, quel qu'il soit, ne peut être défini qu'en fonction des autres, c'est-à-dire par circularité, en particulier lorsqu'il est polysémique. Un dictionnaire est donc nécessairement une structure autoréférentielle fondamentale. Il en résulte l'impossibilité d'existence d'un vocabulaire, ou plus exactement d'un langage possédant une signification intrinsèque ou absolue. Cela n'a pas d'importance dans la vie courante, la signification étant liée au contexte de la phrase et à l'usage consensuel usuel, mais il n'en va plus de même en science dès que se posent des questions de justifications, par exemple des hypothèses de base ou de certaines interprétations qui en dépendent. Autre exemple particulièrement important : le concept de «réalité» n'est pas rationnellement définissable in abstracto bien que sa signification consensuelle dans le mésocosme ne soulève aucune difficulté.

---

3. Ce problème assez complexe a été discuté par l'auteur dans la référence citée dans la note 11, p. 206.

Mais il n'en va absolument plus de même dans le microcosme ainsi que dans le mégacosme, d'où la nécessité de leur distinction. Un problème analogue se pose tout autant à propos de l'autoconscience ou de l'intelligence, et il en existe nombre d'autres ! Cette circularité linguistique implique une ambiguïté et une indécidabilité primordiales à notre niveau conceptuel. C'est également une limite certainement infranchissable.

On arrive ainsi tout droit à la question autoréférentielle essentielle : le cerveau peut-il comprendre le cerveau ? Laquelle se traduit immédiatement par son corollaire : le cerveau peut-il comprendre la nature, ou plutôt l'univers ? Formellement, cette question primordiale est indécidable, c'est-à-dire qu'il n'est pas possible de déterminer de manière objective et opératoire ce qui est ou n'est pas une production de la pensée. On peut donc déclarer que

toute interprétation d'une théorie rationnelle des fondements de la connaissance est limitée par l'indécidabilité inhérente à l'autoréférentialité du langage, ou plus précisément de la sémantique.

C'est pourquoi il faut nécessairement des hypothèses primitives, c'est-à-dire de choix puisque aucune solution rationnelle ne s'impose. On a dit que celles-ci ne peuvent que reposer sur leur vraisemblance, leur cohérence et leur éventuelle vérifiabilité, c'est-à-dire que leur justification ne peut être envisagée qu'a posteriori par l'ensemble de leurs conséquences. En d'autres termes, ces prémisses fondatrices ne peuvent pas faire partie du corpus de la science rationnelle proprement dite puisqu'elles ne s'en déduisent pas. Mais il faut bien comprendre que *si cette indécidabilité est de principe relativement à la signification des axiomes et postulats, elle ne concerne en rien leurs utilisations.* Donc elle ne limite aucunement le champ opératoire de la méthode scientifique, mais elle ne peut cependant pas manquer d'imposer des conditions sur les interprétations. On retrouve encore une fois la *relativité* de toute la connaissance rationnelle. C'est probablement l'une des limites les plus difficiles à accepter car l'homme aime les certitudes et les absolus.

Le concept anthropocosmique et les propriétés génératives du hasard

On a dit (voir note 8, p. 158) qu'une série aléatoire modifiée de manière aléatoire reste aléatoire, ce qui pourrait sembler a priori évident. Mais qu'en est-il de plusieurs séries aléatoires puisque précisément nous sommes là pour poser la question ? En effet, selon le modèle standard, le cerveau et la pensée rationnelle résultent d'un processus de sélection naturelle aléatoire ayant agi sur un phénomène vital contingent qui se développe de manière stochastique dans un univers né du hasard. Cette réunion... d'intersections de conjectures semble pour le moins insolite ! Or un examen attentif montre qu'elle n'est en rien incohérente car rappelons qu'il s'agit de hasard physique et non mathématique, ce qui fait toute la nuance. Et que ces événements se sont réalisés sur des intervalles de temps d'ampleur cosmique. Bien que l'on en soit réduit aux hypothèses, c'est soit le hasard physique pur qui prévaut, cas le plus satisfaisant pour la transitivité du raisonnement puisqu'il évite toute hypothèse supplémentaire, soit un hasard conditionnel tel que celui proposé par le principe anthropique[4]. Mais comme on ne discerne pas les raisons physiques des contraintes imposées par ce dernier, cette conditionnalité ne semble pas rationnellement justifiée. C'est pourquoi, selon notre point de vue, la logique conduit à se rallier à la première proposition : celle du hasard physique pur.

---

4. Bien qu'il ait été énoncé dans la note 22, p. 226, précisons qu'il établit une dépendance entre certaines propriétés de l'univers, dont les conditions initiales du big bang ou les valeurs des constantes fondamentales, et les exigences requises pour qu'apparaissent des observateurs conscients et intelligents. Mais il impose ainsi une conditionnalité au hasard laquelle est alors susceptible d'en modifier les effets, aussi bien à l'origine que dans la physico-chimie cosmique ou dans les développements des séries ayant conduit au processus vital. Ce qui est fâcheux pour le principe d'objectivité de la nature comme pour la cohérence de l'ensemble. Ce n'est pas le cas du concept anthropocosmique que nous proposons puisqu'il attribue les corrélations aux lois de distribution probabilistes et, ce faisant, à l'évolution qui en résulte, donc aux processus *postérieurement* mis en cause lors des développements des organes de traitement de l'information. Le rôle du hasard est donc préservé puisque ces corrélations, donc les effets résultants, *sont a posteriori*.

Il s'agit ici du sens profond du concept anthropocosmique : il signifie que, sur des intervalles de temps suffisants et généralement immenses, rien ne s'oppose à ce que des corrélations dotées de pouvoir génératif puissent par hasard naître de l'aléatoire de séries d'événements physiques.

Ces corrélations doivent se traduire par différents effets physiques et chimiques concrets. Pour qu'elles se transforment en informations, il faut naturellement que certaines conditions soient remplies, la première étant qu'il y ait des récepteurs sémantiques pour en juger. Ce n'était certainement pas le cas durant toute l'ère prébiotique. Mais rien n'empêchait la manifestation de certaines de leurs conséquences, notamment des interactions collectives résultant de résonances, ou d'autres processus plus ou moins complexes tels que ceux qui sont évoqués plus bas. Elles auraient pu ainsi initier des phénomènes d'accrétion amplificateurs et multiplicateurs, formes primitives ou élémentaires d'ecpédèses locales. Au fil du temps, c'est-à-dire avec l'apparition de la vie puis au cours du développement du névraxe, ces corrélations seraient devenues de la préinformation qui aurait fini par prendre du sens dès que le cerveau aurait dépassé un seuil critique de développement, c'est-à-dire quand l'ecpédèse aurait eu lieu. C'est le concept anthropocosmique qui donnerait ainsi sa justification à cette dernière puisque, rappelons-le, l'ecpédèse a été attribuée à un effet de seuil consécutif à l'atteinte d'une surdensité informationnelle critique. En définitive, ce concept propose un lien entre l'existence de corrélations génératives, dues aux seules propriétés génératives du hasard physique, et l'évolution conduisant, après différentes phases de transformations, à l'expression du sens de l'information par la prise de conscience de son existence.

En d'autres termes le concept anthropocosmique signifie que, dans des circonstances particulières, une certaine catégorie d'éléments structurés peut naître d'interactions aléatoires affectant des processus gouvernés par le seul hasard physique, c'est-à-dire émerger de phénomènes qui primitivement en sont dépourvus. Pourquoi pourrait-il en être ainsi ? On a dit que si le hasard est ce qui n'obéit à aucune loi, il n'en va pas de même des configurations moyennes régies par les lois statistiques qui s'en déduisent si le nombre d'événements considérés est significatif. Apparaissent ainsi des phénomènes probabilistes qui, a posteriori *mais a posteriori seulement*, peuvent être représentés par des lois de distribution de probabilités. Bien que de telles lois ne puissent pas être dotées de sens intrinsèque, puisque ce sont des conséquences et non les causes des événements aléatoires les ayant engendrées, elles ne sont cependant pas exemptes d'une certaine forme d'objectivité car elles peuvent *caractériser* a posteriori une série de phénomènes dont elles ne peuvent cependant pas contraindre le cours. Mais rien n'interdit qu'elles puissent participer au déroulement de phénomènes génératifs *postérieurs* : c'est par exemple le cas des désintégrations radioactives qui sont tout à fait aléatoires mais qui peuvent parfaitement être inductrices de nombre d'événements secondaires non aléatoires[5]. D'ailleurs si l'on y réfléchit bien, et compte tenu du rôle que nous attribuons au hasard physique dans l'ensemble des processus de l'univers, ne serait-ce que par l'intermédiaire de l'entropie, celui-ci constitue finalement le principe directeur de son fonctionnement, du moins dans ses mécanismes initiateurs et évolutionnels.

Si dans son poème *Un coup de dés jamais n'abolira le hasard*, S. Mallarmé avait déjà remarqué quelques particularités du hasard, il n'en demeure pas moins que l'on ne s'est probablement pas assez interrogé sur ce phénomène trop souvent confondu avec l'ignorance alors qu'il est doté de propriétés tout à fait extraordinaires méritant largement de retenir l'attention. En effet, rappelons une fois encore que s'il présente la qualité unique et exceptionnelle de n'être pas perfectible, donc de n'être pas soumis à l'évolution, ce qui précède montre qu'il possède effectivement des capacités génératives, comme nous l'avons déjà indiqué, mais *a posteriori*, ce qui est un énorme avantage quand il s'agit de conditions initiales. Car, n'étant soumis à aucune loi, il permet d'éliminer la question nécessairement non rationnelle et embarrassante de l'origine de celle-ci, évitant ainsi le recours aux spéculations philosophiques hasardeuses. De plus, les processus stochastiques étant directement liés au temps, ils offrent une possibilité d'étude de ce paramètre particulièrement obscur. D'autre part, bien que générées a posteriori, les lois de distribu-

---

5. Par exemple l'aléatoire de la désintégration du noyau d'uranium, par l'intermédiaire d'une centrale électronucléaire, permet à un supercalculateur de produire de l'information rationnelle.

tion peuvent parfaitement être soumises à tout type de règles de sélection, naturelle ou non. Si aucune ne convient pour le problème posé, en principe il suffit d'attendre des circonstances plus favorables car le hasard physique, pour prendre son sens, exige une source temporellement suffisante d'événements permettant d'établir ladite loi de probabilité. Celle-ci ne dépend d'ailleurs que des conditions initiales, sauf si elle est conditionnelle, c'est-à-dire si les données locales sont susceptibles d'imposer quelque contrainte, comme nous l'avons mentionné ci-dessus à propos du principe anthropique. En fait, le plus curieux est que des événements individuellement aléatoires impliquent une forme de déterminisme collectif, question qui mérite réflexion. Mais celui-ci dépend de la distribution de probabilité qui est subtilement liée à l'ensemble des événements : c'est en quelque sorte une corrélation globale d'événements qui individuellement ne le sont pas. Observation qui permet d'expliquer les effets collectifs évoqués plus haut et qui nous rapproche de ceux attribués à l'ecpédèse.

La non-rationalité du problème des origines

Par essence même, *il n'est pas concevable d'imaginer une quelconque théorie rationnelle des origines*, qu'il s'agisse aussi bien de celle de l'univers que de la vie ou de l'homme et de son intelligence. C'est, en effet, une conséquence directe du mythe d'Euclide (voir chapitre 5) dont l'argumentation montre qu'une telle question nécessite des hypothèses préalables (prémisses fondatrices) excluant toute démonstration rationnelle quant à leur validité. Elle est donc non rationnelle. De surcroît elle est également indécidable puisqu'elle se heurte inévitablement à l'autoréférentialité du fait qu'un élément de l'univers, le cerveau, veut étudier l'origine soit du système lui-même, soit d'une de ses propriétés qui le concerne directement. Enfin, il n'est pas possible d'identifier des données physiques observables autres que celles se rapportant aux conséquences des causes primitives mais non directement à celles-ci. Par exemple dans le modèle standard de l'univers, le fond de rayonnement cosmique à 2,7° K est bien la *conséquence* des processus primordiaux, mais il n'en est pas à l'*origine* qui est attribuée à des fluctuations énergétiques du vide quantique lesquelles sont totalement inobservables. Comme il est toujours hasardeux de remonter de l'effet à la cause, ce qui est cependant nécessaire dans de tels problèmes, toute certitude est a fortiori exclue. Si, autre exemple, on s'interroge sur les origines de la vie, il faut, à partir des propriétés du monde minéral, expliquer de manière cohérente le passage à la chimie organique puis à la biologie, la difficulté étant de trouver et de justifier toutes les étapes intermédiaires. Puisque les données fossiles ou biogénétiques et autres sont très sommaires, parfois même inexistantes, alors que les expériences restent peu convaincantes par suite de leur difficulté, les conclusions demeurent pour le moins incertaines. Et elles ne peuvent que le rester parce que, de toute manière, des hypothèses resteront indispensables pour interpréter les résultats, quels qu'ils soient. Toute « théorie » des origines ne peut donc se départir d'un certain flou... originel !

On peut alors se demander s'il est possible d'appliquer la méthode scientifique rationnelle dans de telles conditions ? De manière non ambiguë la réponse est affirmative si les hypothèses primitives sont réfutables et si la cohérence, la plausibilité et la vérifiabilité du discours sont assurées. On a vu que le hasard physique doit jouer un rôle essentiel dans les conditions initiales. Partant de là, il est possible de construire des modèles dans lesquels différents problèmes peuvent être étudiés à partir de développements mathématiques formels ou, quand ceux-ci deviennent trop compliqués ou insolubles, en effectuant des simulations numériques. La validité des solutions ne peut être estimée que par l'ensemble de leurs conséquences, en particulier par les prévisions qu'elles permettent et par la vraisemblance des interprétations. Mais que signifie exactement cette dernière expression ? C'est encore une question non rationnelle impliquant qu'il n'est pas rationnellement possible de se départir d'une certaine forme d'incertitude également liée à la sémantique ! Car on retrouve inéluctablement l'effet lexique.

Les théories explicatives de l'émergence de l'univers ne peuvent pas être totalement rationnelles puisqu'elles font nécessairement appel à des hypothèses primitives qui, intrinsèquement, ne le sont pas. On a vu qu'elles soulèvent une intéressante question à propos de l'origine du temps. Comme il est manifeste qu'une telle question est indécidable, seules des spéculations peuvent être faites à son sujet. Ainsi, de manière tout à fait arbitraire, certains théoriciens utilisent le flou quantique pour éviter l'inextricable problème de la discontinuité à l'origine. Ou plus exactement la question critique de l'apparition de l'instant origine, évacuant ainsi l'énigme de l'«avant» et les paradoxes qu'elle peut susciter! C'est sûrement astucieux mais tout à fait insatisfaisant sur le plan des concepts, comme nous en avons discuté au chapitre 2. Bien qu'il soit pour le moins surprenant, un tel point de vue n'est cependant pas incompatible avec les étranges propriétés de l'ère quantique qui, selon cette théorie, est celle des événements sans cause. Mais cela signifie que si une telle hypothèse ne les contredit pas, il n'en reste pas moins qu'elle n'est en aucun cas justifiée (ou plus exactement «démontrée») par ces étranges propriétés. Ce que certains auraient, semble-t-il, parfois trop tendance à oublier. De sorte que leur principale justification ne se résumerait guère qu'à leur «intime conviction»! Ce qui est tout de même un peu court! Aussi la cohérence physique ne saurait-elle y trouver son compte, et c'est peu dire, car de telles spéculations sont pour le moins hasardeuses... et il en existe d'autres qui, parfois, ne craignent pas le paradoxe[6]!

Or les convictions relatives aux conditions ayant présidé à la naissance de l'univers ne sont jamais philosophiquement neutres, quelles que soient les populations et les civilisations concernées. Bien que tout ce qui précède montre que ces interrogations sont et resteront rationnellement indécidables, la question ne sera probablement pas close pour autant car l'esprit humain n'aime pas la rationalité. C'est assurément l'un des sujets qui se prêtent le plus au paralogisme, notamment pour des questions métaphysiques. Vieux problème puisque, historiquement, une querelle naquit à propos de la signification attribuée implicitement aux termes *création* et *commencement* du monde qui firent l'objet de

---

6. Par exemple quelques spéculations ont trait à ce qu'il pourrait y avoir *avant* le commencement du temps. Ce qui est dangereux pour la cohérence puisque s'il n'y a pas encore de temps, que signifie un *avant* ou, plus précisément, comment peut-on le *définir*? Mais la question n'est pas posée, l'ambiguïté étant encore une fois attribuée au vide et à ses hypothétiques propriétés quantiques (l'étrangeté quantique) qui, de manière purement spéculative, sont supposées régner dans ces conditions! On retrouve un vieux problème philosophique concernant les distinguos oiseux entre «création» et «commencement» (voir la note suivante).

subtiles distinctions sémantiques [7] non exemptes d'arrière-pensées dogmatiques. D'ailleurs la persistance de telles arguties rend délicate toute discussion sur ces questions qui sont religieusement très sensibles car lourdes de conséquences philosophiques.

Cependant, répétons encore que la science rationnelle ne peut pas *rationnellement* se substituer aux religions et mythologies quelles qu'elles soient puisque, par essence, celles-ci ne le sont pas. A l'évidence, il en va de même pour la proposition réciproque. Tout les sépare, aussi bien les raisons qui les fondent que leurs méthodologies ou leurs champs d'application qui n'ont respectivement absolument rien en commun. En d'autres termes, elles n'appartiennent pas à la même classe de processus intellectuels, raison pour laquelle elles sont respectivement irréductibles. Il devrait donc être parfaitement clair que, contrairement à une opinion encore répandue, l'une ne peut contenir l'autre ou s'y substituer, et réciproquement. On rencontre, là aussi, une limite de la connaissance qui, si elle est troublante pour l'esprit, représente cependant le prix à payer pour la liberté intellectuelle de chacun de nous. En effet, rappelons une fois encore que c'est cette irréductibilité de principe qui justifie l'indépendance du choix des opinions philosophiques et religieuses par rapport aux impératifs de la méthode scientifique et du nécessaire raisonnement rationnel qui en est le support. En d'autres termes, et cas extrême, le scientifique le plus rationnel dans ses activités est totalement libre dans ses choix philosophiques dès lors que sa pensée reste cohérente. C'est encore une raison supplémentaire justifiant notre distinction entre le rationnel, le non-rationnel et l'irrationnel.

---

7. Par exemple pour saint Thomas d'Aquin, dire que le monde est «créé» ne signifie pas nécessairement qu'il a «commencé». Pas plus que le fait de le déclarer «éternel» implique qu'il est «incréé» car il pourrait «être créé de toute éternité»! Donc, selon lui, le «commencement» relève de la foi, ce qui n'est pas le cas de la «création». Subtile distinction sémantique qui est lourde de préjugés religieux et qui fit l'objet d'âpres controverses au XIIIe siècle, en particulier avec saint Bonaventure. Aussi convient-il d'en tenir compte pour l'interprétation historique de nombre de textes philosophiques.

L'ecpédèse et le concept anthropocosmique

Comme le hasard, le discontinu n'a peut-être pas suffisamment retenu l'attention dans les processus de transformation de la nature (souvenons-nous de la célèbre assertion de Leibniz : *« natura non facit saltus »*). C'est cependant la discontinuité qui donne son sens au transformisme (au sens actuel), avec les variations et les mutations génétiques qui font que tous les individus sont différents, permettant ainsi l'évolution par la sélection naturelle. Mais elle est aussi à l'origine de notre connaissance du microcosme, avec la révolution quantique des années vingt. Et on la retrouve encore dans le mégacosme, par exemple dans les processus de genèse et de transformations stellaires, certes à une échelle différente. Son spectre de variation est donc le plus largement ouvert, ce qui fait que les conséquences qui en résultent sont sensibles dans l'ensemble du monde perceptible et connaissable.

Nous avons défini l'ecpédèse comme étant une métamutation correspondant à une discontinuité dans un système évolutionnel à la suite d'un effet de seuil. Celui-ci est induit par une accumulation de facteurs spécifiques impliquant un changement des propriétés de la structure qui en est le siège. C'est à l'accroissement de la densité informationnelle organique que nous avons attribué l'ecpédèse cérébrale responsable du passage de l'animal à l'homme. Mais ce concept peut être étendu au modèle standard du big bang, l'effet de seuil résultant de puissantes fluctuations énergétiques de champs quantiques latents. Il en va de même pour ce qui concerne l'origine de la vie, l'état critique étant dû à l'atteinte d'un état de surcomplexité moléculaire des chaînes carbonées. L'intérêt est double puisque, d'une part, ce processus correspond à un mécanisme physique universel, dit de densité critique, présentant l'avantage d'être modélisable et simulable à partir des paramètres de transition le décrivant alors que, d'autre part, il s'accompagne d'effets transitoires ou secondaires nouveaux, par exemple collectifs, permettant d'expliquer certains phénomènes associés à ces transformations. Ce pourrait ainsi être le cas pour l'inflation attribuable à une perturbation transitoire consécutive au big bang. Ou pour le passage au stade de la réplication, dans le développement des séries prébiotiques, par suite de l'apparition d'instabilités moléculaires critiques de type structural, par exemple stéréométriques. D'autant que, dans ces différents cas, des effets collectifs peuvent intervenir de manière déterminante dans la genèse et le développement des différents processus mis en cause, aussi bien au niveau local que global. On a dit que des effets de blocage peuvent en résulter car, par exemple, des éléments peu interactifs peuvent croître en nombre tel que finisse par se manifester quelque effet collectif amplificateur devenant dominant et mutagène au-delà d'un certain seuil critique. C'est aussi bien le cas pour le passage de la vie monocellulaire aux formes multicellulaires, et de la diversification qui en fut la conséquence, que pour la gravité et les phénomènes ayant été à l'origine des structures et de l'ordre des masses de l'univers. Il en va probablement de même pour la convergence des séries prébiotiques ou pour l'inversion ecpédétique consécutive à un changement de niveau sélectif, comme nous en avons discuté. La générativité de ces processus paraît donc particulièrement féconde. Ils présentent également un caractère unitaire et synthétique des plus intéressants puisqu'ils s'appliquent aussi bien à l'explosion d'une supernova qu'à l'apparition du cerveau conscient. Événements qui, a priori, ne sembleraient pourtant guère avoir d'analogies !

Relativement à l'échelle des phénomènes considérés, toute évolution se fait de manière discontinue[8], aussi chaque système peut-il être caractérisé par un spectre de sauts d'amplitudes et de fréquences aléatoires, ce qui est le plus probable dans le cas général. Il lui correspond ainsi une loi spécifique de distribution de probabilité. Elle se modifie en même temps que le système qu'elle représente de sorte que sa vitesse de transformation dépend des développements de celui-ci. Mais il n'y a pas nécessairement proportionnalité, aussi un décalage peut-il se produire en fonction de la dynamique de l'évolution et, s'il devient trop important, conduire à des effets secondaires dont des instabili-

---

8. C'est un impératif de la théorie quantique dans le microcosme, mais qui peut se faire sentir dans le mésocosme, par exemple avec le laser ou les supraconducteurs, et dans le mégacosme, par exemple dans la structure d'une étoile à neutrons (pulsar), d'une naine blanche ou d'un trou noir.

tés. Ils dépendent évidemment de la nature et de la structure du système physique considéré. Ainsi, dans certains cas singuliers, en ce sens qu'ils remplissent des conditions tout à fait particulières, tels que le big bang (fluctuations critiques de densité énergétique) ou l'apparition de la vie (surcomplexité moléculaire) puis de l'intelligence (surdensité informationnelle), et sous certaines conditions qui restent à préciser (par exemple une croissance exponentielle génératrice de fluctuations et de turbulences), c'est une amplification anormale de ces séquences transitoires et des interactions associées, en quelque sorte une forme de résonance, qui pourraient conduire à l'effet de seuil entraînant l'ecpédèse qui est irréversible. *Elle a donc une fonction de diversification dans les processus évolutionnels, le progrès étant ecpédétique.*

Il faut évidemment que, dans chaque cas, le problème soit replacé dans son contexte. Par exemple pour la naissance de l'univers, le hasard physique joue d'abord sur la dynamique des fluctuations quantiques puis des interactions radiatives (réelles ou virtuelles) consécutives aux effets induits par l'explosion, dont la matérialisation de l'énergie et les turbulences associées. Dans le cas de l'apparition de la vie, l'aléatoire se manifeste par de multiples perturbations et instabilités, aussi bien dans la composition chimique fluctuante du milieu que dans les interactions moléculaires résultant des variations et turbulences thermodynamiques locales, ainsi que des nombreux effets radiatifs, et autres, présents dans l'environnement proche ou lointain. Elles entraînent une large diversification des séries prébiotiques sur lesquelles la sélection peut avoir lieu. Pour ce qui concerne l'intelligence, le hasard intervient à propos des capacités organiques capables de gérer les multiples effets parasites, dont les sources de bruit de fond et les nombreuses causes d'instabilités qui ne peuvent que s'amplifier quand la densité d'informations augmente avec la complexification adaptative. Il y a des interactions directes entre les effets stochastiques liés à ces facteurs de déséquilibres, les flux informationnels et l'ensemble des organes de traitement. Elles provoquent alors un spectre de décalages croissants entre ces différents pôles, spectre qui finit par induire un régime de déséquilibre susceptible de dénaturer les messages et de mettre en péril le fonctionnement des organismes qui en sont le siège si un nouvel ordre de traitement n'est pas établi.

C'est là où intervient la sélection puisque la fonction première du névraxe est d'abord d'assurer la sauvegarde et la stabilité en luttant contre le contingent. Ainsi, au-delà d'un certain seuil, soit il y a mutation adaptative, ce qui est précisément l'attribution de l'ecpédèse, soit il y a disparition !

Dans ces trois cas, c'est finalement sur un ensemble surcomplexe et hautement interactif de phénomènes instables qu'opère la sélection, compte tenu des effets secondaires impliqués par l'ecpédèse généralisée. On a donc bien des séries aléatoires, les spectres de sauts variationnels, qui sont modifiées de manière aléatoire par les complexes effets aussi bien transitoires et instables que collectifs résultant des états critiques associés à la métamutation ecpédétique. Ces chaînes de processus dont l'évolution est régie par le hasard physique conduisent donc directement à l'essence du concept anthropocosmique tel que nous venons de le préciser. Ainsi, des corrélations porteuses de sens, c'est-à-dire d'informations pour un récepteur considéré, le cerveau, peuvent émerger par hasard de ces séries aléatoires interagissant de manière aléatoire.

Une prétendue « intelligence artificielle » !

Les extraordinaires difficultés rencontrées dans l'étude du cerveau conduisent à utiliser tous les moyens scientifiques disponibles pour tenter d'obtenir le maximum d'informations à son sujet. C'est ainsi que les énormes progrès de l'informatique, en particulier l'accroissement substantiel des capacités de calculs et de mémorisation, mais aussi le développement de nouveaux types de calculateurs, ont conduit de plus en plus de chercheurs à utiliser la simulation numérique. Or toute étude de ce genre exige au préalable le choix d'un modèle impliquant des présupposés susceptibles d'affecter sa représentativité. En particulier le suivant : même si, comme c'est le cas ici, le problème est particulièrement complexe, les hypothèses physiques et les considérations mathématiques le caractérisant doivent nécessairement être suffisamment simples pour au moins permettre les calculs et les interprétations. Car il existe aussi des limites à la calculabilité. C'est pourquoi, s'agissant du cerveau qui est l'objet connu le plus compliqué, la dimension du problème n'est manifestement plus la même. Le concept de modèle, au sens usuel, n'est alors plus nécessairement adapté, ou plus exactement *il perd son sens* en raison des contraintes impliquées par sa représentation. On assiste donc à des *dérives*, aussi bien dans les hypothèses que dans la manière de poser et de traiter les problèmes, ainsi que dans l'interprétation des résultats qui en dépendent directement. Ce sont, parmi d'autres, des raisons qui nous ont conduit à exprimer de sérieuses réserves [9].

C'est ainsi que certains spécialistes ont tout simplement pour ambition déclarée d'étudier le cerveau en l'identifiant banalement à un supercalculateur, sans aucune autre justification que d'apparentes analogies d'exécution de quelques fonctions spécifiques telles que des capacités de mémorisation et la résolution de quelques énigmes logiques procurant l'illusion du raisonnement. Le problème de la modélisation est évacué sans avoir été véritablement posé et discuté. Aussi l'hypothèse du «tout informatique» est-elle peu convaincante, voire non signifiante si l'on se réfère aux seules fonctions cérébrales primaires observables couramment chez l'animal. Est-ce caricatural? A peine! Ainsi ressent-on l'impression de plaidoyers d'adeptes d'un néovitalisme qui veut s'ignorer [10]. Ils ressortissent d'un réductionnisme pour le moins contestable puisque, par exemple, celui-ci ne permet pas d'analyser la subtilité fonctionnelle des effets collectifs locaux et surtout globaux alors que ces derniers sont

---

9. Nos objections, nombreuses, sont présentées dans la référence de la note 1, p. 9. Elles ne peuvent pas être résumées en quelques phrases sinon en déclarant que, par suite de sa complexité, le cerveau n'est probablement pas modélisable au sens usuel du terme. Nombre d'éléments le confirment ainsi que le fait qu'il est bien autre chose qu'une machine de Turing, c'est-à-dire un supercalculateur, quelles que soient les capacités de celui-ci. Nous montrons pourquoi le célèbre test de Turing devant servir à départager une machine d'un cerveau n'a finalement pas de valeur opératoire.

10. On retrouve de manière obsessionnelle les deux questions mythiques : «la machine peut-elle *penser*?» et «la machine peut-elle être dotée d'*intelligence*?» Mais les auteurs se bornent à donner une signification consensuelle aux deux termes principaux, laquelle n'a aucune valeur scientifique par suite de l'effet lexique qui interdit leur définition rationnelle. Cela ressemble fortement à une nouvelle mythologie telle que celle des golems de la tradition cabaliste dont N. Wiener, père de la cybernétique, a rappelé la continuité de la démarche dans un petit ouvrage instructif intitulé *God and Golem* (1964). Certains chefs de file, parmi ces chercheurs, semblent se rattacher de manière plus ou moins proche à cette lignée.

certainement fondamentaux dans les mécanismes cérébraux. Assurément, ce n'est pas le seul fait d'attribuer le qualificatif de «structures et circuits neuraux» à quelques modestes assemblages de pastilles de silicium qui justifie quoi que ce soit par rapport aux réseaux cérébraux. De plus, différence capitale entre le cerveau et la machine, l'information chimique (dont les neurotransmetteurs), pourtant essentielle, est totalement absente de ces modèles. D'ailleurs, compte tenu de son extrême complexité et du nombre de paramètres qui doivent intervenir pour la caractériser, rien n'indique qu'elle puisse être effectivement simulée par la circuiterie électronique.

Il existe probablement des lois et propriétés spécifiques aux différents niveaux de complexité des structures cérébrales qui ne sont ni connues ni primitives. Elles pourraient aussi bien résulter d'effets de seuil, ou d'interactions collectives de type ecpédétique ou autre, que de processus ignorés. Autre difficulté : on imagine mal comment modéliser et formaliser des intuitions, des intentionnalités, des conceptualisations, des sentiments (irrationnels) et d'autres spécificités humaines! Et même tout simplement un langage, comme le montrent les difficultés de mise au point d'un système informatique capable de traductions *universelles* ! En fait la question, pourtant essentielle, du sens de ces mots est tout simplement évacuée, d'autant que l'effet lexique ne permet pas de leur donner une définition rationnelle, ce qui fait que les partisans de l'«intelligence artificielle» leur attribuent implicitement celle qui leur convient le mieux.

Illustrons cette ambiguïté par la question suivante : est-il possible de démontrer un théorème de mathématique sans l'avoir compris? Certains théorèmes ont effectivement été démontrés par des supercalculateurs. Doit-on en conclure que ces machines les ont «compris»? Il est clair que la réponse dépend de ce que l'on entend par le terme «comprendre». S'il ne s'agissait que d'établir correctement un chaînage logico-déductif, alors la réponse devrait être positive. Mais le sens consensuel de «comprendre» est-il réductible à une aussi simple et aussi triviale acception? A l'évidence le bon sens, qui n'a certes rien de scientifique, ne peut que répondre par la négative. Manipuler des symboles est une chose, les «comprendre» en est certainement une autre, autrement difficile et qui exige de se placer à un autre niveau impliquant la mise en œuvre de bien d'autres fonctions.

Selon les découvertes les plus récentes des neurosciences, il semble que le biologique soit nécessaire pour que l'opération «compréhension» (qui est aussi autoréférentielle donc non rationnellement définissable) puisse avoir lieu car la chimie du cerveau paraît indispensable. De toute manière, «comprendre» n'est certainement pas réductible à une suite d'inférences logico-déductives ni à des séquences algorithmiques, si complexes soient-elles. La confusion à propos des capacités de la machine provient encore de l'ambiguïté de la définition et de la signification de l'information. Finalement, la prétendue «intelligence artificielle» ne fait que ramener ses adeptes à une querelle théologique, celle du dualisme entre l'esprit et son support, résurgence sous une formulation nouvelle du très vieux problème de l'âme.

Jusqu'à présent une machine, quelle qu'elle soit, ne peut fonctionner que selon des schémas fournis par l'homme, ou qui en sont dérivés de quelque manière que ce soit. Ce qui serait encore le cas d'éventuelles structures autoréplicatives, le cas échéant évolutives. De sorte que, en l'état actuel des connaissances, toute extrapolation vers une quelconque forme de prétendue «intelligence» (au sens consensuel du terme) si primitive soit-elle, n'est pas autre chose qu'une profession de foi, les conclusions dépassant largement l'espace des hypothèses et des données de départ, ainsi que les principes de fonctionnement. Cela ne signifie pas qu'une machine ne soit pas susceptible de devenir autonome, mais cette autonomie n'a aucun sens pour elle. De toute manière elle ne peut que rester confinée à l'intérieur d'un champ d'action tout à fait limité puisqu'il reste conditionné tant par ses programmes de base, même si un certain aléatoire y est introduit, que par des contraintes physiques lourdes. Par exemple, il est facile d'en contrôler l'alimentation électrique alors que chaque cellule cérébrale possède ses propres structures énergétiques. Et dans tous les cas ce champ sera forcément limité par le fait qu'il est infiniment plus facile de perdre du sens que d'en acquérir (d'ailleurs par rapport à qui et à quoi, sinon à l'homme qui définit le référentiel!), du moins selon notre horizon actuel. Et quelle information traiterait-elle? Pour quoi faire, puisque toute action nécessite une intention? C'est, encore une fois, le problème de l'information, ou plutôt du sens qu'elle véhicule, qui est mal posé au niveau des références du récepteur, pour autant d'ailleurs que celui-ci en soit doté!

De toute manière il faudrait véritablement une révolution d'une ampleur telle, pour qu'il en aille autrement dans un futur prévisible, que compte tenu de l'arsenal de moyens dont on dispose, il paraîtrait impensable que l'on ne puisse pas en discerner quelques prémices si celles-ci devaient apparaître. En d'autres termes ceux qui prétendent, et ils sont nombreux, que les sciences qualifiées abusivement de «cognitives» feront l'objet de la prochaine étape de l'évolution risquent un pronostic des plus hasardeux. Pour qu'il en soit ainsi, il faudrait au moins une découverte d'une ampleur exceptionnelle car elle devrait remettre complètement en cause toutes nos connaissances aussi bien sur le fonctionnement du cerveau que sur l'informatique et, plus généralement, sur la théorie de l'information. Ce que, pour l'instant, absolument rien ne laisse entrevoir. Et à l'évidence les développements actuels ne semblent pas du tout aller dans ce sens.

Ces fermes restrictions ne minimisent bien sûr en rien les propriétés tout à fait remarquables des supercalculateurs et des multiples systèmes dérivés, dont les innombrables applications ont commencé à envahir et à bouleverser le monde. Et ce n'est certainement qu'un très modeste début. Mais si ces machines sont de merveilleux outils, il conviendrait de ne pas perdre de vue que *ce ne sont que des outils* et que, en fonction des données actuelles, *elles risquent de le rester*, ce qui est d'ailleurs tout autant logique que souhaitable! Toutes les spéculations sur une prétendue «intelligence artificielle» sont certainement non rationnelles, sinon tout simplement irrationnelles puisque les seuls arguments avancés ne sont fondés que sur des apparences aussi naïves que trompeuses, sinon sur le rêve. C'est une belle illustration du syndrome de Pygmalion[11] qui semble avoir trouvé sa terre d'élection avec l'informatique.

Finalement il est plaisant de remarquer ici que, en cette ère charnière que nous traversons, deux nouvelles sources de fantasmes aussi prolifiques l'une que l'autre, et que la fiction voudrait absolument marier, perturbent (ou enchantent?) l'esprit humain : ce sont précisément les extraterrestres, naturellement supposés aussi agressifs que supérieurement doués, et l'«intelligence artificielle» tout aussi naturellement prête à prendre le

---

11. Qui, selon la légende, serait tombé amoureux de sa sculpture Galatée, priant Aphrodite de lui donner la vie.

pouvoir. Mais pour qui et pour en faire quoi? Les réponses duales de la littérature de fiction manquent plutôt d'originalité... aussi pourrait-on lui suggérer de s'adresser aux robots pour les renouveler! Peut-être ceux-ci auraient-ils alors l'excellente initiative de lui conseiller d'opposer ces deux puissances intellectuelles (?) obscures en un affrontement indéfini au sein de l'infini sidéral, préservant ainsi la quiétude terrestre. Mais cela satisferait-il le bellicisme intrinsèque d'Homo sapiens sapiens? Rien n'est moins sûr...! Ne devrait-on pas en conclure que l'homme ne peut finalement s'occuper que de l'homme puisqu'il est évident que *ces questions n'ont effectivement de sens que pour lui, et pour lui seul!*

Le cerveau et le futur

En dépit des difficultés rencontrées pour l'étudier, *en tant qu'objet de la nature le cerveau doit être soumis au principe de rationalité* [12]. C'est-à-dire que son fonctionnement doit être supposé entièrement et exclusivement du ressort des seules lois de l'univers. C'est une hypothèse qui n'est contredite par strictement rien, bien au contraire, et si elle venait à être infirmée il est certain qu'un coup mortel serait porté à la science rationnelle. Ce problème est encore compliqué par le fait que les propriétés tout à fait particulières du névraxe semblent bien le distinguer des autres organes alors que, jusqu'à présent, une analyse fine montre qu'il n'en est rien. Les seules différences observables ne tiennent qu'à son extrême complexité physico-chimique et structurelle, et à elle seule, quels que soient les moyens d'investigation utilisés qui, aujourd'hui, sont aussi puissants que variés. Toutefois une approche réductionniste semblant une gageure, de nouvelles méthodes sont certainement indispensables. C'est pourquoi la connaissance rationnelle du cerveau devrait constituer un nouveau champ de recherche : celui de l'hyper-complexité, qui ne lui est d'ailleurs pas spécifique mais

---

12. Si ce n'était pas le cas, le problème posé sortirait du champ de la science rationnelle et l'étude du fonctionnement cérébral serait impossible. Donc également le diagnostic et le traitement des maladies qui l'affectent, ce qui va à l'encontre de toute l'histoire de la médecine. Et ce n'est qu'un argument parmi d'autres.

qui, répétons-le une fois encore, est nécessairement limité par l'autoréférentialité ayant pour conséquence l'indécidabilité de certaines propositions primordiales.

Cependant une telle analyse rationnelle, que strictement aucune objection rationnelle ne permet de réfuter, va totalement à l'encontre de toutes les données historiques et culturelles accumulées par l'histoire humaine. C'est pourquoi l'application du principe de rationalité de la nature au fonctionnement cérébral a conduit à une véritable révolution conceptuelle et intellectuelle, non en raison des faits évoqués mais par suite des connaissances traditionnelles, des croyances et des mythologies ainsi remises en cause de manière aussi brutale qu'imprévue. D'où les réactions de rejet de la plupart de nos contemporains, et même certaines manifestations de contre-réactions! C'est aussi une conséquence de la *Weltbild*, ou vision rationnelle du monde qui est issue des travaux scientifiques de la fin du XIXᵉ siècle.

En fait, la véritable question est celle du futur du cerveau humain : comment pourrait-il évoluer? Le passage du bourgeon cérébral du poisson à l'encéphale humain a demandé quelque cinq cents millions d'années, mais il semble que l'évolution, en particulier celle de son volume, stagne depuis une centaine de milliers d'années. Une explication possible serait que, dans l'ensemble des conditions terrestres actuelles, un optimum aurait été atteint avec le cerveau d'Homo sapiens sapiens, tant dans ses dimensions et ses structures que dans ses modalités de fonctionnement. Car il existe de sévères contraintes, en particulier de stabilité dans ses multiples activités qui, compte tenu de leur complexité, exigent la souplesse de ses circuits neuraux. Mais celle-ci peut être génératrice de dysfonctionnements, d'autant qu'il y a aussi des limites aux possibilités de traitement de l'information. Il en va d'ailleurs de même pour sa consommation d'énergie qui doit absolument être minimisée alors que la survie de l'espèce impose la maximalisation des sécurités. Et il y a d'autres raisons, par exemple les performances physiques dépendent de certains rapports d'harmonie entre les différentes structures et volumes organiques constituant un être vivant mésoscopique, quel qu'il soit[13]. Ils sont déterminants pour sa

---

13. On a indiqué l'importance des possibilités de coordination cérébrale entre l'œil et la main dont la structure est décisive pour la fabrication des outils. Il

fonctionnalité et ses capacités, dans l'environnement qui est le sien où la gravitation joue un rôle essentiel [14]. En d'autres termes, il y aurait une sorte de structure cérébrale optimale qui, pour l'état *actuel* de notre planète, aurait été atteinte avec l'homme et dont résulteraient quelques conséquences sur lesquelles nous allons revenir. C'est ce qui expliquerait l'ecpédèse qui correspondrait finalement à un effet de *focalisation* déterminé par l'ensemble des propriétés du système. Ce qui n'implique cependant pas que l'on soit parvenu au maximum maximorum des performances et possibilités du cerveau car il dispose d'autres moyens d'évolution que les transformations physiques.

En effet, celle-ci semble avoir quitté le champ anatomique pour celui du psychique, le cerveau pouvant fonctionner de multiples manières sans nécessité de modifier sa morphologie. Car la caractéristique principale du néocortex, spécificité typiquement humaine, est son nombre énorme de degrés de liberté lui conférant une adaptabilité et des possibilités telles qu'il paraît impossible de les recenser. Par exemple les zones tertiaires les plus récentes, dont le lobe frontal, sont dotées de propriétés aussi nombreuses que variées, certaines semblant d'ailleurs n'être encore que des potentialités. Ce sont les problèmes de demain qui leur permettront de s'exprimer car, outre son irrépressible pulsion de connaissance laquelle est vraisemblablement génétique, le véritable principe moteur de l'homme est la confrontation à de nouveaux défis : c'est une faculté caractéristique et inestimable de progression générale et de dépassement de l'espèce.

D'un autre côté, le développement technologique est un moyen extrêmement rapide et efficace de suppléer à l'évolution en permettant de prolonger et d'amplifier formidablement différentes capacités cérébrales ou physiques. Par exemple l'exploration lunaire n'était pas à la portée de l'évolution biologique, quel qu'ait été le temps dont elle aurait pu disposer. Autre

---

en va également de même dans tous les problèmes de mobilité, et dans nombre d'autres.

14. La grande diversification morphologique des dinosauriens en fournit la preuve jusqu'à l'absurde quand on considère certaines de leurs monstrueuses structures physiques. Si nombre d'entre eux paraissaient adaptés, ce ne devait probablement pas être le cas pour tous ! Il semble même que quelques-uns furent parfois aux limites des lois de la mécanique. S'ils ont survécu 135 millions d'années malgré la faiblesse de leurs performances aussi bien physiques qu'intellectuelles, c'est d'abord parce qu'ils n'avaient pas d'adversaires autres qu'eux-mêmes.

exemple significatif : le supercalculateur est un outil d'une classe tout à fait particulière puisqu'il n'accroît pas le champ d'action de la main mais les performances de certaines fonctions psychiques telles que la mémoire ou les possibilités de calcul, en les accélérant et en les démultipliant de manière considérable. Ainsi le progrès technologique est-il autrement plus performant et efficace que les processus naturels de complexification adaptative croissante. Il serait également possible que les technologies actuelles ne représentent qu'une phase transitoire vers une *métatechnologie* correspondant à un autre palier de l'évolution. Par d'autres moyens, dont certains probablement fondés sur les successeurs de nos machines informatiques, celle-ci pourrait repérer et distinguer puis initier et coordonner les multiples fonctions à exécuter, d'une part pour assurer le progrès, d'autre part pour concevoir et piloter les structures organisationnelles dont dépendent la survie et la stabilité de l'espèce, dans un équilibre bien compris de la biosphère. C'est alors, mais alors seulement que l'information prendrait une dimension planétaire, probablement avant de devenir cosmique. Car, pour perdurer, l'homme devra bien finir par se résoudre à s'installer hors de sa planète, quelles que soient les difficultés que soulève cette perspective. Il convient d'ailleurs d'observer que celles-ci, qui sont essentiellement de nature psychologique, ne devraient être que provisoires, comme le furent tous les grands bouleversements de l'humanité, bien qu'aucun n'ait atteint, et de très loin, une ampleur comparable !

En fait, une question primordiale pour le devenir d'Homo sapiens sapiens est la suivante : *le cerveau est-il capable de concevoir un objet qui soit encore plus complexe que lui ?* Vaste et difficile question aussi lourde d'implications technologiques que philosophiques. En effet, si c'était le cas, cela signifierait au moins que, pour ce qui le concerne, le cerveau se serait partiellement substitué à l'évolution. Mais alors pourquoi s'en tiendrait-il là ? Et l'on retrouve indirectement la question de l'intelligence extraterrestre puisque, toujours en vertu du principe de rationalité impliquant l'universalité des processus évolutionnels, si une telle civilisation existait et si elle nous devançait, elle aurait dû, elle aussi, en arriver à ce point et l'on devrait en percevoir les effets ce qui, encore une fois, n'est pas le cas.

Un autre problème, tout aussi critique, est le suivant : ainsi que nous l'avons évoqué ci-dessus, *se pourrait-il que le développement du cerveau soit limité par les causes qui l'ont suscité*, c'est-à-dire par les sources informationnelles de toute nature dont il peut disposer? En d'autres termes, le fait de rester prisonnier de sa planète pourrait-il contraindre son développement? La seule réflexion logique conduirait à répondre par l'affirmative puisque, précisément, si le champ des données informationnelles était restreint il devrait en aller de même pour les potentialités de développement du «contenu» cérébral, donc de son «contenant»! D'un autre côté, potentiellement le reste de l'univers contribue à cette information, mais jusqu'ici d'une manière insignifiante, du moins dans sa partie visible, puisque celle-ci est indirecte et tout à fait limitée par les infinitésimales dimensions terrestres et par la limitation de nos récepteurs. Aussi se pose-t-il la question de savoir si une exploitation autrement plus efficace de cette inépuisable mine informationnelle serait envisageable et quelles pourraient en être les conséquences? Le moyen le plus radical serait évidemment l'exploration cosmique à grande échelle qui pourrait ainsi trouver sa véritable justification dans de nouvelles possibilités de développement du cerveau. D'autres dimensions évolutionnelles, dont on ignore totalement aujourd'hui le contenu et la signification, pourraient alors peut-être s'ouvrir à l'humanité.

Mais avant d'en arriver là, un peu de fantaisie prospective pourrait nous laisser entrevoir, dans un futur plus ou moins lointain, la conception d'un outil entièrement nouveau que, faute de mieux, nous allons appeler un *générateur d'idéation*. Pour créer du nouveau, ce qui serait sa fonction principale, il s'abreuverait à toutes les sources d'informations envisageables, donc aussi à cet inestimable réservoir cosmique par des moyens qui, aujourd'hui, sont totalement imprévisibles, mais certainement du ressort de la métatechnologie. Celle-ci en serait d'ailleurs la première bénéficiaire puisqu'il faudrait aussi l'approvisionner en moyens d'action, c'est-à-dire en informations et en technologies.

Cela étant dit, l'avenir n'est cependant pas nécessairement aussi radieux que le laisseraient supposer les seules considérations qui précèdent. Car il se pose, en effet, au moins une inquiétante question : si l'évolution pouvait rencontrer des limites, quelles pourraient-elles être et quelles pourraient en être les conséquences? En ne se référant qu'au seul bon sens, on répondrait positivement à la première partie de la question, mais on serait certainement tenté d'objecter que, rapportées aux données générales du problème, ces limites seraient tellement éloignées que tout se passerait comme si elles n'existaient pas! Mais est-ce si sûr? Si elles n'étaient que physiques, certaines ne devraient pas être trop contraignantes car la technologie et sa descendance y pourvoiraient certainement. Il est cependant probable que ce ne peut pas être le cas pour toutes celles que l'on pressent déjà. Si, pour une raison qui peut nous échapper, quelque limitation fondamentale mettait en cause le principe même de l'information, alors il est probable que la question serait autrement critique. En effet, dans son traitement, et quelle que puisse être la méthode utilisée, il existe de redoutables problèmes tels que, par exemple, ceux qui sont liés à la calculabilité et à différentes causes d'instabilités, dont les inévitables erreurs aléatoires, qui finissent par contraindre le fonctionnement de tout système au-delà d'un certain seuil de complexité. Celui-ci peut naturellement être reculé en fonction du progrès, mais pour différentes questions de principe qui ne peuvent pas être développées ici, on sait qu'il existe quelque part un *mur technologique* paraissant véritablement infranchissable, à moins de remettre en cause les fondements de nos connaissances actuelles, ce que rien ne permet de supposer aujourd'hui. Bien qu'il semble encore fort lointain, on ne peut cependant ignorer son existence. Un tel obstacle, et d'autres, pourraient finir par entraver l'évolution de l'espèce, conduisant ainsi à sa décadence puis inexorablement à sa disparition. Car tout état stationnaire étant métastable, la vie comme l'intelligence n'ont pas d'autre choix que la progression ou la régression, et finalement la disparition.

De toute manière, il y a encore au moins une autre raison qui va dans le même sens : si le hasard est doté de propriétés génératives exceptionnelles, toutes ne sont certainement pas favorables. Ainsi quelque événement aussi fortuit qu'imprévisible pourrait très bien posséder des capacités de destruction de la vie et peut-être même d'autodestruction car si l'univers est unique et isolé, sa disparition serait effectivement une autodestruction. On a d'ailleurs dit que s'il était fermé, dans un avenir très lointain ce devrait être sa fin naturelle.

Une question de questions!

Que conclure de ces réflexions? Périlleuse question! D'abord pour ce qui concerne notre connaissance de l'univers, deux attitudes extrêmes sont possibles. Commençons par celle que nous ne partageons pas, c'est-à-dire le pessimisme. Elle consiste à estimer que la complexité de l'univers et de ses lois, comme celle de la vie et du cerveau, sont si grandes que l'intelligence rationnelle ne parviendra probablement jamais à en découvrir les fils conducteurs et à en comprendre les mécanismes. C'est une position qui soulève une question importante : *le global peut-il être étudié et compris à partir du seul local?* En d'autres termes, est-il légitime de prétendre connaître l'univers en n'utilisant que des moyen terrestres, ou proches? Nous recevons bien quelques informations cosmiques mais elles sont extrêmement limitées et partielles, bien que fondamentales. En l'absence de réponse indiscutable, on est contraint de recourir aux hypothèses dont les principes de rationalité et d'objectivité de l'univers constituent les éléments principaux, mais non exclusifs. Seule l'invalidation étant possible, l'incertitude pourrait durer autant que l'homme lui-même! Si elle était levée, cela signifierait que la réponse est négative, donc que notre prétendue connaissance de l'univers ne serait pas justifiée. Ce qui est possible, mais peu vraisemblable pour ce qui concerne notre galaxie. Tout au plus ne devrait-il s'agir que de correctifs qui pourraient d'ailleurs être sérieux. Pour le reste de l'univers, la question pourrait continuer à se poser.

Quant à la position optimiste, elle consiste naturellement à déclarer que la connaissance de l'univers, et de ce qu'il contient, est probablement possible dans ses grandes lignes sinon dans ses détails. A condition de tenir compte de certaines limites déjà identifiées, dont l'une est constituée par l'autoréférentialité et par quelques-unes de ses conséquences. Le plus important est finalement la connaissance des principes et des lois qui déterminent les propriétés et le fonctionnement du système. Leur recherche ne devrait être qu'une question de temps et de moyens.

Si l'on observe les progrès de la connaissance depuis plus de deux millénaires, il y a tout lieu d'être plutôt satisfait. Ce qui n'exclut naturellement pas la possibilité de certaines remises en cause qui pourraient être importantes. D'autant que se posent quelques questions de fond méritant au moins d'être examinées à défaut de pouvoir être résolues !

Pour l'attrait de la réflexion, proposons celle-ci : pourrait-il exister un phénomène totalement inconnu et jusqu'ici insoupçonnable, par exemple, cas extrême, plus performant que la vie, mais qui ne pourrait pas être simulé par les moyens dont nous disposons, en particulier par l'informatique ? Bien qu'elle semble surréaliste, c'est cependant une question qui n'est pas irrationnelle. En fait, son intérêt concerne le problème de l'information qui serait liée à un tel processus puisque celle-ci pourrait soit nous être inaccessible à titre provisoire, soit de manière définitive. Car rien ne permet de rejeter purement et simplement l'idée que certains phénomènes puissent être hors de portée de notre entendement ou de notre analyse. On sait en effet qu'il existe un horizon intellectuel humain. Ici il s'agit plus exactement des possibilités de généralisation, d'extension et de diversification de l'information selon des modalités qui nous seraient inconnues, ou de possibilités d'existence sous d'autres formes non identifiées. Aussi n'est-il pas possible de répondre puisque toute extrapolation exige au moins quelques éléments concrets qui ne peuvent provenir que de données expérimentales ou d'extensions et de généralisations théoriques dont, jusqu'ici, nous n'avons aucune idée.

De toute manière, s'il existait un phénomène quelconque ne pouvant pas échanger d'information avec nous, la réciproque étant probablement vraie, *tout se passerait pour nous comme s'il n'existait pas*. Ainsi, une intelligence extraterrestre n'aurait d'intérêt, et même de sens pour nous, que si l'on pouvait communiquer avec elle. Sinon elle ne nous concernerait en rien.

Un autre aspect plus restrictif de la question précédente est le suivant : pourrait-il exister un phénomène naturel de portée générale qui soit encore non identifié ? Par exemple une cinquième force naturelle, problème qui a suscité quelques polémiques... ! Bien que nos possibilités d'exploration et d'analyse soient de plus en plus nombreuses et performantes, on ne peut cependant pas rationnellement exclure une telle éventualité.

D'autant que certaines théories mettent en œuvre des entités dont on peut douter de la réalité, par exemple le concept de champ, ce qui ne l'empêche pas de jouer un rôle de premier plan dans toute la physique! Mais, sauf s'il était encore hors de portée de nos détecteurs, un tel phénomène devrait être d'une nature totalement différente de ceux que nous connaissons et surtout, condition qui paraît extrêmement difficile à remplir, ne pas interagir de la même façon sinon il aurait été repéré, ne serait-ce que par voie indirecte. A moins qu'il ne le fasse d'une manière telle que nos interprétations soient erronées ce qui, là encore, semble bien peu probable mais non strictement impossible.

Terminons par quelques remarques générales. La nature et l'ordre des questions que l'homme se pose sur l'univers ont une influence sur les réponses qu'il peut y apporter, donc sur les visions qui en résultent. En d'autres termes, la méthode n'est pas neutre, par exemple le réductionnisme nous situe à une place qui n'est pas la nôtre. Et ce n'est pas valable que pour la science rationnelle. Jusqu'à présent, celle-ci a permis d'apprendre à utiliser rationnellement la raison, c'est-à-dire à poser les questions de manière cohérente. Il va aussi falloir apprendre à mieux les résoudre, ou plus exactement à trouver d'autres moyens pour le faire, ce qui sera un grand problème du futur. D'autant qu'il faut se souvenir que *si la méthode scientifique permet d'accéder aux faits, en revanche elle ne dit rien sur eux.* Tout simplement parce qu'elle ne peut rien en dire puisque, encore une fois, la nature ne fournit aucun étalon à l'homme. Aussi l'interprétation reste-t-elle nécessairement fonction des hypothèses primitives, ou prémisses fondatrices, qui nécessitent donc une attention toute particulière puisque ce sont finalement elles qui en définissent le contenu épistémologique. Si ces questions n'interviennent pas dans les applications, ce sont cependant elles qui déterminent notre interprétation du monde avec toutes les conséquences culturelles et sociologiques que cela comporte.

En bref : commentaire

Il est indiscutable que la position intermédiaire qu'occupe Homo sapiens sapiens dans le mésocosme le situe à une place remarquablement privilégiée pour observer et connaître l'univers. Car, on a dit pourquoi, celle-ci représente un carrefour idéal de convergence entre le microcosme et le mégacosme. De plus, ses conditions de vie à la surface de sa planète et les propriétés physiques de celle-ci, dont sa transparence atmosphérique, lui offrent l'inestimable possibilité de voir le ciel, en particulier nocturne, donc de prendre conscience de son immensité, de sa complexité, mais aussi de son évolution. Faits des plus importants puisque si la vie était restée cantonnée là ou elle est née, c'est-à-dire dans le milieu aquatique, il n'aurait pas pu accéder à cette connaissance, quelles qu'aient été ses capacités cérébrales. Or celles-ci le placent également dans une situation bien à part relativement au reste de tout le vivant connu. Son irrépressible curiosité, ou plutôt son insatiable besoin de savoir et de comprendre, donc de connaître et d'expliquer font qu'il est véritablement prêt à tout, parfois même au pire pour les satisfaire! C'est ainsi que, conscient de la limitation de ses propres moyens d'observation et d'action, l'homme a cherché à les amplifier, et cela dès les temps les plus reculés. Beaucoup plus tard, il s'est mis à inventer des instruments de plus en plus variés et compliqués pour expérimenter sur la nature. Parmi nombre d'autres, l'un des plus fabuleux objets qu'il a imaginés est certainement la lentille optique en raison de ses multiples possibilités d'assemblage puisque c'est grâce à eux que le microscope puis le télescope lui ont ouvert les portes d'accès aux deux univers merveilleux que sont le microcosme et le mégacosme. Depuis Galilée les progrès instrumentaux ont été extraordinaires, fournissant une incroyable moisson de résultats... mais auxquels il fallait nécessairement donner un sens, ou plus exactement une interprétation. Et c'est précisément ce qui crée un redoutable problème!

L'énigme posée par le décodage du puzzle de la nature est d'autant plus complexe à résoudre que les difficultés rencontrées dans toute tentative de ce genre sont aussi impressionnantes qu'insidieuses de sorte qu'il a fallu du temps, beaucoup de temps, pour en prendre véritablement la mesure, aussi bien celle de son ampleur que de sa généralité. C'est précisément pour de telles raisons, et compte tenu des nécessités, que sans véritable justification, ni réflexion suffisante, des générations de chercheurs ont un peu hâtivement et plutôt imprudemment étendu les propriétés spécifiques de leur univers quotidien, celles du mésocosme, à des éléments qui n'en font manifestement pas partie. En fait, c'est dans les années 1930 que la question s'est posée de manière critique par suite d'une série de progrès exceptionnels réalisés dans l'expérimentation scientifique, série qui débuta d'ailleurs dès la fin du siècle précédent. Elle conduisit à l'accumulation d'un ensemble cohérent de résultats qui étaient manifestement inexplicables par la physique classique. D'âpres et longues discussions ont finalement montré que c'est l'interprétation du concept primordial de «réel» (qu'est-ce que la «réalité», c'est-à-dire comment la définir rationnellement?) qui est remise en question de manière quasi dramatique. Si son sens consensuel ne soulève aucun problème particulier dans la vie courante (dans le mésocosme), il n'en va plus du tout de même dans le microcosme ainsi que, peut-être, dans le mégacosme. Et ce n'est d'ailleurs qu'une difficulté parmi quelques autres qui brouillent notre décryptage classique de l'énigme du cosmos.

Pour tenter de s'en sortir, plutôt mal d'ailleurs, les physiciens ont été et restent contraints de faire appel à des représentations nouvelles, mais parfois curieuses, dont il ressort qu'aucune n'est actuellement satisfaisante, il s'en faut ! Avec pour conséquence malencontreuse de les obliger à imaginer des théories dont la complexité ne fait que croître alors qu'elles sont fondées sur des modèles de plus en plus abstraits dans lesquels finissent par se noyer complètement les données physiques, ce qui ne manque pas de conduire parfois à de fâcheuses difficultés d'interprétation. Une illustration en est fournie par différents travaux récents tels que ceux qui traitent de la gravitation quantique en vue de la superunification ou, autre exemple, par les bizarres propriétés quantiques dont doivent être affublés aussi bien certains constituants prétendus élémentaires en physique des hautes énergies que les milieux les contenant[15]. Et ces cas sont loin d'être isolés. A tel point que l'on est parfois conduit à se demander si certains spécialistes n'ont pas oublié ce qui devrait être

---

15. Ce n'est assurément pas le fait de décréter une aussi hypothétique que mystérieuse «étrangeté quantique» qui justifie quoi que ce soit! Par exemple, il est pour le moins inattendu, sinon plaisant, de considérer ce qu'est devenu aujourd'hui le «vide quantique» : c'est un milieu véritablement magique qui est tout... sauf vide stricto sensu. Mais quels beaux calculs il permet! Raison principale pour laquelle il a été inventé.

la caractéristique première de la physique en tant que science de la nature : sa lisibilité...!

Comme le montre, par exemple, l'impact considérable qu'ont eu les travaux d'Einstein sur la relativité, ou ses querelles avec Bohr à propos de l'interprétation de la physique quantique, les progrès de la connaissance, si théoriques soient-ils, ne sont pratiquement jamais neutres vis-à-vis de l'opinion publique. A juste titre d'ailleurs puisque nombre de nos contemporains se sentent de plus en plus agressés par l'invasion technologique dont les multiples conséquences sont telles qu'elles finissent par les contraindre et même par les effrayer. Elles les affectent aussi bien dans leur vie personnelle, même la plus intime avec les progrès de la génétique qui touche maintenant aux domaines essentiels de la procréation et de la médecine, que dans leurs activités professionnelles, en particulier avec le foisonnement des systèmes informatiques et des automatismes les plus divers, confinant parfois au casse-tête sinon au gadget. Mais aussi dans leurs modes de vie et dans leur environnement de sorte que le progrès technologique, encore une fois confondu à tort avec celui de la science en général, finit par être ressenti comme une véritable menace. Finalement, par défaut d'information scientifique pertinente on constate l'existence d'un décalage de plus en plus inquiétant entre les acquis du savoir rationnel tel qu'il progresse et la perception qu'en ont la plupart de nos contemporains. C'est un état qui ne peut manquer de devenir dangereux car, pour de multiples raisons que nous avons vues, de trop grandes divergences ne peuvent qu'induire des réticences puis des réactions de rejet qui finiront par engendrer des instabilités sociologiques et culturelles.

C'est pourquoi un autre grand problème du futur concernera la vulgarisation scientifique et technique permettant une information rationnelle et objective la plus large possible. Mais ce n'est pas une tâche aisée car le plus souvent les idées et concepts qui sont à la base de ces développements ne sont ni évidents ni faciles à expliquer hors contexte, toute simplification ayant, elle aussi, ses limites qui peuvent malheureusement être rapidement atteintes! D'où un risque de déformations parfois dangereuses lors de leur transmission, fait d'autant plus grave que celles-ci sont susceptibles d'être reprises et amplifiées par les différents médias. Déformations qui ne sont pas sans conséquences aussi bien auprès des décideurs politiques et financiers que des différents utilisateurs ou simplement des personnes qui souhaitent s'instruire et se tenir au courant des mouvements d'idées de leur époque.

Un cas exemplaire concerne précisément l'information relative à l'intelligence, que celle-ci soit d'ailleurs extraterrestre ou bien artificielle. Que ne trouve-t-on pas écrit sur ce sujet avec souvent de péremptoires prétentions scientifiques...! Certes, il est permis de rêver à quelque rencontre du n-ième type avec des soucoupes volantes peuplées de petits «bonshommes verts» et de robots de la p-ième génération, mais encore convient-il de pouvoir en apprécier la valeur informative rationnelle, de préférence autrement que par la rumeur et les on-dit. Valeur scientifique qui est, jusqu'ici, insignifiante sinon nulle. Il est, en effet, préférable d'en être conscient, ne serait-ce que pour éviter de tirer de ces élucubrations quelques extrapolations hasardeuses et malsaines, aussi bien sur le cosmos ou l'exploration spatiale et la robotique que sur la vie et le devenir du cerveau, c'est-à-dire sur celui de l'espèce. Et, plus généralement, sur le rôle et les conséquences de la connaissance scientifique ainsi que sur les possibilités de la technologie.

Car, finalement, nos contemporains doivent savoir que leur avenir en dépend directement et, pourrait-on dire, presque exclusivement. Sous la condition impérative que les multiples applications qui résulteront de l'évolution et des développements de la pensée rationnelle, c'est-à-dire du savoir sous toutes ses formes, puissent tout autant être contrôlées de manière rationnelle par l'homme, et *pour l'homme*. Le futur est un ensemble vide dans lequel il ne suffit pas de projeter nos fantasmes pour le remplir, ce qui serait par trop simpliste. Vouloir le construire et s'en donner les moyens ne saurait être que le fait de l'ensemble de l'humanité... à condition qu'elle le veuille!

Conclusion

Pourquoi Homo sapiens sapiens s'intéresse-t-il à l'univers, à ses lois et à ce qu'il peut contenir? Pourquoi est-il conduit à s'interroger sur l'éventuelle existence d'un code cosmique, ou de tout autre chose, quelles que soient par ailleurs sa désignation et la fonction qu'il lui attribue? En bref, et en une phrase comme en cent, pourquoi la pensée et la connaissance rationnelles existent-elles? De plus qui ou quoi d'autre que lui pourrait en bénéficier? Questions qui, sous les formes les plus diverses, hantent probablement l'homme depuis qu'il existe. *Et depuis qu'il le sait.* L'humanité n'est pas près d'avoir fini de philosopher sur ces thèmes certainement non rationnels, mais qu'il est si facile et si commode de rendre irrationnels! Le plus souvent, les exégètes ne font d'ailleurs que les retourner dans tous les sens, en raison de l'autoréférentialité dont il n'est pas possible de s'affranchir. Alors que finalement le fond du problème n'est pas là!

Car c'est la prise de conscience du mystère de son intelligence qui constitue la véritable racine de l'angoisse métaphysique de l'homme. D'abord il est incapable d'en comprendre l'essence puisque, s'agissant de la pensée s'interrogeant sur elle-même, cette question est intrinsèquement indécidable. Il est donc tout à fait inutile de ratiociner sur ce sujet, mais il ne le sait pas nécessairement. Ensuite, si Homo sapiens sapiens est parfaitement conscient de la puissance et de la suprématie que la raison et la méthodologie rationnelle lui confèrent, leur pratique lui a largement et parfois douloureusement appris qu'elles sont capables du meilleur comme du pire. En particulier dans certaines de leurs applications technologiques. Aussi en ressent-il toute l'ambiguïté pouvant parfois se traduire par la prescience de quelque menace tout aussi latente que diffuse. Souvent d'ailleurs celle-ci s'est concrétisée dans les faits, comme le montre la longue expérience déjà accumulée par l'espèce laquelle lui enseigne que ses civilisations sont mortelles et que, jusqu'à présent, c'est principalement la confrontation et la violence qui ont écrit son histoire. Constatation qui est tout à fait conforme au principe de sélection, certes pondéré par l'organisation sociale et le progrès culturel qui en ont simplement modifié et affiné la nature et le niveau d'expression, mais rien de plus quant au fond. Enfin, l'espèce sait très bien que, globalement, sa survie dépend presque exclusivement de ses potentialités intellectuelles et de sa capacité d'en exploiter les richesses sous les formes les plus diversifiées. Qui plus est, elle n'ignore pas qu'elle leur doit entièrement et uniquement la place exceptionnelle qui est devenue la sienne dans la biosphère et qui lui permet de plus en plus de la dominer. Situation qui n'est d'ailleurs pas exempte de dangers. En effet, si la technologie lui ouvre l'accès à des horizons insoupçonnés, l'esprit humain en ignore souvent les possibles conséquences, certaines pouvant être potentiellement redoutables, ainsi que leurs éventuelles limites. Car tout conduit à penser qu'il devrait en exister, et même que certaines pourraient être redoutables !

En dépit de l'apparence plutôt favorable des résultats globaux de l'histoire de l'évolution humaine, cet étrange et complexe bilan mêlant intimement le positif et le négatif fait que l'homme ressent parfaitement la fragilité et la précarité de sa situation, mais aussi celle de sa planète. Il sait qu'il est à la merci d'un accident, aussi bien naturel que provoqué par lui, surtout depuis qu'il a fini par comprendre que les équilibres de la biosphère peuvent être fragiles. La quantité et la diversité des problèmes qui s'accumulent montrent de manière indiscutable que finalement Homo sapiens sapiens n'a pas d'autre choix ni d'autre moyen de défense que son cerveau. C'est inexorablement sa seule arme ultime. C'est pourquoi, fort de cette évidence, il sait que le plus grand danger qui pourrait le menacer, parce que le plus imparable, serait de se trouver quelque jour confronté à une forme extrahumaine d'intelligence qui serait plus performante que la sienne, donc susceptible de le dominer et, au mieux, de lui ravir son royaume, au pire de purement et simplement l'éliminer ! Car la totalité de l'histoire et de l'expérience humaine montre que toute autre vision serait pure utopie, d'autant qu'elle violerait une loi fondamentale de la vie : celle de la sélection naturelle.

Mais d'où pourrait provenir une telle forme supérieure d'intelligence ? D'au moins trois sources actuellement connues : extraterrestre, artificielle ou mutationnelle. Puisque les deux dernières seraient d'origine terrestre, elles ne pourraient que se développer à partir de notre planète. Or, compte tenu de nos connaissances ainsi que des multiples possibilités d'observation et moyens d'analyse dont nous disposons, il paraîtrait tout à fait inconcevable que de tels phénomènes puissent se développer sans être repérables, au moins dans quelques-unes de leurs manifestations indirectes. Étant alertés à temps, il nous serait certainement facile de les maîtriser, et même de les annihiler en cas de menace. Ce qui ne serait que la manifestation des effets de blocage que nous avons associés à l'ecpédèse.

D'ailleurs, pour ce qui concerne l'«intelligence artificielle», nous avons vu pourquoi certaines de ses limites rendent tout à fait improbable, et même irréaliste, une telle éventualité, sous quelque forme que ce soit. En effet, et à l'exception de la foi de ses laudateurs, absolument rien jusqu'ici ne justifie, ni même ne laisse entrevoir qu'il puisse être possible d'attribuer la moindre des potentialités intellectuelles aussi bien au supercalculateur et à l'informatique qu'à tout ce qui pourrait en être dérivé. Car le silicium, comme tout autre type de semi-conducteur, ainsi que les techniques informatiques, les modélisations et les méthodes de simulation, quelles qu'elles soient, semblent totalement inadaptées pour supplanter le biologique, et il s'en faut de beaucoup. Pas plus d'ailleurs qu'un quelconque support informationnel qui ne ferait pas intervenir le vivant, et pas sous n'importe quelle forme ! L'ambiguïté provient en particulier de la signification attribuée par les informaticiens au terme «mémoire» qui, en l'occurrence, ne désigne rien d'autre qu'un système physique possédant deux états stationnaires distincts, ce qui n'a certainement rien à voir avec la mémoire cérébrale. Il ne peut que basculer d'un état à l'autre, base de tout ce que sait faire l'informatique mais de manière ultra-rapide. Finalement, l'activité de celle-ci se traduit par des suites binaires sans aucune signification intrinsèque, qui sont ainsi stockées avant leur utilisation. Les neurosciences démontrent que l'encéphale possède un nombre considérable d'autres possibilités autrement efficaces, dont les complexes opérations que lui offre la variabilité de sa chimie. Pour toutes ces raisons, et pour d'autres plus complexes, émettre actuellement de telles hypothèses ressortit à un pur acte de foi puisque celles-ci ne sont absolument fondées sur rien de tangible. Autrement dit, de telles perspectives sont foncièrement irrationnelles. Et l'on ne voit pas ce qui pourrait les remettre en cause puisque, encore une fois et dans l'acception usuelle du terme, l'information n'a aucune signification absolue : il faut nécessairement un récepteur spécifique, en l'occurrence le cerveau humain, pour lui donner un sens et interpréter le message qu'elle véhicule.

Remarquons également que la complexité inhérente au cerveau implique nécessairement que celui-ci ne puisse pas sortir spontanément du néant. On pourrait objecter que cette complexité n'est peut-être pas indispensable pour générer l'intelligence ! Mais précisément, en vertu des principes de simplicité et de sélection naturelle, la réponse paraît sans appel : *s'il existait un moyen plus simple, la nature l'aurait utilisé !* C'est encore indiscutablement un argument très fort qui va à l'encontre de la prétendue «intelligence artificielle» électronique.

En revanche il est probable que, partant sur des bases nouvelles qui restent à définir, l'homme parvienne à imaginer de nouveaux supports d'une forme généralisée d'information, associés à des moyens originaux permettant de l'extraire, de la stocker et de la traiter. Et, plus généralement, d'en valoriser l'exploitation. De tels développements ne prolongeront pas nécessairement l'informatique telle que nous la connaissons aujourd'hui car d'autres formes plus performantes, et mieux adaptées aux utilisateurs, sont plausibles en fonction du progrès des connaissances théoriques et des techniques. Mais, comme pour celle-ci, ces technologies nouvelles devraient certainement rester sous notre entier contrôle. On ne voit d'ailleurs pas comment il pourrait en aller autrement puisqu'il est toujours possible de prendre les précautions nécessaires, et nous en avons largement les moyens. De toute manière, et quelles que puissent en être les performances, il ne s'agirait toujours pas d'«intelligence artificielle», au sens propre du terme, mais tout au plus de *paragoge* (au sens d'«addition», c'est-à-dire d'augmentation des possibilités) cérébral. Car Homo sapiens sapiens se gardera certainement bien d'aller trop loin dans cette voie puisqu'il faut espérer qu'il ne serait pas assez stupide pour céder la plus infime de ses prérogatives au sein de la biosphère, que cette dernière soit terrestre ou qu'il soit parvenu à la faire diffuser au-delà.

De même, une éventuelle mutation affectant le vivant terrestre devrait être suffisamment conséquente pour véritablement distinguer cette nouvelle forme d'intelligence de la nôtre. Comme elle devrait correspondre à une importante discontinuité, ce serait une mégamutation qui impliquerait une quantité telle de conditions tout à fait extraordinaires que sa survenue quasi spontanément est difficilement concevable. D'autant qu'il faudrait aussi qu'elle puisse se manifester collectivement et simultanément sur un groupe suffisant pour constituer une force d'action. Car, contrairement à la survenue de l'ecpédèse où il n'y avait personne pour s'y opposer, aujourd'hui la place est prise. Et bien prise! Là encore, nous disposons largement des moyens nécessaires de détection et de prévention. Quant à supposer la possibilité d'apparition d'un phénomène aussi imprévisible qu'inconnu, cette hypothèse, comme la précédente, n'est encore absolument fondée sur rien de concret. Il faudrait au moins que quelque aspect mystérieux de notre monde nous ait totalement échappé pour qu'il puisse en être ainsi, ce qui irait carrément à l'encontre de toute la masse considérable des résultats scientifiques accumulés depuis plusieurs siècles. Et si un tel phénomène ne nous était pas accessible, y compris dans ses manifestations secondaires, on comprendrait mal que la réciproque ne soit pas vraie. Tout devrait donc se passer comme s'il n'existait pas.

Aussi doit-on convenir que des perspectives telles que celles qui précèdent ne correspondraient pas à une vision et à une analyse rationnelles des processus ayant abouti à la vie ou de ceux mis en œuvre par l'évolution et la complexification croissante. Qui plus est, ce serait tout autant le cas pour ce que l'on connaît des principes de fonctionnement du cerveau et de l'intelligence. En définitive, et quel que puisse être le discours, défendre de telles hypothèses serait en contradiction avec la méthodologie scientifique elle-même, tant dans ses fondements que dans ses résultats et dans la valeur de ses déductions. Autrement dit, une telle prise de position reviendrait finalement à une perception irrationnelle... de la rationalité! On peut donc raisonnablement en conclure qu'il ne paraît pas rationnellement justifié de poursuivre la discussion dans ces deux voies fleurant l'ésotérisme ou la fiction, sinon les deux!

Avant d'envisager la troisième éventualité, celle de l'intelligence extraterrestre, revenons au cas humain. L'étude des fossiles semble indiquer que l'évolution du cerveau du genre Homo se serait stabilisée depuis une centaine de milliers d'années avec l'apparition d'Homo sapiens sapiens, la sélection étant passée du physique au psychique et de l'individu au groupe. Bien que ce laps de temps soit relativement faible, cette stagnation paraît curieuse comparée à l'accélération qui l'a précédée. Comme nous l'avons dit, elle pourrait peut-être s'interpréter par le fait que, dans le cadre *terrestre* de la complexification croissante, une limite aurait été rencontrée dans le développement cérébral humain actuel. Ce qui ne signifierait pas qu'il soit impossible d'aller au-delà mais seulement qu'un stade physique localement optimisé aurait été atteint par rapport aux caractéristiques et spécificités de la planète. *Mais par rapport à celles-ci seulement.* Il en résulterait donc qu'Homo sapiens sapiens devrait en sortir pour retrouver des conditions susceptibles de lui offrir de nouvelles perspectives évolutives. Une telle hypothèse, qui correspondrait à une sorte d'effet de résonance critique, serait dans la logique de la complexification adaptative croissante. Elle expliquerait également pourquoi une mégamutation au niveau terrestre serait formellement exclue.

Pour en revenir à l'intelligence extraterrestre, si elle était plausible sa nature même fait que le problème ne se poserait pas comme dans les deux cas précédents. En effet, plaçons-nous dans la situation la plus défavorable car la plus improbable, celle où précisément une telle entité existerait et aurait été capable de se doter des moyens technologiques nécessaires pour effectuer des déplacements conséquents et ultra-rapides dans l'espace. Cela impliquerait qu'elle soit parvenue à maîtriser massivement des sources denses d'énergie dont elle pourrait évidemment se servir à son gré, pour le bien comme pour le mal! Il serait a priori totalement impossible de préjuger en quoi que ce soit la nature de ses intentions, même si la communication parvenait à être établie car quelle pourrait-être la crédibilité du message? Une telle perspective représenterait donc indiscutablement la menace potentielle la plus inquiétante, parce que la plus imprévisible, à cause de l'éventualité d'une invasion belliqueuse aussi massive que soudaine, et des multiples conséquences qui pourraient en résulter, la probabilité pour qu'elles soient défavorables étant la plus grande, tant pour des questions biologiques que pour des raisons générales de lutte pour la survie. Sans compter que l'attaqué est toujours en situation d'infériorité. L'homme pourrait probablement en détecter quelques prémices et tenter quelque chose. Mais quoi exactement? Car il resterait plutôt désarmé face à une telle situation puisqu'il lui faudrait d'abord identifier la nature de la menace, ce qui pourrait prendre du temps. Ensuite rien n'assure qu'il aurait les moyens nécessaires pour réagir et garantir sa propre sécurité, même dans les circonstances les plus favorables!

Quelque jour, tout un chacun a certainement songé à un tel scénario, sans nécessairement y attacher plus d'importance que ce que valent un fantasme ou un rêve. Il n'empêche que c'est l'une des raisons fortes pour lesquelles cette question nous fascine. C'est une nouvelle forme d'expression du discours mythologique qui n'a de sens que par sa symbolique et par l'utilisation sociologique qui peut en être faite. Et, selon le tempérament de chacun, on verrait plutôt soit le bon, soit le mauvais côté d'une telle situation. Il ne faudrait cependant pas oublier qu'il est exclu de concevoir rationnellement l'évolution d'une quelconque forme de vivant, quelles qu'en soient la nature et la localisation, sans le filtre de la sélection naturelle qui a pour nécessaire corollaire l'agressivité, donc la menace. Sinon, c'est la disparition rapidement assurée, comme on peut couramment en faire l'observation jusque dans nos sociétés humaines les plus évoluées, même si la sélection a changé de niveau ainsi que les formes de ses manifestations. Toute l'histoire le montre sans ambiguïté!

Ainsi, et en dépit du fait que tout ce qui précède montre que la probabilité d'existence d'une forme d'intelligence extraterrestre devrait être exceptionnellement faible, la prudence la plus élémentaire, et notre curiosité intrinsèque, ne peuvent que conduire à la prise de conscience du problème. Deux attitudes rationnelles sont alors possibles : soit prévoir un minimum d'activité de collecte d'informations et de veille, soit se préparer à toute éventualité. La première correspond précisément au programme SETI (voir la note 23, p. 143) qui est d'abord une démarche informative essentiellement faite «pour voir», et surtout pour tenter de «savoir». Elle est d'ailleurs très largement complétée par les nombreux travaux de recherche scientifique ayant pour objet l'univers. Les données accumulées, qui sont conséquentes, ne fournissent jusqu'ici absolument aucun indice positif, ni rien de concret permettant de supposer que puisse exister la moindre trace d'intelligence extraterrestre. N'en déplaise aux «ovnimaniaques» convaincus et à leurs fantasmes ! En revanche quelques composés chimiques de base de certains éléments entrant dans la composition du vivant ont été détectés. Toutefois les données recueillies sont tout à fait insuffisantes pour estimer qu'elles pourraient constituer un début de preuve d'existence de formes de vie extraterrestre. Pour l'instant elles ne démontrent, ni n'infirment, quoi que ce soit. Cependant si l'on admet qu'elles rendent cette hypothèse plus plausible, encore une fois sans certitude d'aucune sorte, mais si un tel vivant ne pouvait pas atteindre un stade de développement psychique suffisamment évolué, il n'y aurait ni communication possible, ni danger potentiel. La question de la vie extraterrestre resterait donc indécidable. Quoi qu'il en soit, puisque jusqu'ici on n'a pas perçu le moindre indice de manifestation, il n'y a actuellement pas de menace ! Ce qui fait que la seconde attitude, celle de la prévention, n'ayant aucune raison d'être, du moins en l'état actuel des connaissances, il serait tout à fait déraisonnable de lui attribuer quelque importance que ce soit.

Bien que notre point de vue semble largement justifié par l'ensemble des données que nous avons exposées, il est clair que pour s'assurer de l'inexistence de toute forme d'intelligence extraterrestre, il serait nécessaire de faire l'inventaire de l'univers. Opération totalement irréaliste, même dans les futurs les plus lointains, si notre connaissance de ses dimensions et de certaines de ses propriétés n'est pas trop erronée. De plus, ce contenu est certainement variable et fluctuant, bien qu'il ne puisse pas s'y produire n'importe quoi. On est donc contraint d'étudier le problème sous une autre forme qui est celle de la prévision fondée sur l'extrapolation rationnelle des données dont nous disposons. Il se pose alors la question de la pertinence de cette démarche appliquée ici à la question de l'intelligence extraterrestre. Deux conditions doivent impérativement être remplies : être assuré, d'une part, de la légitimité des méthodes d'extrapolation utilisées et, d'autre part, de l'authenticité et de la suffisance des données de base. La justification de la première obligation est entièrement fondée sur la validité du raisonnement rationnel et sur la méthode scientifique qui en est le corollaire et qui s'applique parfaitement à ce problème. D'une manière plus générale, on démontre ainsi, et sans aucune ambiguïté, qu'il existe un certain nombre de lois et de principes d'évolution régissant le cosmos. Et que leur raison d'être est d'abord d'en limiter les degrés de liberté, c'est-à-dire d'éviter le chaos. De plus, la connaissance de ces lois permet précisément l'interprétation, la prévision et l'appréciation des conséquences qui pourraient s'en déduire. Quant à la deuxième condition, les acquis de plusieurs siècles d'accumulation, revus et corrigés par les énormes progrès de l'ensemble de la biologie contemporaine, font que notre connaissance du vivant devrait être suffisante pour en identifier les déterminants principaux. La méthode fondée sur l'extrapolation paraît donc parfaitement justifiée, mais sous la stricte condition de savoir précisément de quelle extrapolation il s'agit.

On le sait d'autant mieux que notre connaissance de l'univers commence à être relativement conséquente, du moins si l'on se place dans le cadre du modèle standard. On dispose également des multiples données que nous fournit l'étude de la vie terrestre, même si nombre de points obscurs subsistent. De même les principes et lois gouvernant la physique, la chimie et la biologie sont maintenant bien établis. Et les considérables applications de toutes les disciplines scientifiques qui en sont le résultat conduisent à penser que s'ils peuvent certainement être généralisés et complétés, il est cependant hautement probable qu'ils ne seront pas intrinsèquement remis en cause. Par ailleurs, en vertu du principe de rationalité ces lois sont supposées s'appliquer à l'ensemble du cosmos. On sait également que, contrairement au reste de l'univers, le vivant évolue vers l'accroissement de son ordre propre et que c'est l'une des caractéristiques de la vie. Ce qui en montre la singularité. En définitive toutes ces données, et d'autres qui ont été développées dans les parties qui précèdent, font que certaines extrapolations doivent être parfaitement justifiées, et d'ailleurs vérifiées quand les circonstances le permettent. C'est le cas pour les recherches entreprises sur les origines de la vie, sur les spécificités du biologique et sur l'évolution, ainsi que sur certaines caractéristiques du cerveau. Données qui justifient l'application de cette méthode à la question de l'intelligence extraterrestre. Cette extrapolation va d'ailleurs bien au-delà puisque c'est finalement tout l'univers qui est concerné par une telle question.

Cette discussion met une fois encore en évidence la nature tout à fait exceptionnelle du problème général de la vie, de ses caractéristiques et de son évolution ayant abouti à l'intelligence. Particularités qui tiennent d'abord à l'extrême criticité des conditions requises pour son apparition et aux énormes difficultés rencontrées pour l'étudier. Singularité ensuite de cette question qui, comme celle du psychisme, ne peut pas être entièrement résolue à cause de l'autoréférentialité. Étrangeté enfin des extraordinaires potentialités du vivant et, plus spécifiquement, de celles de l'intelligence et de la rationalité. Ces phénomènes sont proprement stupéfiants au regard des hasards physiques qui en sont à l'origine et qui n'ont nullement entravé leurs prodigieux développements. C'est précisément ce que nous avons tenté d'exprimer dans le concept anthropocosmique : *jusqu'à présent, les tribulations du pérégrin l'ont mené du néant et du chaos jusqu'au rationnel ; et après... ?* Comme rien n'interdit, bien au contraire, d'admettre que l'on n'en est encore qu'aux débuts, il serait tout à fait possible que le plus important soit à venir ! Ainsi, et de même qu'elles sont capitales pour la survie de l'espèce, comme pour celle de toute la biosphère, ce sont assurément ces potentialités qui détermineront les grands axes du futur. Tout ce qui a été exposé montre finalement que ces concepts sont bien loin d'être aussi simples que pourrait le laisser supposer une analyse superficielle, laquelle est cependant celle qui a le plus souvent cours !

*
* *

Pourquoi l'énigme de l'intelligence extraterrestre est-elle importante ? D'abord parce que l'absence de réponse crée une incertitude sur la place et le rôle de l'homme dans l'univers, ce qui n'est pas sans effet sur son psychisme. Mais aussi sur la vision qu'il peut en avoir et sur les interprétations qui en résultent car la manière de poser un problème n'est jamais neutre. Ensuite, elle concerne à coup sûr l'avenir de l'espèce. Enfin, et c'est probablement le plus important, cette question nous contraint à réfléchir sur *l'objet naturel* le plus compliqué que l'on connaisse : le cerveau. Et plus particulièrement à nous interroger sur ses étranges et mystérieuses capacités, et sur ce qu'il contient. Autrement dit, sur la pensée et sur l'ensemble de ses activités, dont l'intelligence et la rationalité. Mais, paradoxe, qui s'interroge finalement sur la pensée... sinon la pensée! Par conséquent c'est une question intrinsèquement autoréférentielle, dont on a dit pourquoi elle implique inéluctablement une limitation de toute connaissance la concernant. En d'autres termes, dans ce type d'investigation il existe des incertitudes irréductibles, c'est-à-dire des questions sans réponse. C'est certainement fâcheux pour la satisfaction de l'esprit mais sans réelle conséquence puisque, d'une part, on a vu pourquoi *toute connaissance, quelle qu'elle soit, est nécessairement relative* alors que, d'autre part, il n'en résulte aucune conséquence pratique.

Par rapport au rôle fondamental que nous avons attribué aux propriétés génératives du hasard physique dans l'ensemble des processus évolutionnels, le cerveau possède une qualité majeure : si, comme tout vivant qui survit, il doit pouvoir s'adapter aux circonstances et aux changements, en revanche lui seul paraît apte à en contrôler, voire à en imposer les modalités. Autrement dit, il peut s'adapter en adaptant son milieu. C'est un résultat majeur de l'ecpédèse. C'est ainsi qu'il est devenu capable de façonner son environnement à son profit, trop exclusivement d'ailleurs, comme le montrent les transformations profondes qu'il a fait subir à la surface de sa planète. Un peu trop radicales parfois...! Aussi assiste-t-on à une curieuse *inversion* puisque si le milieu a dominé l'homme jusqu'à une époque récente, aujourd'hui c'est de moins en moins le cas et on tendrait même vers un retournement de situation. Ce qui est une sorte de mesure du formidable accroissement de ses capacités, lequel est essentiellement dû au progrès technologique. Comme celui-ci ne fait qu'aller en s'accélérant, en particulier pour ce qui concerne les moyens spatiaux, l'espèce devrait certainement disposer d'immenses possibilités dans un avenir probablement proche.

Mais pour quels usages et pour préparer quel futur? Interrogations qui nécessiteraient de longs développements, dont la validité ne serait nullement assurée. Outre ce que l'on a pu en dire, le véritable problème peut cependant être formulé de la manière suivante : puisque c'est finalement sa connaissance rationnelle et sa capacité de l'exploiter qui fonde la puissance d'action d'Homo sapiens sapiens, tout dépendra d'abord des moyens dont il sera capable de se doter pour les développer, ensuite de la valeur des critères d'utilisation et de la déontologie qu'il s'imposera, enfin des buts qu'il se fixera.

Il n'en demeure pas moins que tout système physique subissant des contraintes, celles-ci impliquent nécessairement l'existence de certaines limites. Certes, elles se situent à des niveaux différents en fonction de leur nature, mais elles doivent aussi bien exister dans les champs théoriques que dans ceux concernant les applications du progrès technologique. On peut citer quelques exemples : limites de la connaissabilité et de l'intelligibilité des phénomènes, de leur conceptualisation, de la modélisation liées à celles de la complexité et de la calculabilité (car un supercalculateur possédera toujours des limites, et même draconiennes), limites de l'expérimentation, de la valeur de certains paramètres physiques (murs des constantes fondamentales, de la chaleur, de la densité énergétique...), de la précision... Mais aussi limites des mathématiques, car celles-ci en possèdent également, par exemple concernant la formalisation et la démontrabilité de certaines propositions, ou l'impossibilité de résoudre nombre de problèmes pourtant rationnels. Ils font d'ailleurs l'objet d'une théorie de l'intraitabilité. Bien des questions théoriques ayant des applications pratiques soulèvent d'énormes difficultés de calcul et d'autres ne sont même pas simulables : c'est aussi bien le cas de la météorologie que du cerveau, et ce ne sont pas les seuls. Cette énumération est loin d'être exhaustive et ces sujets pourraient se prêter à de longs commentaires !

Ces difficultés ne sont pas nécessairement sans solution bien qu'il soit inévitable que certaines de ces limites, ou d'autres qui seront découvertes, se révèlent finalement infranchissables, en particulier celles qui sont de nature physique. Aussi devra-t-on soit s'en accommoder, soit trouver des moyens pour les contourner ou pour s'en affranchir. C'est pourquoi, et dans tous les cas, il sera nécessaire de recourir à des systèmes nouveaux de plus en plus performants, polyvalents et multifonctionnels qui finiront par conduire l'homme au problème suivant : *son cerveau sera-t-il capable de concevoir et de réaliser un système globalement plus performant que lui ?* Cette curieuse et fascinante question, que nous avons déjà commentée (voir chapitre 6), est en effet capitale pour le devenir de l'humanité car il paraît évident que celui-ci dépend en majeure partie de la réponse qui pourra lui être apportée. Bien que simple en apparence, elle ne l'est cependant pas du tout, aussi bien dans sa signification profonde que dans l'évaluation des données nécessaires pour y répondre! Par exemple, si nous savons déjà faire des machines plus performantes, les supercalculateurs, celles-ci restent cependant strictement cantonnées dans le domaine tout à fait restreint du calcul et des inférences logiques. Une généralisation de la théorie de l'information, jointe au progrès incessant des techniques, devrait permettre l'apparition de nouvelles classes de systèmes dont il est impossible de prévoir les performances, les fonctions et les utilisations. Tout discours sur ce sujet ne peut donc être que subjectif. Mais dans tous les cas, et comme on l'a dit, l'homme dispose, et très largement, des moyens d'en conserver le contrôle rigoureux et absolu. En bref, et bien qu'il soit difficile d'aller au-delà, il est clair que la question qui vient d'être soulevée est de toute première importance!

Mais la technologie n'est cependant pas tout! Si elle détermine notre pouvoir d'action sur la nature, en revanche elle ne peut avoir *en elle-même* que des effets tout à fait indirects sur notre compréhension de l'univers, de ses lois et de ses mécanismes. Or ce sont ces données qui constituent notre connaissance rationnelle, c'est-à-dire la science et ses principes. Et là, la technologie n'y peut généralement rien. Car, ainsi que le faisait remarquer Einstein à propos des travaux de Kepler: «La connaissance ne peut pas se déduire de la seule expérience. Une comparaison de ce que l'esprit a conçu avec ce qu'il observe est nécessaire.» En d'autres termes, il faut un saut intellectuel imterprétatif. Ce savoir va d'ailleurs bien au-delà puisqu'il dépend d'abord de notre imagination jointe à nos capacités de conceptualisation et de formalisation. C'est là qu'intervient le non-rationnel avec l'intuition et l'induction. Il dépend ensuite de nos facultés d'analyse et de synthèse. Il dépend enfin de nos possibilités de compréhension et d'interprétation. Tout ce savoir est donc bien, lui aussi, déterminant pour le futur, par exemple toute réponse à la question posée ci-dessus devra nécessairement y faire largement appel. De toute manière, il y a interaction permanente et indispensable entre la connaissance théorique et les applications expérimentales. D'où l'obligation de développer tout autant les unes que les autres.

D'autre part on a dit que, si la science permet d'accéder aux faits, en revanche elle ne peut rien dire sur eux! Aussi quelquefois est-il bien difficile de faire la distinction entre une conjecture heuristique féconde et une croyance stérile, la limite entre les deux pouvant parfois être difficile à distinguer! D'où l'existence de possibles dérives. C'est le cas pour ce qui concerne la quête d'une prétendue «Théorie du Tout», encore appelée TOE (Theory Of Everything), laquelle connaît une vogue inquiétante pour la rationalité dont n'a absolument pas le droit de se départir toute assertion qui revendique le qualificatif de scientifique. D'abord, il paraît bien illusoire, sinon naïf, de prétendre expliquer tout l'univers ainsi que l'extraordinaire diversité de son contenu par une seule théorie d'essence humaine...! Ensuite, si une telle superloi existait, quelle serait son origine et comment pourrait-elle justifier sa propre existence? Comme elle finirait nécessairement par traiter d'elle-même, elle serait donc irréductiblement confrontée à l'autoréférentialité, donc à l'indécidabilité. Aussi ne résoudrait-elle finalement rien, ou plutôt elle compliquerait tout! A moins d'accepter l'existence d'au moins un élément non contenu dans l'univers, mais alors d'où proviendrait-il? Comme il n'est pas difficile d'en deviner la réponse, il apparaît à l'évidence qu'une telle démarche ne peut être que métaphysique. Car il s'agit manifestement d'une confusion entre science et foi, quel que soit le sens donné à celle-ci. Si la science est un savoir, c'est aussi un état d'esprit. Et, encore une fois, *les champs respectifs du savoir rationnel et de la métaphysique, c'est-à-dire des croyances quelles qu'elles soient, sont sans intersection.* Ils sont donc complètement indépendants, et c'est irréversible. Ce qui est heureux tant pour la liberté intellectuelle que spirituelle d'Homo sapiens sapiens.

*
* *

Enfin, l'intelligence extraterrestre possède le mérite insolite, ou plutôt l'avantage inattendu de nous faire rêver. Activité psychique qui, si elle est indispensable pour la satisfaction hormonale de notre cerveau, peut aussi être une puissante source d'inspiration pour la pensée. En peuplant des mondes irréels et des galaxies inaccessibles d'êtres fantasmagoriques, elle alimente harmonieusement l'imaginaire émerveillé et fasciné par l'immensité du ciel et par son profond mystère, ou par l'impressionnante beauté des allégories suggérées par les constellations stellaires. Les perspectives incommensurables que recèle l'infini cosmique nous projettent dans des multitudes de mondes inventés et gouvernés de mille et une manières par les débordements de notre imagination qui ne connaît plus de contraintes. Dans l'orgueil de la sublimation, nous devenons des bâtisseurs d'univers dont nous sommes les maîtres, pour le meilleur comme pour le pire si tel est notre bon plaisir! Comme tous nos fantasmes peuvent s'y exprimer, même les plus extravagants, l'alliance sulfureuse, mais redoutablement efficace, des intelligences extraterrestres et artificielles devient le nec plus ultra. Maîtrisant les technologies les plus sublimes, comme les plus terrifiantes, elles deviennent capables de nous transporter dans les plus fabuleux paradis de cet empyrée... ou de nous faire subir les pires sévices des kères, voire de nous projeter dans le royaume terrifiant de Pluton et de Perséphone! Merveilleusement, il devient permis d'élaborer les constructions les plus invraisemblables dans les conditions les plus absurdes. Tous les horizons les plus irrationnels nous deviennent accessibles. Indépendamment de la fonctionnalité biologique des performances cérébrales ainsi réalisées, il est cependant parfois arrivé que quelques-unes de ces déconcertantes élucubrations aient suscité des réflexions pouvant aller jusqu'à des simulations numériques!

L'intelligence extraterrestre peut donc engendrer un imaginaire fantasmagorique susceptible d'être un stimulant mental de tout premier ordre dans bien des domaines, en particulier dans les arts et la littérature. Et parfois, sous la condition impérative de prendre les précautions draconiennes que requiert la méthode scientifique, il peut aussi arriver que la pensée rationnelle y puise quelque inspiration. Ce qui n'est pas toujours évident ni facile, comme nous en avons discuté à plusieurs reprises, car il faut pouvoir parfaitement distinguer la part de l'irrationnel qui, bien sûr, ne doit en aucun cas être mélangé au raisonnement scientifique. Car s'il faut plaire à l'imagination, encore convient-il aussi de satisfaire aux stricts impératifs de la raison. L'écueil le plus dangereux tient au fait que celle-ci est très étroitement contrainte par la rigueur de ses lois alors que l'imaginaire ne l'est pas !

Il s'y greffe également les concepts de beauté et d'harmonie, lesquels ont toujours joué un rôle dans les sciences. Ce fut aussi le cas en physique : qu'on se souvienne, par exemple, de P.A.M. Dirac, célèbre physicien qui, entre autres choses, découvrit les antiparticules. Il a souvent déclaré qu'il était plus guidé par la beauté de ses équations que par d'autres considérations. Attitude qui n'est d'ailleurs pas récente puisque déjà le cosmos hellénique était plus fondé sur des critères esthétiques que rationnels.

Pour conclure, on peut se demander si l'ère des glorieux enthousiasmes scientifiques et des étonnantes conquêtes de l'esprit rationnel est déjà dépassée ou si elle reste à venir. Difficile mais très importante question car une civilisation ne peut être grande que par l'imagination et l'utopie dont elle est capable de faire preuve dans sa vision du futur. Utopie si possible impressionnante par sa puissance de persuasion et par l'ampleur du rêve qu'elle inspire, mais qui doit tout de même être fondée sur un certain réalisme pour susciter l'enthousiasme, emporter l'adhésion et permettre la mobilisation de l'espoir. Et non trivialement remplacer l'angoisse ancestrale des dieux par la crainte du futur ! *Mais aussi utopie tout autant indispensable pour éviter l'erreur rationaliste consistant à croire et à vouloir faire croire que seule la toute-puissance de la raison conduit inexorablement au bonheur.* Aussi plus le projet est grandiose et plus les énergies sont concentrées puisqu'elles sont attisées par l'espoir de voguer vers des mondes nouveaux, aux horizons mystérieux mais riches de trésors insoupçonnés capables d'alimenter les rêves les plus fous ! A l'aube d'une ère nouvelle que laissent déjà deviner les immenses perspectives ouvertes par le progrès, quelles pourraient être les sources d'inspirations visionnaires capables de nourrir le génie et les aspirations les plus profondes de l'homme des temps à venir ? La science sera-t-elle assez olympienne pour en constituer l'un des foyers cardinaux d'où irradieraient des esquisses de futurs attisant la dynamique de l'espérance ? L'appel du cosmos, tout comme les fabuleux champs ouverts par les extraordinaires découvertes des sciences de la vie, ou les incroyables virtualités des technologies nouvelles seront-ils capables de ressusciter la foi des bâtisseurs de cathédrales ? L'excitation suscitée par ces fabuleuses conquêtes suffira-t-elle pour exalter l'imaginaire de l'homme du prochain siècle et lui insuffler la dynamique de l'action?

Ou bien ces espaces seront-ils démesurés pour lui? Si l'on peut, certes parfois à bon droit, critiquer et contester la science et la technologie, il se trouve cependant que, malheureusement, on ne leur connaît aucun substitut! Cela ne signifie naturellement pas qu'il ne faille pas en contrôler les applications, mais c'est un autre problème qui ne devrait pas vraiment soulever de difficultés insurmontables. D'autant que, en cas de rejet, que devrait, ou plus exactement que pourrait alors imaginer l'homme pour survivre? Puisque, selon les impératifs de l'évolution, l'arrêt de sa progression signifierait à coup sûr son arrêt de mort!

Devant l'importance de la question posée, puisqu'il s'agit du devenir de l'espèce, l'alternative est la suivante: soit s'en remettre au charme magique de l'irrationnel, soit affronter l'aridité de la raison. Dans le premier cas, autant alors revenir aux sources, c'est-à-dire aux anciens Grecs puisque, grâce à l'efficacité redoutable de leur complexe mythologie, ils avaient réponse à tout. Comme le montre si bien la *Théogonie* d'Hésiode lequel fut choisi par les Muses pour dire «ce qui est, ce qui sera, ce qui fut». Qu'espérer de mieux? Et leurs prophètes avaient déjà tout inventé, par exemple l'intelligence extrahumaine qu'ils situaient dans l'Olympe, lieu dans lequel ils l'avaient largement distribuée, et en quelques autres endroits. Mais également «l'intelligence artificielle» puisque, selon *l'Iliade*, c'est Héphaïstos qui créa les premiers automates, lointains ancêtres des robots.

Confrontés à notre problème, qu'auraient pu dire leurs dieux? Si l'on se réfère aux légendes les plus anciennes, probablement rien de bon pour nous les hommes. En effet, selon leur dit, la Raison humaine serait née à l'issue d'un accident pour le moins fâcheux ayant affecté l'un des leurs, et non des moindres puisqu'il s'agissait d'Ouranos (le Ciel), alors maître du monde. Au cours d'âpres conflits pour le pouvoir l'opposant à ses fils, les Titans, l'un d'eux, Cronos, l'aurait purement et simplement châtré à la suite de quelque malheureuse manipulation d'un certain fauchard aussi olympien que réducteur! N'étant certainement heureux ni de l'apparition de l'une ni des conséquences de l'autre, Ouranos n'aurait donc plus cherché qu'à se venger en provoquant les effroyables titanomachies qui se conclurent par la déconfiture de ses adversaires. Mais l'heure de la revanche n'aurait-elle pas sonné? Car s'ils furent jadis éliminés, de nouveaux Titans seraient en train de renaître : les fils lointains de Prométhée de qui ils reçurent, dans les temps les plus reculés, les moyens d'inventer la technologie. Nous avons nommé les hommes qui, forts de leurs savoirs renouvelés, reprendraient les diaboliques combats plutoniens qui pourraient ainsi se poursuivre indéfiniment... à moins que, tout simplement, ils ne fassent que vraiment commencer pour perdurer, et cela à notre plus grand détriment! La punition des dieux serait alors terrible puisqu'elle rendrait notre problème insoluble! Mais est-ce si sûr? Car qui pourrait douter que les descendants de leurs éternels adversaires ne puissent encore avoir quelques bons tours dans leur sac à malice!

Dans le second cas, confrontée à une telle question la rationalité ne permet guère d'aller bien au-delà de ce qui a été dit. C'est pourquoi, pour minimiser les risques, il nous paraît plus logique et plus cohérent de recourir à nouveau au hasard puisque lui seul est capable de rendre l'indispensable... facultatif! Ou, plus exactement, de nous en tenir à ce que nous avons mis dans le concept anthropocosmique avec ses potentialités génératives. Ce qui paraît logiquement l'option la plus satisfaisante pour la raison comme pour la connaissance scientifique déjà acquise. Car si le fleuve ne veut rien et s'il ne cherche pas la mer, il finit cependant toujours par la trouver... Il pourrait en aller de même pour la vie qui a un objet mais qui, bien que née du hasard physique donc non finaliste à l'origine, serait capable de se déterminer a posteriori quelque direction cardinale. Et cela précisément en raison de ses potentialités anthropocosmiques. Bien que, dans un cas comme dans l'autre, on ne puisse finalement pas le savoir puisque le destin futur de l'humanité est une énigme qui risque fort de le rester! C'est pourquoi nous préférons nous rallier à l'aléatoire de l'opinion si bien exprimée par S. Mallarmé quand il lança que «Toute Pensée émet un Coup de Dés».

REMERCIEMENTS

C'est à l'initiative de Messieurs Grichka et Igor BOG-DANOV que cet ouvrage a été réalisé. Qu'ils en soient remerciés, ainsi que pour les quelques discussions auxquelles ils ont participé.

Il m'est particulièrement agréable de remercier Monsieur J.F. PIOCHE, Haut Fonctionnaire de Défense au Ministère de l'Enseignement Supérieur et de la Recherche, pour les nombreuses discussions et échanges de vues que nous avons eus à propos de cet ouvrage. Ses critiques constructives, ses nombreuses suggestions et sa grande patience pour les lectures et relectures, m'ont apporté une aide précieuse et je tiens à lui exprimer ici toute ma gratitude.

Mes remerciements vont également à Monsieur R. GIEGÉ, Directeur de Recherche au C.N.R.S., chercheur à l'Institut de Biologie Moléculaire et Cellulaire (I.B.M.C.) de Strasbourg, qui a bien voulu me renseigner et me conseiller sur certains aspects des sciences du vivant.

Mon collègue et ami, le professeur C. RIOUX de l'Université de Paris-VI, a également contribué à la clarification de certains aspects de la discussion, et de l'argumentaire. Qu'il accepte l'expression de ma gratitude.

Enfin, outre leurs suggestions et les discussions que nous avons eues, j'ai apprécié le rôle de banques de données qu'ont bien voulu jouer mes deux fils Franck et Brice, tous les deux chercheurs en biologie.

Glossaire

Adaptation : harmonisation d'un organisme, ou d'une structure, à son environnement et/ou à ses conditions de vie. Elle résulte généralement de la sélection naturelle dite, pour cette raison, adaptative.

ADN : acide désoxyribonucléique. Il est formé d'une double hélice de polynucléotides. C'est le support de l'information génétique (gènes) de tout organisme vivant, à l'exception des virus à ARN. L'ADN humain constitue la plus longue macromolécule connue.

Algorithme : c'est une suite finie et ordonnée de règles appliquées mécaniquement à un ensemble fini de données initiales (entrées) pour les transformer avec certitude, en un nombre fini d'étapes, en un autre ensemble de données finales (sorties). Un algorithme s'applique généralement à toute une classe de problèmes. C'est l'élément de base du fonctionnement de tout calculateur électronique, quel qu'il soit et quelles que soient ses fonctions et performances.

Amas stellaire : groupement d'étoiles de dimensions et de masses plus réduites que celles des galaxies. Les amas globulaires sont situés hors du plan galactique.

Année-lumière : unité astronomique d'arpentage qui est égale à la distance que parcourt un faisceau lumineux en une année, soit 9 461 milliards de kilomètres.

Annihilation : processus de transformation d'un couple de particule-antiparticule (fermion-antifermion) en énergie (bosons).

Anthropocentrisme : doctrine qui prétend tout ramener à l'homme, le plaçant ainsi au centre de l'univers.

Antimatière : équivalent de la matière mais qui serait composée d'antiparticules.

Antiparticule : toute particule subnucléaire, ou fondamentale, possède une antiparticule de même masse mais de charge électrique opposée (ainsi que certains autres paramètres). Lors de leur rencontre, tout couple de particule-antiparticule s'annihile en produisant des photons de grande énergie (le photon, de masse propre nulle, est sa propre antiparticule).

Arbre phylogénique : schéma de différenciation du vivant primitif (voir *super-règne*).

Archaebactérie : l'un des trois super-règnes du vivant (voir *arbre phylogénique*). Ce sont des procaryotes dotés d'un métabolisme lipidique particulier. De plus, ces bactéries se développent généralement dans des conditions physico-chimiques qui, il y a encore peu de temps, auraient été considérées comme étant incompatibles avec la vie (milieux très acides ou très salés, mais aussi très chauds et à forte pression comme, par exemple, dans le voisinage des sources hydrothermales sulfureuses des dorsales océaniques).

ARN : acide ribonucléique. Contrairement à l'ADN, il n'est formé que d'une seule chaîne polynucléotidique plus ou moins repliée sur elle-même de manière complexe.

Outre ses possibilités de stockage de l'information, il sert essentiellement au passage de celle-ci à la synthèse et à l'assemblage de protéines. Selon ses fonctions, il peut exister sous plusieurs formes.

Atome : élément de base à partir duquel toute molécule est construite. C'est donc un constituant universel de la matière. L'atome est formé d'un noyau (assemblage compact de protons et de neutrons) autour duquel orbitent des électrons selon les lois particulières de la physique quantique. Sur Terre, on dénombre quatre-vingt-dix espèces atomiques différentes (deux, le technétium et le prométhéum, sont absents car ils ne possèdent pas d'isotope à vie suffisamment longue).

Autoréférentialité : caractéristique de tout discours qui se réfère à lui-même. C'est donc une propriété fondamentale et générale de tout processus et raisonnement rationnels car ceux-ci ne peuvent finalement que se rapporter à la connaissance rationnelle qu'ils engendrent, donc à eux-mêmes. Il en résulte nécessairement une certaine forme d'indécidabilité.

Autotrophe : système vivant tirant toutes ses ressources du seul milieu minéral naturel. L'énergie consommée est produite par photosynthèse ou par chimiosynthèse.

Axiomatique : théorie fondée sur un ensemble d'axiomes posés a priori et qui doivent vérifier certaines conditions (par exemple ne pas être contradictoires). Les propriétés sont établies par voie logico-déductive. Les axiomes n'ont pas à être considérés comme «évidents» ou comme devant être dotés d'un caractère quelconque de «vraisemblance», car encore faudrait-il pouvoir définir rationnellement ces deux termes ! Les géométries non euclidiennes en sont l'exemple type.

Bactérie : être unicellulaire de structure simple, à noyau diffus. Apparemment, ce furent les seuls êtres vivants durant le premier milliard d'années d'apparition de la vie sur Terre. Il est donc probable qu'elle représente l'une des (voire la) formes les plus élémentaires de la cellule vivante.

Baryon : famille de particules constituées de trois quarks tels que les protons et les neutrons (il en existe d'autres).

Biote : terme désignant la flore et la faune d'un écosystème donné.

Bosons : classe de particules de spin entier (en unité $h/2\pi$), ou nul, qui sont caractéristiques des interactions au niveau élémentaire.

Bruit de fond cosmique : voir *rayonnement fossile*.

Calculabilité : pour être effectivement calculable, une expression mathématique (fonction au sens général) doit remplir certaines conditions lesquelles expriment la calculabilité. Le point central est qu'il puisse exister un algorithme (voir ce terme) effectivement opératoire pour ce faire.

Caractère acquis : composante caractéristique du phénotype (voir ce terme) ne résultant pas de l'hérédité mais des influences de l'environnement ou de facteurs externes.

Causalité : c'est un principe qui déclare qu'il existe un chaînage logique d'évolution d'un système entre ses différents états successifs, chacun d'eux étant le résultat de celui qui précède et la cause de celui qui suit («Tout effet possède une cause et les mêmes causes produisent les mêmes effets»). Dans certaines de ses manifestations, la physique quantique remet ce principe en question selon ce qu'il est convenu d'appeler l'indéterminisme quantique.

Cellule : entité élémentaire représentant le constituant fondamental de base de l'ensemble du vivant. Elle se différencie du milieu ambiant par une membrane qui l'en isole et qui renferme un milieu spécifique, le *cytoplasme*, pourvu de mécanismes plus ou moins complexes caractéristiques de sa nature propre.

Cellule eucaryote : organisme élémentaire le plus évolué. Il possède un noyau contenant des chromosomes (ADN) et un ou des nucléoles (ARN), ainsi que différents organites bien spécifiés.

Cellule procaryote : organisme élémentaire primitif menant une vie indépendante, même s'il vit en colonies. Il est dépourvu de noyau structuré (algues bleues, bactéries primitives...), le chromosome bactérien étant constitué d'une molécule circulaire d'ADN. Il peut exister des éléments génétiques particuliers : les plasmides.

Céphéide : étoile dont la luminosité est cycliquement variable de sorte que la connaissance de la période et de la magnitude permettent d'en déterminer la distance.

Chromosome : chaîne de molécules linéaires d'ADN associées à des protéines. Les chromosomes portent l'essentiel du programme génétique cellulaire.

Coacervat : microstructure prébiotique ancestrale dans la première théorie d'apparition de la vie qui est due à Oparine et qui fut complétée par Haldane. Ce seraient des sortes de biocolloïdes précurseurs de cellules qui se seraient formés dans la «soupe chaude primitive » de Haldane.

Code génétique : le langage de l'ADN est fondé sur quatre symboles représentés par quatre paires de bases dont les séquences représentent les instructions (chaque instruction est appelée *gène* — voir ce terme) qui seront transcrites en acides aminés pour synthétiser les protéines (voir *langage protéique*).

Comète : objet céleste de dimensions modestes, résidu probable d'accrétion lors de la formation du système solaire. C'est donc un témoin des origines de celui-ci. Il existerait un réservoir de comètes, dit *nuage de Oort*, qui orbiterait dans une région éloignée (quelques dizaines d'unités astronomiques) autour du soleil. Issue de cette zone froide, une comète qui parvient à s'échapper est attirée par le Soleil qui la réchauffe, développant ainsi une longue queue brillante laquelle en fait un objet céleste remarquable... et longtemps redouté !

Concept anthropocosmique : hypothèse introduite par l'auteur dans ce texte et allant à l'encontre du principe anthropique. Ce concept lie l'évolution, ou plus précisément la complexification adaptative croissante et les développements du névraxe, aux *propriétés génératives du hasard physique*. Ce qui présente au moins deux avantages conséquents : il est ainsi possible de s'affranchir de conditions et de lois initiales particulières. De plus, il n'y a aucun but *a priori*, les objectifs n'apparaissant et n'évoluant (comme tout le reste) qu'*a posteriori*, ce qui ouvre des perspectives tout à fait nouvelles.

Corde : concept théorique consistant à substituer une structure microscopique, dite corde, à la représentation ponctuelle des particules élémentaires en théorie quantique des champs.

Créationnisme : doctrine affirmant que l'univers, et tout son contenu, résultent d'une création transcendantale quasi instantanée. Les différentes parties étant apparues indépendamment les unes des autres, et le système étant immuable (voir *fixisme*) selon l'exposé de la *Genèse*, le concept d'évolution y est donc sans objet. Ce qui, entre autres difficultés, pose le redoutable problème de l'interprétation des multiples observations la concernant.

Darwinisme : théorie ayant pour objet de montrer que l'ensemble du vivant connu est issu d'un ancêtre primitif commun. Elle paraît bien vérifiée, même si certaines difficultés, en particulier concernant la spéciation, subsistent. Aucune d'elles ne semble, jusqu'ici, rédhibitoire.

Décalage spectral : le spectre d'émission lumineuse d'une étoile est décalé en fréquence si l'observateur est animé d'une vitesse relative par rapport à celle-ci. C'est l'*effet Doppler* qui permet précisément de mesurer cette vitesse relative.

Densité critique : seuil de densité de matière cosmique à partir duquel la phase d'expansion de l'univers devrait connaître une limite au-delà de laquelle se produirait une recontraction devant aboutir au *big crunch* (effet inverse du *big bang*). Sa valeur moyenne est de l'ordre d'une dizaine d'atomes d'hydrogène par mètre cube de volume cosmique. La densité actuellement connue est de l'ordre du dixième mais il se pose le difficile problème dit de la *masse manquante* (voir ce terme).

Dérive génétique : modification au fil du temps du patrimoine héréditaire d'une espèce. Elle est attribuée au hasard, c'est-à-dire à des facteurs aléatoires ou indéterminés.

Diploïde : cellule, ou noyau, qui possède deux génomes (opposé à *haploïde* — gamète — qui n'en possède qu'un, ce qui permet la diversification lors de la reproduction bisexualisée).

Ecpédèse : hypothèse introduite par l'auteur dans ce texte pour expliquer l'apparition d'Homo sapiens sapiens. C'est une conséquence de la complexification adaptative croissante. En effet, elle consiste en une métamutation cérébrale due à l'atteinte d'une densité critique dans le système biologique de traitement de l'information. Il s'agirait donc d'un effet de seuil initié par un surdéveloppement du névraxe dans son ensemble. Il en résulterait des fonctions nouvelles, en particulier psychiques. Cette hypothèse est généralisable, notamment au big bang et à l'apparition de la vie.

Effet lexique : tout langage implique nécessairement la circularité dans la définition de son vocabulaire dont résultent certaines indéterminations et ambiguïtés car c'est une structure autoréférentielle fondamentale. Aucun langage ne peut donc avoir de signification intrinsèque, c'est-à-dire absolue.

Effet tunnel : phénomène quantique affectant d'une probabilité non nulle la possibilité de transition d'un microsystème entre deux états séparés par une barrière énergétique telle que, classiquement, ce passage est impossible.

Electron-volt : unité d'énergie utilisée pour étudier les phénomènes du microcosme. Elle a pour valeur $1{,}6 \cdot 10^{-19}$ joule. Ses multiples les plus usuels sont le kiloélectron-volt (keV), le mégaélectron-volt (MeV), le gigaélectron-volt (GeV), le téraélectron-volt. (TeV).

Encéphale : partie du système nerveux central que contient la boite crânienne (cerveau, cervelet, tronc cérébral).

Endosymbiose : hypothèse selon laquelle il y aurait eu fusion entre des urcaryotes et des bactéries phototrophes, ou dotées de respiration. Il en serait résulté des procaryotes endosymbiontes ayant diversifié l'évolution car ils seraient à l'origine d'organites spécifiques des eucaryotes.

Entropie : fonction thermodynamique caractéristique de l'évolution d'un système physique qui représente son écart à l'équilibre.

Eobionte ; protobionte : formes remplaçant l'hypothèse des coacervats (voir ce terme) dans les théories actuelles d'apparition de la vie terrestre. Ce seraient des microsphères de protéinoïdes présents dans la «soupe chaude» primitive ou sur certaines laves volcaniques chaudes et fertiles en matière prébiotique.

Glossaire

Eschatologie : doctrine finaliste qui a pour objet l'examen des fins dernières de l'homme et du monde.

Étrangeté quantique : dissolution de la description physique d'un microsystème dans le formalisme de la théorie quantique impliquant la remise en cause du réalisme physique (voir ce terme).

Eubactérie : classification correspondant à un super-règne désignant les bactéries usuelles donc unicellulaires procaryotes (voir *super-règne*).

Eucaryote : voir *cellule eucaryote.*

Évolution : hypothèse de Darwin selon laquelle ce sont les successions de générations qui induisent le changement par accumulation de modestes variations génétiques ou par mutation. Le tri est le fait de la sélection de sorte que le nombre de géniteurs susceptibles de transmettre ces modifications dépend des éventuels avantages en résultant, bien que d'autres facteurs soient susceptibles d'intervenir. C'est l'évolution *variationnelle.*

Expansion combinatoire : combinaison de facteurs devenant extrêmement rapidement croissante de sorte qu'il devient très vite impossible de contrôler et de maîtriser le processus et ses effets.

Fermion : classe de particules de spin demi entier (en unité $h/2\,\pi$) qui constituent la matière proprement dite.

Finalisme, finalité : doctrine postulant que le vivant et le monde seraient soumis à une sorte de principe évolutionnel prédéterminé par un but à atteindre lequel serait fixé a priori. Sans préjuger de la manière d'établir ce but, *le principe de finalité s'oppose à celui de causalité sur lequel est fondée toute la science rationnelle.* En effet, il prétend expliquer ce qui est par ce qui doit venir, et non par ce qui a été. Ce ne peut donc être qu'un postulat intrinsèquement *irrationnel.* En fait, c'est une croyance de nature théologique.

Fission : production d'énergie nucléaire par rupture de noyaux lourds tels que, par exemple, ceux d'uranium (seul l'isotope 235 permet la réaction en chaîne).

Fixisme : doctrine qui rejette le concept d'évolution du vivant, donc des espèces qui seraient ainsi invariables, ce qui n'est plus soutenable aujourd'hui. En fait, cette doctrine est issue des descriptions contenues dans la *Genèse* qui correspondent au créationnisme (voir ce terme).

Formalisable : qui peut être traduit dans un *système formel* lequel est constitué d'un ensemble de symboles soumis à des règles précises, excluant toute ambiguïté.

Fractale : objet géométrique qui a une forme dépendant de l'échelle d'observation.

Fusion : production d'énergie nucléaire par assemblage de noyaux légers. C'est le processus fondamental de base du fonctionnement des étoiles, la matière première étant l'hydrogène primordial dans les étoiles de première génération. Mais le processus va au-delà de cet élément.

Gène : unité d'hérédité qui se conserve lors de la reproduction. C'est une séquence spécifique de paires de bases dans l'ADN représentant une instruction élémentaire (voire code génétique). Celle-ci sera utilisée par l'ARN pour synthétiser une protéine.

Génération spontanée : croyance selon laquelle des êtres vivants (simples ou complexes) pourraient être *spontanément* produits à partir de matière inerte (abiogenèse). C'est Pasteur qui l'a infirmée. Il n'en demeure cependant pas moins que, selon les théories actuelles concernant les origines de la vie, sur des intervalles de temps d'ampleur cosmique et dans des conditions particulières, le *quantum élémentaire* du vivant qu'est la cellule (et elle seule) doit pouvoir apparaître, mais dans sa forme la plus primitive.

Générativité : fonction qui a pour objet la création et la production de nouveau. Dans ce texte, cette propriété est attribuée au hasard *physique* (et non mathématique) lequel est supposé capable d'engendrer du corrélé à partir de l'aléatoire, et ceci pour des raisons qui y sont indiquées.

Génome : ensemble du programme génétique du gamète qui est la cellule reproductrice. Le gamète se distingue de la cellule somatique (cellule usuelle) qui possède deux génomes.

Génotype : capital génétique d'un organisme. Plus spécifiquement, ensemble des gènes déterminant les caractères apparents, ou phénotype (voir ce terme), c'est-à-dire l'aspect physique.

GeV : Gigaélectron-volt, soit un milliard d'électrons-volt (voir *électron-volt*).

Gigantomachies : combats mythiques fabuleux qui opposèrent les Géants aux dieux de l'Olympe *(titanomachies)*.

Gluon : classe de particules (bosons de masse nulle) responsables de l'interaction nucléaire forte.

Graviton : particule hypothétique (boson non encore détecté) qui véhiculerait l'interaction gravitationnelle.

Groupe local : amas local de galaxies contenant la Voie lactée.

Hadron : famille de particules sensibles à toutes les interactions fondamentales (dont l'interaction nucléaire forte).

Haploïde : voir *diploïde*.

Hétérotrophe : système vivant tirant son énergie de la matière organique que contient le milieu. Il combine les constituants de celle-ci pour fabriquer les macromolécules dont il a besoin pour sa survie. Il dépend donc de l'existence de cellules autotrophes ayant produit cette matière organique.

Heuristique : méthode consistant à rechercher des moyens empiriques permettant de faire progresser une voie de recherche. Par exemple on ne cherche pas à savoir si une hypothèse heuristique est vraie ou fausse mais on l'utilise à titre provisoire pour progresser.

Hubble (loi et constante) : selon la loi de Hubble, la vitesse d'éloignement des galaxies est proportionnelle à leur distance relative. La constante de proportionnalité, qui a pour dimension l'inverse d'un temps (l'âge de l'univers), mesure le taux d'expansion de l'univers. Elle reste mal connue : de l'ordre de 50 à 100 km. s^{-1}. Mpc^{-1} (Mpc : *mégaparsec* ; voir ce terme), sa valeur la plus probable actuellement admise se situant autour de 80 km. s^{-1}. Mpc^{-1}, valeur qui reste cependant contestée.

Incommensurabilité : caractérise deux éléments qui n'ont pas d'unité de mesure commune. Ce terme est utilisé dans ce texte à propos de deux théories (la relativité et la théorie quantique) pour signifier que les postulats de l'une ne peuvent pas être exprimés à partir de ceux de l'autre, et réciproquement.

Indécidabilité : situation alternative plus ou moins complexe dans laquelle il n'existe *aucun critère rationnel* permettant de choisir rationnellement entre les différentes opportunités proposées. Elle est caractéristique de l'autoréférentialité. Exemple : la pensée peut-elle comprendre la pensée ?

Indiction : élément du comput (supputation ecclésiastique de datation pour les nécessités calandères religieuses) déterminant le rang d'une année dans un intervalle de quinze ans.

Inflation : hypothèse selon laquelle l'expansion de l'univers primitif aurait connu une phase post-originelle très brièvement exponentielle.

Lamarckisme : conjecture due à Lamarck (1809) pour expliquer l'évolution à partir de l'hypothèse de l'hérédité des caractères acquis, hypothèse aujourd'hui invalidée. Les transformations d'une espèce auraient été le résultat cumulatif des modifications de l'organisme par suite de la pression du milieu relativement à la fonctionnalité des organes, induisant ainsi des effets transmis à la descendance. Cette conception de l'évolution n'est pas exempte de finalisme puisqu'il y est question d'accès à des «niveaux supérieurs ».

Langage protéique : langage à vingt symboles représentés par vingt acides aminés à partir desquels sont construites toutes les protéines. Le code de l'ADN, qui est à quatre lettres (quatre basses ; voir *code génétique*) doit donc être traduit en ce nouveau langage. C'est une opération complexe à laquelle participent les trois formes différentes d'ARN.

Lentille gravitationnelle : effet optique de dédoublement d'un objet céleste lointain par déviation gravitationnelle de ses émissions lumineuses traversant une région fortement massique.

Lepton : classe de particules élémentaires légères ne subissant que les interactions électromagnétiques et faibles (électrons, neutrinos, muons, tauons...). Selon les théories en vogue, ce seraient, avec les quarks, les constituants ultimes de la matière. Mais ce n'est aucunement certain car quelques théories telles que celles de superunification, ou d'autres, pourraient remettre en cause ces représentations.

Macro-évolution : évolution à un niveau supérieur à celui de l'espèce.

Magnitude : paramètre caractéristique de l'éclat d'une étoile (ou d'un objet céleste). Il est exprimé sur une échelle logarithmique de sorte que plus l'émetteur est brillant et plus ce nombre est petit. On parle de *magnitude absolue* : celle qui caractérise l'objet source, ou de *magnitude apparente* : celle qui est déterminée par l'observateur en fonction de la distance à laquelle il se trouve.

Masse manquante (cachée ; invisible ; sombre) : le comportement dynamique de certaines composantes de l'univers conduit à inférer qu'il existerait certaines sources de masse non lumineuses, donc non détectables par les méthodes usuelles. Elles ne sont donc pas prises en compte dans l'évaluation actuelle de la densité de matière de l'univers. On en ignore d'ailleurs la nature bien que certaines hypothèses commencent à se préciser.

Matérialisation : opération inverse de l'annihilation, c'est-à-dire création d'une paire de particule-antiparticule (fermion-antifermion) à partir d'un boson.

Meson : classe de particules de masse intermédiaire qui sont des bosons hadroniques (paire de quark-antiquark).

Mégaparsec : 1 mégaparsec (Mpc) a pour valeur un million de parsecs, soit 3,26 millions d'années-lumière (voir *parsec*).

Mésocosme : terme introduit par l'auteur dans ce texte pour améliorer la division classique en *microcosme* (l'infiniment petit) et *macrocosme* (le reste). En effet, le *mésocosme* (qui va de la molécule à la planète) correspond au monde observable de l'homme, donc à celui de son expérience quotidienne, tandis que le *mégacosme* est réservé à l'infiniment grand c'est-à-dire à l'univers.

Métatechnologie : phase supérieure de développement de la technologie, qui reste à venir.

Métrique : expression mathématique fixant la distance entre deux points. Sa donnée permet de définir l'espace géométrique correspondant à la représentation recherchée.

MeV : Mégaélectron-volt, soit un million d'électrons-volt (voir *électron-volt*).

Micro-évolution : évolution en dessous du niveau de l'espèce.

Modèle standard : représentation constituée à partir des théories du moment qui semblent les mieux adaptées en ce sens que ce sont elles qui expliquent de manière cohérente le maximum de phénomènes. C'est un modèle *provisoire* que la recherche a pour tâche d'améliorer ou de transformer mais qui, en principe, ne devrait pas être invalidé.

Mur technologique : ensemble de contraintes impératives dues aux propriétés intrinsèques de l'univers et qui sont susceptibles de borner le champ d'expansion des technologies. Exemple : le mur des constantes fondamentales. Interviennent également ment les limites de nos capacités cérébrales, par exemple en ce qui concerne nos facultés de conceptualisation ou de modélisation.

Mutagène : élément physique ou chimique susceptible d'induire des mutations.

Mutation : modification du génotype. Seules sont héréditaires les mutations des cellules germinales. Si elles surviennent dans les cellules somatiques, elles peuvent affecter le phénotype mais elles ne seront pas transmises à la descendance.

Mythe d'Euclide : croyance en l'existence de vérités premières de la nature, absolues et immuables, qui seraient accessibles à l'homme. Malheureusement, après des millénaires de recherches, et plus de trois siècles d'expérimentations rationnelles, c'est la relativité de toute connaissance, c'est-à-dire exactement l'inverse, qui s'est imposée.

Néo-darwinisme : théorie améliorée du darwinisme dans laquelle est tentée la synthèse entre celui-ci et la génétique moderne. A l'heure actuelle, cette théorie poursuit... son évolution !

Neurone : cellule fondamentale caractéristique du tissu nerveux, donc du cerveau. Bien que présente sous plusieurs formes, elle possède une structure tout à fait particulière et remarquable par sa complexité et ses capacités fonctionnelles.

Neutrino : lepton neutre caractéristique de l'interaction faible.

Neutron : particule neutre (baryon) qui est l'un des deux constituants de base du noyau, l'autre étant le proton.

Névraxe : ensemble du système nerveux central (cerveau, tronc cérébral, moelle épinière).

Non rationnel : expression introduite par l'auteur dans ce texte pour affiner la distinction classique entre le rationnel et l'irrationnel. Il s'agit du champ de la pensée cohérente et dotée de sens mais pour laquelle le déterminisme scientifique ne s'applique pas. En effet, elle n'est pas formalisable par les méthodes axiomatiques logico-déductives habituelles. Exemple : existe-t-il un *nombre* pouvant caractériser la surface ou le volume d'un nuage ?

Nucléon : appellation générique des deux constituants de base du noyau, c'est-à-dire du neutron et du proton.

Ontogenèse : suite de transformations que subit un organisme animal ou végétal depuis l'œuf fécondé jusqu'à l'atteinte de sa forme adulte.

Organite : constituant fonctionnel de la cellule.

Orogenèse : théorie ayant pour objet l'explication de la formation des montagnes. Elle est actuellement fondée sur la *tectonique* des plaques (voir ce terme).

Glossaire

Paléontologie : étude des formes ancestrales de vie par les traces qu'elles ont pu laisser, en particulier les fossiles et les séries associées.

Paragoge : terme qui signifie «addition». Il est utilisé dans ce texte au sens de «prolongement de certaines capacités cérébrales » à propos du supercalculateur.

Parsec : abréviation de parallaxe-seconde, c'est une unité de distance astronomique qui a pour valeur 3,26 années-lumière. Elle correspond à la distance à laquelle l'orbite terrestre est vue sous un angle d'une seconde d'arc.

Phénotype : ensemble des caractères observables d'un individu. C'est le résultat de complexes interactions entre son génotype (voir ce terme) et l'environnement. S'il est déterminé par des gènes récessifs et des gènes dominants, seuls ces derniers s'expriment dans le phénotype.

Phylogenèse : étude de la formation et de l'enchaînement temporel, c'est-à-dire de l'histoire des lignées animales ou végétales. Expression qui est étendue aux organes et même aux processus physiologiques.

Photon : corpuscule (boson) associé à une onde électromagnétique.

Physique quantique : théorie physique introduisant un caractère probabiliste dans la description de tout système. Elle discrétifie certains paramètres, dont les échanges d'énergie, et se traduit par des effets physiques nouveaux (exemple : effet tunnel).

Plasma : état de la matière ionisée. A haute température (ou plus exactement à grande énergie) c'est un gaz d'électrons et de noyaux, ou de nucléons (voire de quarks lors du big bang) qui est caractérisé par des interactions collectives.

Polymorphisme : variété de phénotypes au sein d'une même population, ou de formes d'un même organe. Formes différentes que présente alternativement une espèce animale ou végétale au cours de son développement.

Positron : antiparticule de l'électron.

Positivisme : doctrine d'A. Comte accordant une confiance illimitée à la science (voir le terme *scientisme*). Il s'est terminé en «religion de l'humanité », ce qui n'est pas le moindre de ses paradoxes !

Postulat d'objectivité de la nature : l'évolution n'est guidée par aucune finalité, c'est-à-dire que la vie ne poursuit aucun but prédéterminé. Il n'y a donc pas de téléologie cosmique, assertion qui n'a *jamais été contredite* par quelque fait d'observation que ce soit. Il est cependant montré dans le texte que l'intelligence pourrait générer des orientations, mais a posteriori et *a posteriori seulement*.

Prébionte : état évolutif hypothétique transitoire vers les premières formes primitives de la vie.

Prémices : commencement, début d'une action, d'une entreprise, d'une initiative. C'est donc dans le sens d'origine que ce terme est utilisé. Il ne doit pas être confondu avec *« prémisse »*, terme signifiant : «hypothèse dont on tire par déduction une conclusion » par extension de sa signification en logique : «chacune des deux propositions placées au début d'un raisonnement logico-déductif ».

Prémisses fondatrices : groupe d'hypothèses préalables devant nécessairement être introduites à la base de toute théorie fondamentale (des fondements). Elles ne peuvent pas être fournies de manière a priori par la nature. Elles ne peuvent donc qu'être justifiées a posteriori par l'ensemble de leurs conséquences. Elles sont choisies en fonction de leur vraisemblance, de leur généralité et de quelques autres critères.

Principe anthropique : postulat selon lequel les conditions initiales d'émergence de l'univers ont été telles que la vie, puis l'homme, devaient pouvoir y apparaître. Postulat que le présent texte *conteste* pour lui substituer le *concept anthropocosmique*.

Principe cosmologique : toute loi scientifique déterminée sur Terre est universellement valable, à tout instant et en tout lieu. C'est-à-dire que notre planète n'a aucune propriété spécifique.

Principe de Mach : selon ce principe, l'inertie d'un corps quelconque est déterminée par l'ensemble de la distribution des masses de l'univers. Ce qui n'est pas compatible avec un univers qui serait infini. Ce principe pose un problème aux modèles géométriques standards relativistes d'univers.

Principe de rationalité : principe postulant que l'ensemble de l'univers (y compris la vie) obéit à des lois rationnelles qui nous sont accessibles. Donc celui-ci nous est rationnellement connaissable. C'est le principe de base justifiant l'ensemble de la méthode scientifique. Le principe cosmologique en est une expression restreinte mais complémentaire.

Principe de simplicité : encore appelé rasoir d'Occam (nom du moine qui l'a exprimé). Si, selon ce principe, pour un phénomène donné il existe plusieurs explications, c'est toujours la plus simple qui est la plus satisfaisante, donc qui doit être choisie.

Procaryote : voir *cellule procaryote.*

Progénote : terme caractérisant la protocellule primitive dans l'évolution des chaînes prébiotiques.

Programme génétique : ensemble des instructions permettant à la cellule de fabriquer les différentes protéines nécessaires à sa fonctionnalité, à sa survie et à sa reproduction. Les informations sont codées dans la structure des acides nucléiques, généralement l'ADN, mais parfois aussi l'ARN. Cette disposition est universelle, du moins pour tout le vivant connu. C'est lui qui est le dépositaire de l'hérédité.

Protobionte : voir *éobionte.*

Proton : particule chargée positivement (baryon) qui est l'un des deux constituants de base du noyau, l'autre étant le neutron.

Pulsar : étoile à neutrons qui est en rotation rapide. Elle émet des impulsions électromagnétiques séquentielles, d'où son nom.

Quark : classe de particules-antiparticules (fermions) constituant les hadrons. Dans le modèle standard, ils sont considérés comme étant les constituants ultimes de la matière (avec les leptons)... mais rien n'est acquis puisque, par exemple, d'hypothétiques *préons*, ou *rishons*, pourraient également en être les constituants !

Quasar : quasi stellar object. Noyau galactique extrêmement brillant donc puissant émetteur d'ondes électromagnétiques caractéristiques.

Radioastronomie : ensemble des méthodes d'étude du spectre électromagnétique céleste. C'est le radiotélescope qui en constitue l'outil principal, avec l'informatique.

Rayonnement fossile : fond cosmique électromagnétique dont le spectre est celui d'un corps noir qui serait à la température de 2,7° K. C'est un indice pertinent en faveur de l'hypothèse du big bang, mais que certains astrophysiciens contestent.

Réalisme physique : position philosophique consistant à postuler que le monde existe indépendamment de l'homme et de la perception qu'il peut en avoir. Ce fut la position d'Einstein et la raison pour laquelle il rejeta l'interprétation probabiliste de la théorie quantique.

Réductionnisme : méthode scientifique appliquée à l'étude des systèmes complexes (vivant compris) consistant à admettre (postulat) que leur analyse peut être entreprise, sans perte d'information, à partir de leurs constituants les plus élémentaires. Il apparaît de plus en plus que cette manière de voir connaîtrait certaines limites.

Réfutabilité : caractéristique que doit *posséder* toute théorie pour pouvoir être qualifiée de *scientifique* (K. Popper). Elle tient au fait que sa formulation doit nécessairement être sous une forme telle qu'il soit possible de démontrer rationnellement qu'elle est fausse. Car, malheureusement, il est impossible de démontrer qu'une théorie scientifique est exacte !

Règle de sélection : critère d'élimination, donc de choix, entre plusieurs hypothèses ou opportunités relativement à une question donnée.

Relativité générale : théorie due à Einstein. Elle a pour objet principal de géométriser, si possible entièrement, la physique. Jusqu'à présent, et en dépit de considérables succès, en particulier dans l'explication des observations célestes, cette recherche de la géométrisation totale de la physique reste tenue en échec. Malgré différentes tentatives plus complexes les unes que les autres, la gravitation résiste à la quantification.

Ribosome : complexe supramoléculaire dans lequel s'expriment les fonctions de l'ARN, dont la synthèse des protéines.

Scientisme : déviance du concept de science. C'est un mouvement apparu vers la fin du XIXe siècle (positivisme) déclarant que la science constitue le but ultime de l'esprit humain. Il postule également qu'elle permet d'atteindre la nature intime des choses, et cela de manière définitive !

Sélection naturelle : l'une des données de base de la théorie de Darwin. Schématiquement, elle consiste à dire que ce sont les individus les plus aptes qui ont les plus grandes chances de perdurer et de se reproduire, donc de participer le plus efficacement à l'évolution.

Sémantique : caractéristique spécifique du sens des mots et de leurs assemblages, c'est-à-dire de la signification d'un langage. Cependant on peut construire des langages abstraits, en tant qu'assemblages de symboles obéissant à des règles précises, mais sans aucun sens intrinsèque, donc sans sémantique. C'est le cas de tout langage formel donc, stricto sensu, de la mathématique qui a besoin de support physique pour prendre sens.

SETI : Search for Extra-Terrestrial Intelligence. Programme de recherche d'éventuels signaux électromagnétiques cosmiques porteurs de corrélations caractéristiques de messages codés. Ils seraient donc attribuables à d'éventuelles intelligences extraterrestres.

Sociobiologie : tentative ayant pour objet de relier les comportements sociaux à leurs déterminants biologiques et génétiques. Un rôle prépondérant est ainsi attribué aux gènes, semble-t-il de manière excessive (E.O. Wilson leur attribue le bénéfice exclusif de la sélection). Elle a donné lieu a quelques excès d'interprétation, en particulier sociologiques, et à des extensions politiques pour le moins contestables !

Spéciation : processus aboutissant à la multiplication des espèces. Une espèce devient autonome quand elle acquiert l'isolement reproductif.

Supernova : phase d'évolution explosive d'une étoile. Selon sa masse, elle se transforme en une étoile à neutrons, une naine blanche ou un trou noir. Ce processus est à l'origine des noyaux composés de l'univers (nucléosynthèse), donc des planètes.

Super-règnes : branches primordiales du vivant. L'étude des séquençages comparatifs des protéines et des acides nucléiques bactériens permet d'identifier trois super-règnes très tôt séparés si l'on admet l'hypothèse de l'ancêtre commun (progénote). Ce sont les archaebactéries, les eubactéries et les urcaryotes ayant conduit aux eucaryotes.

Tachyon : classe de particules hypothétiques, car issues d'une théorie exotique, qui auraient une vitesse toujours supérieure à celle de la lumière, et une masse imaginaire.

Elles formeraient une sorte de monde complémentaire du nôtre mais dont la détection devrait être particulièrement difficile, voire impossible... Quoique !

Tectonique des plaques : théorie expliquant la dérive des continents. La lithosphère (couche externe de l'écorce terrestre) est composée de six plaques principales reposant et glissant sur l'asthénosphère (couche sous-jacente visqueuse). Le matériau profond chaud et visqueux remonte entre deux plaques qui s'écartent et renouvelle les fonds océaniques. Dans le même temps, à l'autre extrémité il y a enfoncement (ou plissement d'où l'orogenèse) de la plaque correspondante, donc *recyclage* des fonds océaniques ce qui est nécessaire pour renouveler les éléments chimiques indispensables à la vie, dont le carbone et le phosphore.

Téléologie : doctrine philosophique postulant que l'ensemble de la nature, son évolution comme son contenu, est gouverné par la nécessité d'atteindre un but prédéterminé. En d'autres termes, elle obéirait à une finalité (voir *finalisme*). Cette théorie s'accompagne d'une tentative de recherche et de justification de ces causes finales.

TeV : Téraélectron-volt, soit mille milliards d'électrons-volt (voir *électron-volt*).

TOE : Theory Of Everything (théorie de toute chose). Rêve de quelques physiciens qui voudraient expliquer l'univers et son contenu par une seule théorie, si possible réductible à une sorte de superprincipe ! Mais comment éviterait-elle l'autoréférence... ce qui fait que, finalement, une telle théorie ne pourrait parler que d'elle-même ! Et, plus grave, d'où sortirait-elle ? Et comment justifierait-elle sa propre existence ? Pour éviter ces écueils, et quelques autres, il serait nécessaire qu'elle ne soit pas contenue dans l'univers... d'où paradoxe. Ou retour plus ou moins conscient à la métaphysique !

Trou noir : effondrement présumé ultime d'étoiles suffisamment massiques. Leur existence reste hypothétique. La gravité devrait y être si intense qu'en théorie rien ne devrait pouvoir en sortir. En pratique, un trou noir pourrait cependant être susceptible d'émettre un rayonnement quantique, sorte d'«évaporation». L'inverse d'un trou noir serait un *trou blanc*, car très hautement émissif et radiatif.

Unité astronomique : distance moyenne séparant la Terre du Soleil, soit 499 secondes-lumière (c'est-à-dire ~ 150 000 000 km).

Urcaryote : ancêtre des eucaryotes provenant de la branche des procaryotes.

Virus : forme cellulaire incomplète pouvant participer au cycle vivant sans en faire intrinsèquement partie elle-même. En effet, un virus ne possède pas l'équipement enzymatique nécessaire pour assurer un métabolisme et une reproduction propres. Aussi doit-il recourir à une cellule hôte qui va alors le reproduire aux dépens de ses propres synthèses, d'où la destruction de celle-ci. Étant porteur de matériel génétique, le virus peut intervenir dans l'évolution mais d'une manière particulière.

Vitalisme : initialement, doctrine qui prétendait que le vivant était gouverné par un principe spécifique dénommé «principe vital». Malgré l'abandon de ce principe, que strictement rien ne justifie, certains considèrent encore aujourd'hui que la vie ne serait pas entièrement explicable par les seules lois physico-chimiques lesquelles seraient insuffisantes. C'est donc une position philosophique opposée au matérialisme.

Zygote : œuf fécondé. C'est le résultat de l'union de deux gamètes et de leurs noyaux.

Index thématique

TABLE DES MATIÈRES